高等学校计算机基础教育教材精选

网络数据库技术与应用
（第3版）

舒 后 编著

清华大学出版社
北京

内 容 简 介

本书主要内容包括：网络数据库涉及的基础知识，网络数据库的体系结构及相应的运行平台的构建与配置，SQL Server 数据库技术及 SQL 语句的使用，HTML 标签语言及 VBScript 脚本的应用，ASP 程序设计及 Web 数据库的访问技术，基于 Web 的网上教学信息管理系统综合案例的实现过程，包括系统的分析与设计、功能模块设计、数据模型的建立、后台数据库的构建及系统中各个功能模块的实现。

本书强调以网络数据库编程为核心，而不依赖于网页的编辑环境（如 FrontPage、Dreamweaver 等软件），遵循开发网络数据库应用系统的完整过程来组织各个章节的内容。书中的内容深入浅出，讲解翔实，配有相应的例题，实用性较强。本书可作为高等学校网络数据库技术、Web 技术或动态网页设计等相关课程的教材，也可供相关科技工作者阅读参考。

本书封面贴有清华大学出版社防伪标签，无标签者不得销售。
版权所有，侵权必究。举报：010-62782989，beiqinquan@tup.tsinghua.edu.cn。

图书在版编目（CIP）数据

网络数据库技术与应用 / 舒后编著. --3 版. --北京：清华大学出版社，2016（2024.11重印）
高等学校计算机基础教育教材精选
ISBN 978-7-302-45120-4

Ⅰ.①网… Ⅱ.①舒… Ⅲ.①关系数据库系统–高等学校–教材 Ⅳ.①TP311.138

中国版本图书馆 CIP 数据核字（2016）第 227226 号

责任编辑：焦 虹
封面设计：傅瑞学
责任校对：焦丽丽
责任印制：杨 艳

出版发行：清华大学出版社
网　　址：https://www.tup.com.cn，https://www.wqxuetang.com
地　　址：北京清华大学学研大厦 A 座　　邮　编：100084
社 总 机：010-83470000　　邮　购：010-62786544
投稿与读者服务：010-62776969，c-service@tup.tsinghua.edu.cn
质 量 反 馈：010-62772015，zhiliang@tup.tsinghua.edu.cn
课 件 下 载：https://www.tup.com.cn，010-83470236

印 装 者：北京鑫海金澳胶印有限公司
经　　销：全国新华书店
开　　本：185mm×260mm　　印　张：23.25　　字　数：536 千字
版　　次：2005 年 11 月第 1 版　2016 年 10 月第 3 版　印　次：2024 年 11 月第 8 次印刷
定　　价：49.00 元

产品编号：070825-02

出版说明

高等学校计算机基础教育教材精选

在教育部关于高等学校计算机基础教育三层次方案的指导下，我国高等学校的计算机基础教育事业蓬勃发展。经过多年的教学改革与实践，全国很多学校在计算机基础教育这一领域中积累了大量宝贵的经验，取得了许多可喜的成果。

随着科教兴国战略的实施以及社会信息化进程的加快，目前我国的高等教育事业正面临着新的发展机遇，但同时也将面对新的挑战。这些都对高等学校的计算机基础教育提出了更高的要求。为了适应教学改革的需要，进一步推动我国高等学校计算机基础教育事业的发展，我们在全国各高等学校精心挖掘和遴选了一批经过教学实践检验的优秀的教学成果，编辑出版了这套教材。教材的选题范围涵盖了计算机基础教育的三个层次，包括面向各高校开设的计算机必修课、选修课，以及与各类专业相结合的计算机课程。

为了保证出版质量，同时更好地适应教学需求，本套教材将采取开放的体系和滚动出版的方式（即成熟一本、出版一本，并保持不断更新），坚持宁缺毋滥的原则，力求反映我国高等学校计算机基础教育的最新成果，使本套丛书无论在技术质量上还是出版质量上均成为真正的"精选"。

清华大学出版社一直致力于计算机教育用书的出版工作，在计算机基础教育领域出版了许多优秀的教材。本套教材的出版将进一步丰富和扩大我社在这一领域的选题范围、层次和深度，以适应高校计算机基础教育课程层次化、多样化的趋势，从而更好地满足各学校由于条件、师资和生源水平、专业领域等差异而产生的不同需求。我们热切期望全国广大教师能够积极参与到本套丛书的编写工作中来，把自己的教学成果与全国的同行们分享；同时也欢迎广大读者对本套教材提出宝贵意见，以便我们改进工作，为读者提供更好的服务。

我们的电子邮件地址是：jiaoh@tup.tsinghua.edu.cn；联系人：焦虹。

清华大学出版社

前言

随着 Internet 技术与 Web 技术的飞速发展，人们不再满足于通过网站的前端浏览器仅获取静态信息，而是需要通过 Web 站点进行发布最新信息、查询信息及在网上实现办公、购物等活动，于是基于 Web 方式的数据库技术应运而生。因此，将 Web 技术与数据库相结合，开发动态的网络数据库（或 Web 数据库）应用已成为当今 Web 技术应用的热点。

Web 站点借助于成熟的数据库技术对网站的各种数据进行有效管理，实现了用户与数据库的实时动态数据交互；利用 Web 技术将存储于数据库中的大量信息及时发布出去，且通过浏览器就可完成对后台数据库中数据的各种操作，方便用户使用及维护数据库中的数据。网络数据库技术体现了 Web 技术与数据库技术的无缝结合。

目前已有多种网络数据库程序的开发技术，但对于教学而言，选择运行环境搭建简单、代码通俗易学的技术是应遵循的原则。微软开发的 ASP 技术运行于 Windows 平台，有很好的技术支持，与同类的 PHP、JSP 相比，它具有简单易学、环境配置方便的特点，故本书采用了 ASP 技术。为了提高网络数据的安全性和实时性，本书使用 SQL Server 作为后台数据库。

本书从网络数据库的基本概念入手，讲解 Web 开发中的脚本语言及 HTML 语言的基础知识，详细介绍 SQL Server 2000 及 SQL 语句的使用，系统介绍 ASP 及访问后台数据库的各种技术。

本书主要参照高校计算机等相关专业的教学大纲编写而成，符合目前各高校都在压缩学时的要求，最少需要 48 学时（64 学时为佳），其中课堂讲授 32 学时和课内上机练习 16 学时（课外上机练习除外）。全书共分 9 章。第 1、2 章介绍网络数据库涉及的基础知识及开发网络数据库应用软件的体系结构。第 3 章详细叙述网络数据库的运行平台，包括 IIS 服务器的配置、SQL Server 2000 的安装。第 4 章介绍具体的数据库技术，以 SQL Server 2000 为例，讲述数据库及表的使用和安全管理，详细介绍 SQL 语句的语法规则与具体使用。第 5、6 章讲解 HTML 语言及 VBScript 脚本的使用。第 7、8 章重点介绍 ASP 程序设计及 Web 数据库的访问技术 ADO。第 9 章通过一个具体实例介绍网络数据库应用系统的完整开发过程，包括系统的分析与设计、功能模块设计、数据模型的建立、后台数据库的构建及系统中各个功能模块的实现。

作者根据多年讲授这门课程的教学经验，合理组织教材内容，力求做到内容精练、深入浅出、重点突出，加强实例教学，通过完整的实例使读者理解与掌握网络数据库应用系统的具体开发步骤。作者为授课教师免费提供电子课件，可在清华大学出版社网站下载。

本书每章对应的习题内容的参考代码可在清华大学出版社网站下载。

本书在编写过程中得到了北京印刷学院计算机专业、数字媒体技术专业同仁的热情帮助，在此表示诚挚的谢意。

计算机技术发展十分迅速，由于作者水平所限，加之时间仓促，书中难免有不足之处，希望读者给予指正。

编　者

目录

网络数据库技术与应用（第3版）

第1章　网络数据库技术概述 1
　1.1　Web 与 Internet 1
　　1.1.1　什么是 Web 1
　　1.1.2　Web 的发展 2
　　1.1.3　什么是 Web 数据库 3
　　1.1.4　Web 的工作步骤 3
　　1.1.5　Internet 技术与相关协议 4
　　1.1.6　WWW 世界中的标记语言 5
　1.2　Web 数据库访问技术 9
　　1.2.1　CGI 技术 9
　　1.2.2　ASP、JSP、PHP 技术 10
　1.3　常用的数据库接口技术 10
　　1.3.1　ODBC 技术 11
　　1.3.2　OLE DB 技术 11
　习题 1 11

第2章　网络数据库应用系统的层次体系 12
　2.1　单机与集中式结构 12
　　2.1.1　单机结构 12
　　2.1.2　集中式亦称主机/终端模式 12
　2.2　客户机/服务器结构 12
　　2.2.1　二层 C/S 结构 13
　　2.2.2　三层 C/S 结构 14
　2.3　浏览器/服务器结构 14
　2.4　Internet/Intranet 信息系统的多层体系结构 15
　习题 2 15

第3章　建立网络数据库的运行平台 16
　3.1　系统的软硬件环境 16
　3.2　IIS 服务器的配置 17
　　3.2.1　IIS 5.1 的安装 17

    3.2.2 Web 站点设置 19
    3.2.3 建立虚拟目录 22
    3.2.4 删除虚拟目录 24
    3.2.5 测试 IIS 24
    3.2.6 Windows 8 下 IIS 的安装配置 26
  3.3 安装 SQL Server 2000 31
    3.3.1 安装 SQL Server 2000 的硬件需求 31
    3.3.2 安装 SQL Server 2000 的软件需求 32
    3.3.3 安装 SQL Server 2000 32
  习题 3 38

第 4 章 数据库技术 39

  4.1 概述 39
  4.2 常用的网络数据库系统 39
  4.3 SQL Server 概述及特点 40
  4.4 SQL Server 2000 的系统组成及常用工具 41
    4.4.1 SQL Server 2000 的系统组成 41
    4.4.2 SQL Server 2000 的常用工具 42
  4.5 数据库管理 46
    4.5.1 数据库的存储结构 46
    4.5.2 网络数据库的建立 46
    4.5.3 修改数据库 52
    4.5.4 删除数据库 53
    4.5.5 数据库的更名 54
  4.6 数据表的建立与维护 54
    4.6.1 表的建立 54
    4.6.2 修改表 57
    4.6.3 表的数据操作 57
    4.6.4 在表中建立主键和索引 59
    4.6.5 表与表之间的关联 62
    4.6.6 删除表 65
  4.7 SQL Server 安全管理 65
    4.7.1 SQL Server 安全认证模式 65
    4.7.2 用户权限管理 67
  4.8 结构化查询语言——SQL 72
    4.8.1 SQL 的组成 72
    4.8.2 SQL 数据定义功能 72
    4.8.3 SQL 数据查询语句 75

4.8.4　SQL 数据更新语句 87
　习题 4 90

第 5 章　HTML 语言 91
　5.1　HTML 标记 91
　　5.1.1　HTML 文档结构 91
　　5.1.2　HTML 常用标记 93
　5.2　HTML 动态网页设计 112
　　5.2.1　表单 113
　　5.2.2　创建简单表单 115
　　5.2.3　创建复杂表单 115
　　5.2.4　利用表单上传用户文件 121
　习题 5 123

第 6 章　VBScript 编程基础 124
　6.1　VBScript 概述 124
　6.2　在网页中使用 VBScript 124
　　6.2.1　在 HTML 中加入 VBScript 代码 125
　　6.2.2　在 ASP 页面中加入 VBScript 126
　6.3　VBScript 基本语法 129
　　6.3.1　VBScript 数据类型 129
　　6.3.2　变量和常量 130
　　6.3.3　运算符和表达式 134
　6.4　VBScript 程序流程控制 135
　　6.4.1　选择语句 135
　　6.4.2　循环语句 139
　6.5　With 语句 147
　6.6　Sub 过程和 Function 函数 147
　　6.6.1　Sub 过程 147
　　6.6.2　Function 函数 148
　　6.6.3　参数传递 150
　6.7　内部函数 151
　6.8　VBScript 内部函数编程实例 162
　6.9　VBScript 的对象和事件 165
　　6.9.1　VBScript 的对象 165
　　6.9.2　VBScript 的常用事件 179
　习题 6 183

第 7 章　ASP 程序设计 ... 184

7.1　ASP 概述 ... 184
7.1.1　ASP 基础知识 ... 184
7.1.2　ASP 文件 ... 184
7.1.3　ASP 的工作原理 ... 186
7.1.4　ASP 的内建对象 ... 187
7.1.5　ASP 的外挂对象 ... 187

7.2　Request 对象 ... 188
7.2.1　Request 对象概述 ... 188
7.2.2　Request 对象的数据集合 ... 189
7.2.3　Request 对象属性 ... 199
7.2.4　Request 对象方法 ... 200

7.3　Response 对象 ... 200
7.3.1　Response 对象的属性 ... 200
7.3.2　Response 对象的方法 ... 203
7.3.3　Cookies 数据集合 ... 207

7.4　Server 对象 ... 213
7.4.1　Server 对象的属性 ... 213
7.4.2　Server 对象的方法 ... 216

7.5　Session 对象 ... 222
7.5.1　Session 对象概述 ... 222
7.5.2　Session 和 Cookie 的区别 ... 225
7.5.3　Session 对象的属性 ... 226
7.5.4　Session 对象的方法 ... 228
7.5.5　Session 对象的事件 ... 229

7.6　Application 对象 ... 230
7.6.1　Application 对象概述 ... 230
7.6.2　Application 对象的设置和变量读取 ... 231
7.6.3　Application 对象的方法 ... 232
7.6.4　Application 对象的事件 ... 233
7.6.5　Session 对象和 Application 对象的比较 ... 234

7.7　Global.asa 文件 ... 234
7.8　ASP 程序设计举例 ... 236
习题 7 ... 241

第 8 章　Web 数据库访问 ... 243
8.1　常用的 Web 数据库访问技术 ... 243
8.2　常用的数据库接口技术 ... 248

- 8.3 使用 ADO 250
  - 8.3.1 ODBC 概述 251
  - 8.3.2 创立并配置数据源 251
- 8.4 使用 ADO 访问数据库 254
  - 8.4.1 ADO 对象的结构 255
  - 8.4.2 使用 Connection 对象 256
  - 8.4.3 使用 Recordset 对象 262
  - 8.4.4 使用 Command 对象 273
- 8.5 实例分析 278
- 8.6 本章小结 295
- 习题 8 296

第 9 章 基于 Web 的网上教学信息管理系统 297
- 9.1 系统分析与设计 297
  - 9.1.1 系统分析 297
  - 9.1.2 系统设计 297
- 9.2 功能模块设计 298
  - 9.2.1 管理员模块 298
  - 9.2.2 普通用户模块 298
- 9.3 数据库的逻辑结构设计 299
- 9.4 界面设计与应用程序实现 301
- 9.5 本章小结 321

附录 A 程序代码 323

参考文献 359

第 1 章　网络数据库技术概述

网络数据库也叫 Web 数据库、网站数据库，可简单认为，Web 数据库就是 Web 技术+数据库技术。促进 Internet 发展的因素之一就是 Web 技术，由静态网页技术的 HTML 到动态网页技术的 CGI、ASP、PHP、JSP 等，Web 技术经历了一个重要的变革过程。Web 已经不再局限于仅仅由静态网页提供信息服务，而改变为以动态网页为主，可提供交互式的信息查询服务，使信息数据库服务成为了主流。

总之，Web 数据库就是将数据库技术与 Web 技术融合在一起，使数据库系统成为 Web 的重要组成部分，从而实现数据库与网络技术的无缝结合，这一结合把 Web 与数据库的所有优势集合在了一起。图 1-1 是 Web 数据库的基本结构图，它由数据库服务器（Database Server）、Web 服务器（Web Server）、浏览器（Browser）3 部分组成。

图 1-1　Web 数据库的基本结构

它的工作过程可简单描述成：用户通过浏览器端的操作界面以交互的方式经由 Web 服务器来访问数据库。用户向数据库提交的信息以及数据库返回给用户的信息都以网页的形式显示。

本书将在不同的章节分别讲解 Web 数据库技术所涉及的相关内容，包括 Web 数据库应用程序的体系结构、构建后台数据库、建立 ASP 运行平台及脚本编程技术、ASP 编程技术、Web 数据库访问技术等。

本章介绍 Web 数据库技术所涉及的一些基本概念、Web 数据库的工作机制及相关支撑技术。

1.1　Web 与 Internet

1.1.1　什么是 Web

Web 全称为 World Wide Web，缩写为 WWW（或 W3，3W）。Web 有许多译名，如万维网、环球网等。WWW 并不等同互联网（Internet），只是互联网所能提供的服务之一，可以描述为在 Internet 上运行的、全球的、交互的、动态的、跨平台的、分布式的、图形化的超文本信息系统。由于它具有丰富的信息资源而成为 Internet 最为重要的服务之一，以超文本（hypertext）方式组织信息和提供信息服务。

在计算机网络中，对于提供 Web 服务的计算机称为 Web 服务器（或 Web 站点）。Web 可描述为存储在全世界 Internet 计算机中数量巨大的文档的集合。Web 上的信息由一些彼此关联的文档组成，这些文档称为页面，即 Web 信息的基本单位是 Web 页。每个 Web 服务器上都放置着大量的 Web 信息，多个 Web 页组成了一个 Web 站点。每个 Web 站点的起始页称为"主页"，且拥有一个 URL（Uniform Resource Locator，统一资源定位）地址，主页作为用户进入 Web 站点的入口。

Web 站点之间及网页间是以超文本结构（一种非线性的网状结构）进行组织的，这些资源（网页）通过超文本传输协议（Hypertext Transfer Protocol）传送给用户。

Internet 上的服务都是客户机/服务器（C/S）模式的，用户通过浏览器访问 Web 站点。因此，Web 是一种基于浏览器/服务器（B/S）的体系结构，如图 1-2 所示。B/S 模式，即浏览器/服务器模式，是一种从传统的两层 C/S 模式发展起来的新的网络结构模式，其本质是三层结构的 C/S 模式，具体内容见第 2 章。

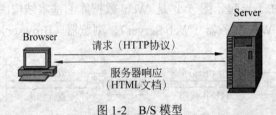

图 1-2 B/S 模型

注：URL 地址由三部分组成：

①协议类型或 Internet 资源类型（scheme）：即服务方式，如"http: //"表示 WWW 服务器，"ftp: //"表示 FTP 服务器，"gopher: //"表示 Gopher 服务器，而"new:"表示 Newgroup 新闻组。②服务器地址（即主机名）：指出存有该资源的主机 IP 地址或域名，有时也包括端口号。③路径及文件名。一个完整的 URL 地址如下：

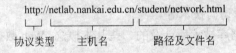

1.1.2 Web 的发展

Web 技术的发展是由实现静态网页的 HTML 技术到实现动态网页的 CGI、ASP、PHP、JSP、ASP.NET 等技术。

1. 静态网页

静态页面是事先存储在服务器上的 HTML 文件，其内容在生成该文档时就已定义好且不变。一般是用超文本标记语言 HTML 来实现，文件的后缀为 htm 或 html。编写工具可以是记事本、EditPlus 等纯文本编辑器，也可以是 FrontPage、DreamWeaver 等所见即所得的工具。静态网页的缺点是：无法存取后台数据库；只能固定显示事先设计好的页面内容；如果要修改网页内容，必须修改源代码，并重新上传到服务器。静态网页运行于客户端的浏览器软件。

2. 动态网页

动态网页是指可以进行交互的网页，不仅表现在网页的视觉展示方式上，更重要的是，可以对网页中的内容进行控制与变化，即服务器端可以根据客户端的不同请求动态产生网页内容。一般能实现对后台数据库的存取，并能利用数据库中的数据，动态生成客户端显示的页面。

动态网页有两个显著特点：
- 以数据库技术为基础，可以大大降低网站维护的工作量。
- 支持客户端和服务器端的交互功能。

BBS 论坛、聊天室、电子商务等均是动态网页的典型示例。实现动态网页的技术主要有 CGI、ASP、PHP、JSP、ASP.NET 等。

不管是静态还是动态，都属于 Web 技术，总之，Web 技术是开发互联网应用的技术总称，根据实现的功能及运行地点不同，Web 技术一般分为 Web 服务端技术和 Web 客户端技术。静态网页技术属于客户端技术，而动态网页技术一般以服务器端技术为主。

1.1.3 什么是 Web 数据库

Web 数据库是 Web 和数据库的组合。伴随动态网页信息的普及和数据库信息资源发布的需求，人们已意识到 Web 与数据库连接的重要性。网络数据库又可称为 Web 数据库，它实现了数据库与 Web 技术的无缝结合，主要体现在以下两点：
- 借助于 Web 技术将存储于数据库中的大量信息及时发布出去，且通过浏览器就可完成对后台数据库中数据的各种操作，方便用户使用数据库中的数据。
- Web 站点借助于成熟的数据库技术对网站的各种数据进行有效管理，并实现用户与数据库的实时动态数据交互。

目前 Web 数据库在 Internet 上有大量应用，如网站的留言板、论坛、远程教育、电子商务等，也可认为动态网页就是 Web 数据库的具体应用。

1.1.4 Web 的工作步骤

Web 的工作步骤如下：

（1）用户打开客户端计算机中的浏览器软件（例如 Internet Explorer）。

（2）用户输入要启动的 Web 主页的 URL 地址，浏览器将生成一个 HTTP 请求即向 Web 服务器发送了一个 HTTP 请求。

（3）Web 服务器接到浏览器的 HTTP 请求后，根据 URL 提供的路径信息在服务器上找到要访问的网页文件。

（4）根据请求的内容进行相应的处理。若请求的是普通的 HTML 文档，则 Web 服务器直接将它送给浏览器，再将网页以 HTML 文件格式发回给浏览器。

（5）若 HTML 文档中嵌有 ASP 或 CGI 程序，则 Web 服务器就运行 ASP 或 CGI 程序，并将结果以 HTML 文件格式传送至浏览器。当然，Web 服务器运行 ASP 或 CGI 程序时还可能需要调用数据库服务器或其他服务器。

最后，浏览器解释运行由服务器端传回的 HTML 文件（网页），将结果显示到屏幕上。

Web 的工作步骤如图 1-3 所示。

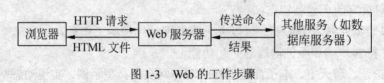

图 1-3　Web 的工作步骤

1.1.5　Internet 技术与相关协议

Internet 技术在 Web 数据库技术中扮演着重要的角色。Internet 专指全球最大的、开放的、由众多网络相互连接而成的计算机网络，并通过各种协议在计算机网络中传递信息。

TCP/IP 是 Internet 的核心技术，它是指以 TCP、IP 两个协议为核心的一组协议，称为 TCP/IP 协议簇，简称 TCP/IP 协议。因此也可以说 Internet 是全球范围的基于分组交换原理和 TCP/IP 协议的计算机网络。它将信息进行分组后，以数据包为单位进行传输。Internet 在进行信息传输时，主要完成两项任务。

（1）正确地将源信息文件分割成一个个数据包，并能在目的地将源信息文件的数据包再准确地重组起来。

（2）将数据包准确地送往目的地。

TCP/IP 协议的作用就是为了完成上述两项任务，规范了网络上所有计算机之间数据传递的方式与数据格式，提供了数据打包和寻址的标准方法。

1．TCP 协议

TCP 协议（Transmission Control Protocol，传输控制协议）属于 TCP/IP 参考模型的传输层协议，主要是提供应用程序间的通信，是一种面向连接的、可靠的传输控制协议，能保证数据在网络间的可靠的传送，如果发现数据在传送途中有损失，TCP 将重新发送数据。

2．IP 协议

在 Internet 上传送数据往往都是远距离的，因此在传输过程中要通过路由器一站一站地转接来实现。路由器是一种特殊的计算机，它会检测数据包的目的地主机地址，然后决定将该数据包送往何处。IP 协议（Internet Protocol，网际协议）属于 TCP/IP 参考模型的网络层协议，给 Internet 中的每一台计算机规定了一个地址，称为 IP 地址。

IP 地址是识别 Internet 网络中的主机及网络设备的唯一标识。按 IP 协议（第 4 版）规定，IP 地址由 32 位二进制数组成，即 4 个字节，每个字节由 8 位二进制数构成。为方便记忆采用十进制标记法，即将 4 个字节的二进制数值转换为 4 个十进制数，每个数取值范围在 0~255 之间，各数之间用小数点隔开，如 159.226.41.98。每个 IP 地址通常分为网络地址和主机地址两部分。

3. HTTP 协议

HTTP 协议又称为超文本传输协议（Hypertext Transfer Protocol），应用在 WWW 上，属于 TCP/IP 参考模型的应用层协议，位于 TCP/IP 协议的顶层，以 TCP/IP 协议簇中的其他协议为基础。如：HTTP 要通过 DNS 进行域名与 IP 地址的转换，要建立 TCP 连接才能进行文档传输。HTTP 协议的作用是完成客户端浏览器与 Web 服务器端之间的 HTML 数据传输。

在 WWW 得到广泛应用之前，在 Internet 上传输文件的传统方法是使用 FTP。但 FTP 需要使用两条 TCP 连接来完成文件传输，一条是控制连接（用于发出下载请求），另一条是数据连接。该方法使得在 Web 上传递信息的效率较低，而 HTTP 在下载文件时只需要建立一个连接，既用于传送下载请求，也用于下载文件。

1.1.6 WWW 世界中的标记语言

1. HTML

HTML（Hypertext Markup Language，超文本标记语言）是创建网页的计算机语言。所谓网页实际上就是一个 HTML 文档。文档内容由文本和 HTML 标记组成。HTML 文档的扩展名就是.html 或.htm。浏览器负责解释 HTML 文档中的标记，并将 HTML 文档显示成网页。

1）HTML 标记

HTML 标记的作用是告诉浏览器网页的结构和格式。每一个标记用尖括号<>括起来。大多数标记都有一个开始标记和一个结束标记。标记不分大小写。多数标记都带有自己的属性。例如字体标记<FONT>有 FACE、COLOR、SIZE 等属性：FACE 定义字体；COLOR 定义字体的颜色；SIZE 定义字体的大小。

使用格式：<FONT　FACE= Arial SIZE=3 COLOR=RED > BEIJING </FONT>。

网页中有很多文本链接和图片链接。链接，又被称为超链接，用于链接到 WWW 万维网中的其他网页上。在 HTML 文档中表示超链接的标记是<A>，通过属性 HREF 指出链接的网页地址 URL。

使用格式：<A　HREF=http://www.bigc.edu.cn/ > BEIJING </A>。

2）HTML 程序

HTML 程序必须以<HTML>标记开始，以</HTML>标记结束。在<HTML>和</HTML>标记之间主要由两部分组成：文件头和文件体。文件头用标记<HEAD></HEAD>来标识，文件体用标记<BODY></BODY>来标识。在文件的头部通常包含整个网页的一些信息。例如<TITLE></TITLE>标记是用来说明网页的名称；<META></META>标记是用来说明网页的其他信息，如设计者姓名和版权信息等。所有在浏览器中要显示的内容称为网页的主体，必须放在<BODY></BODY>标记中。下面给出的是一个空网页的 HTML 程序。

```
<HTML>
  <HEAD>
   <TITLE>(在此标记中写网页的标题)</TITLE>
  </HEAD>
  <BODY>
    (在此标记中写网页的内容)
  </BODY>
</HTML>
```

3）HTML 规范

HTML 规范又称为 HTML 标准，它总在不断地发展。每一新版本的出现，HTML 都会增加新的特性和内容。有关 HTML 版本的详细信息请访问 www.w3.org 网站。

在不同的浏览器中，网页的显示效果可能会有所不同。每一个浏览器都使用自己独特的方式解释 HTML 文档中的标记，并且多数浏览器不完全支持 HTML 的所有特性。因为，像 Microsoft 和 Netscape 公司在 HTML 标准上又开发了一些特有的 HTML 标记和属性，称之为 HTML 的扩展。这些标记和属性只被他们自己的浏览器所识别，不可能被其他公司的浏览器识别。如果浏览器不能识别 HTML 文档中的标记，则会忽略这个标记。

4）HTML 程序的编辑环境与运行环境

HTML 文档是一个普通的文本文件（ASCII），不包含任何与平台、程序有关的信息。因此 HTML 文档可以利用任何文本编辑器来方便地生成。要注意的是 HTML 文档的扩展名必须是.html 或.htm。运行 HTML 文档可以在任何浏览器下进行，并可在浏览器上查看网页的 HTML 源代码。

关于 HTML 语言中标记的种类与使用方法将在第 5 章详细介绍。

2．XML

HTML 是 Web 上的通用语言，随着 Internet 的深入人心，WWW 上的 Web 文件日益复杂化、多样化，人们开始感到了 HTML 这种固定格式的标记语言的不足。1996 年 W3C 开始对 HTML 的后续语言进行研究，并于 1998 年正式推出了 XML（Extensible Markup Language，可扩展标记语言）。在设计网页时，XML 提供了比 HTML 更灵活的方法。

1）XML 语言的特点

XML 是国际组织 W3C 为适应 WWW 的应用，将 SGML （Standard Generalized

站地转接来实现。路由器是一种特殊的计算机，它会检测数据包的目的地主机地址，然后决定将该数据包送往何处。IP 协议（Internet Protocol，网际协议）属于 TCP/IP 参考模型的网络层协议，给 Internet 中的每一台计算机规定了一个地址，称为 IP 地址。

IP 地址是识别 Internet 网络中的主机及网络设备的唯一标识。按 IP 协议（第 4 版）规定，IP 地址由 32 位二进制数组成，即 4 个字节，每个字节由 8 位二进制数构成。为方便记忆采用十进制标记法，即将 4 个字节的二进制数值转换为 4 个十进制数，每个数取值范围在 0~255 之间，各数之间用小数点隔开，如 159.226.41.98。每个 IP 地址通常分为网络地址和主机地址两部分。

3. HTTP 协议

HTTP 协议又称为超文本传输协议（Hypertext Transfer Protocol），应用在 WWW 上，属于 TCP/IP 参考模型的应用层协议，位于 TCP/IP 协议的顶层，以 TCP/IP 协议簇中的其他协议为基础。如：HTTP 要通过 DNS 进行域名与 IP 地址的转换，要建立 TCP 连接才能进行文档传输。HTTP 协议的作用是完成客户端浏览器与 Web 服务器端之间的 HTML 数据传输。

在 WWW 得到广泛应用之前，在 Internet 上传输文件的传统方法是使用 FTP。但 FTP 需要使用两条 TCP 连接来完成文件传输，一条是控制连接（用于发出下载请求），另一条是数据连接。该方法使得在 Web 上传递信息的效率较低，而 HTTP 在下载文件时只需要建立一个连接，既用于传送下载请求，也用于下载文件。

1.1.6 WWW 世界中的标记语言

1. HTML

HTML（Hypertext Markup Language，超文本标记语言）是创建网页的计算机语言。所谓网页实际上就是一个 HTML 文档。文档内容由文本和 HTML 标记组成。HTML 文档的扩展名就是.html 或.htm。浏览器负责解释 HTML 文档中的标记，并将 HTML 文档显示成网页。

1）HTML 标记

HTML 标记的作用是告诉浏览器网页的结构和格式。每一个标记用尖括号<>括起来。大多数标记都有一个开始标记和一个结束标记。标记不分大小写。多数标记都带有自己的属性。例如字体标记<FONT>有 FACE、COLOR、SIZE 等属性：FACE 定义字体；COLOR 定义字体的颜色；SIZE 定义字体的大小。

使用格式：<FONT FACE= Arial SIZE=3 COLOR=RED > BEIJING </FONT>。

网页中有很多文本链接和图片链接。链接，又被称为超链接，用于链接到 WWW 万维网中的其他网页上。在 HTML 文档中表示超链接的标记是<A>，通过属性 HREF 指出链接的网页地址 URL。

使用格式：<A HREF=http://www.bigc.edu.cn/ > BEIJING </A>。

2) HTML 程序

HTML 程序必须以<HTML>标记开始，以</HTML>标记结束。在<HTML>和</HTML>标记之间主要由两部分组成：文件头和文件体。文件头用标记<HEAD></HEAD>来标识，文件体用标记<BODY></BODY>来标识。在文件的头部通常包含整个网页的一些信息。例如<TITLE></TITLE>标记是用来说明网页的名称；<META></META>标记是用来说明网页的其他信息，如设计者姓名和版权信息等。所有在浏览器中要显示的内容称为网页的主体，必须放在<BODY></BODY>标记中。下面给出的是一个空网页的 HTML 程序。

```
<HTML>
  <HEAD>
    <TITLE>(在此标记中写网页的标题)</TITLE>
  </HEAD>
  <BODY>
    (在此标记中写网页的内容)
  </BODY>
</HTML>
```

3) HTML 规范

HTML 规范又称为 HTML 标准，它总在不断地发展。每一新版本的出现，HTML 都会增加新的特性和内容。有关 HTML 版本的详细信息请访问 www.w3.org 网站。

在不同的浏览器中，网页的显示效果可能会有所不同。每一个浏览器都使用自己独特的方式解释 HTML 文档中的标记，并且多数浏览器不完全支持 HTML 的所有特性。因为，像 Microsoft 和 Netscape 公司在 HTML 标准上又开发了一些特有的 HTML 标记和属性，称之为 HTML 的扩展。这些标记和属性只被他们自己的浏览器所识别，不可能被其他公司的浏览器识别。如果浏览器不能识别 HTML 文档中的标记，则会忽略这个标记。

4) HTML 程序的编辑环境与运行环境

HTML 文档是一个普通的文本文件（ASCII），不包含任何与平台、程序有关的信息。因此 HTML 文档可以利用任何文本编辑器来方便地生成。要注意的是 HTML 文档的扩展名必须是.html 或.htm。运行 HTML 文档可以在任何浏览器下进行，并可在浏览器上查看网页的 HTML 源代码。

关于 HTML 语言中标记的种类与使用方法将在第 5 章详细介绍。

2. XML

HTML 是 Web 上的通用语言，随着 Internet 的深入人心，WWW 上的 Web 文件日益复杂化、多样化，人们开始感到了 HTML 这种固定格式的标记语言的不足。1996 年 W3C 开始对 HTML 的后续语言进行研究，并于 1998 年正式推出了 XML（Extensible Markup Language，可扩展标记语言）。在设计网页时，XML 提供了比 HTML 更灵活的方法。

1) XML 语言的特点

XML 是国际组织 W3C 为适应 WWW 的应用，将 SGML（Standard Generalized

Markup Language,标准通用标记语言)进行简化形成的元标记语言。简单地说,XML是一种描述信息的标识语言,描述信息内容的数据形式和结构。一个 XML 文档由标记和字符数据组成。

而作为元标记语言,XML 不再使标记固定,允许网页的设计者定义数量不限的标记来描述内容,同时还允许设计者创建自己的使用规则。

2) XML 的 DTD

DTD(Document Type Definition,文档类型定义)是一组应用在 XML 文档中的自定义标记语言的技术规范。DTD 中定义了标记的含义及关于标记的语法规则。语法规则中确定了在 XML 文档中使用哪些标记符,它们应该按什么次序出现,标记符之间如何嵌套,哪些标记符有属性等等。DTD 可以包含在它所描述的 XML 文档中,但通常它是一份单独的文档或者一系列文档。作为外部文件可通过 URL 链接,被不同的 XML 文档共享。

XML 把 DTD 的定义权开放,不同行业可以根据自己的实际需求定义描述内容的 DTD,以适应本行业内部的信息交流和存档需要。因此,适合于不同行业、不同平台的标记语言大批涌现。

DTD 定义的基本格式是:<!DOCTYPE 根元素[……规则……]>。其中的规则包括元素声明 ELEMENT、属性声明 ATTLIST、实体声明 ENTITY 等。通常出版发行业描述图书的信息需要有书号、书名、作者、出版社、出版日期等,那么下面给出的便是为描述图书信息而制定的一个 DTD 和与它对应的 XML 文档。

```
<?xml version="1.0" encoding="iso-8859-1"?>
<!DOCTYPE BookInformation [
<!ELEMENT BookInformation ((Book)+)>
<!ELEMENT Book(BookNumber, BookName, Writer, BookConcern, PublishingTime)>
<!ELEMENT BookNumber (#PCDATA)>
<!ELEMENT BookName (#PCDATA)>
<!ELEMENT Writer (#PCDATA)>
<!ELEMENT BookConcern (#PCDATA)>
<!ELEMENT PublishingTime(year, month)>
   <!ELEMENT year(#PCDATA)>
   <!ELEMENT month (#PCDATA)>
]>
<BookInformation>
   <Book>
      <BookNumber>ISBN0001</BookNumber>
      <BookName>XML3.0 技术内幕</BookName>
      <Writer>John</Writer>
      <BookConcern>清华大学出版社</BookConcern>
      <PublishingTime>
         <year>2016</year>
         <month>8</month>
      </PublishingTime>
   </Book>
```

```
    <Book>
        另一本书信息省略
    </Book>
</BookInformation>
```

不难看出,在 XML 的程序清单中使用了具有意义的标记,如<BookName>、<Writer>和<PublishingTime>等。这种用法的优点是:标记具有含义,源码易于阅读理解;其次是处理程序可以根据文档类型定义来验证 XML 文档是否合法。

DTD 文件的调用方法主要有两种:

(1)直接将 DTD 部分包含在 XML 文档内,只需在 DOCTYPE 声明中插入一些特别的说明即可。如:

```
<?xml version="1.0" encoding="GB2312"?>
<!DOCTYPE myfile [
<!ELEMENT title (#PCDATA)>
<!ELEMENT author (#PCDATA)>
<!ENTITY copyright "Copyright 2001, app.">
]>
<myfile>
<title>XML 轻松学习手册</title>
<author>app</author>
</myfile>
```

(2)调用独立的 DTD 文件,将 DTD 文档存为.dtd 文件,然后在 DOCTYPE 声明行中调用。如:

myfile.dtd 代码:

```
<!ELEMENT myfile (title, author)>
<!ELEMENT title (#PCDATA)>
<!ELEMENT author (#PCDATA)>
```

在 XML 文档中调用时,在第一行后插入:

```
<?xml version="1.0" encoding="GB2312"?>
<!DOCTYPE myfile SYSTEM "myfile.dtd">
 <myfile>
<title>XML 轻松学习手册</title>
<author>app</author>
</myfile>
```

3)XML 的 Schema

Schema 是用于描述和规范 XML 文档的逻辑结构的一种语言,它最大的作用就是验证 XML 文件逻辑结构的正确性。可以理解成与 DTD 功能差不多,但是 Schema 在当前的 WEB 开发环境下优越很多。

因为它本身就是一个有效的 XML 文档,而不是像 DTD 那样使用特殊格式,因此方便了用户及开发者，可以使用相同的工具来编写 XML Schema 和其他 XML 文档，也利于更直观地了解 XML 的结构。

除此之外，Schema 支持命名空间，内置多种简单和复杂的数据类型，并支持自定义数据类型。由于它有这么多的优点，所以 Schema 渐渐成为 XML 应用的统一规范。

4) XML 的 CSS 与 XSL

强调内容描述与形式描述的分离，一方面可以使 XML 文件的编写者更集中精力于数据本身，而不受显示方式的细节影响；另一方面允许为相同的数据定义不同的显示方式，从而适合于不同应用、不同媒体，使 XML 数据得到最大程度的重用。XML 文档数据的显示形式是通过样式单定义的。CSS（Cascading Style Sheets）是 XML 使用的一种标准的级联样式单，XSL（Extensible Style Language）则是可扩展的样式语言。

由于 XML 允许用户创建任何所需的标记，而通用浏览器既无法预期用户标记的意义，又无法为显示这些标记而提供规则，因此用户必须为自己创建的 XML 文档编写样式单，样式单可以实现共享。

浏览器对一个 XML 文档的处理过程是，首先去关联它所指定的样式单文件，如果该样式单是一个 XSL 文件，则按照规定对 XML 数据进行转换然后再显示，XSL 本身也是基于 XML 语言的，可以将 XML 转化为 HTML 后再显示。如果该样式单是一个 CSS 文件，浏览器就会按照样式单的规定给每个标记赋予一组样式后再显示。

1.2 Web 数据库访问技术

Web 数据库访问技术（即动态网页实现技术）通常利用三层结构来实现，如图 1-1 所示，即浏览器、Web 服务器和数据库服务器。目前常用的 Web 数据库访问技术有 CGI、ASP、JSP、PHP 等，下面简单介绍这几种技术，详见 8.1 节。

1.2.1 CGI 技术

CGI（Common Gateway Interface，通用网关界面）是一种 Web 服务器上运行的基于 Web 浏览器输入程序的方法，是最早的访问数据库的解决方案。CGI 程序可以建立网页与数据库之间的连接，将用户的查询要求转换成数据库的查询命令，然后将查询结果通过网页返回给用户。一个 CGI 工作的基本原理如图 1-4 所示。

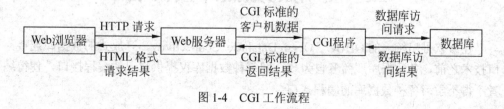

图 1-4 CGI 工作流程

CGI 一般都是一个独立的可执行程序,从本质上讲 CGI 是 Web 服务器端的一个进程。每当客户端输入一个请求时,就必须激活一个 CGI 程序。它可以作为 Web 服务器与其他应用程序、信息资源和数据库之间的中介器。为了使用各种数据库系统,CGI 程序支持 ODBC 方式,它通过 ODBC 接口访问数据库。

1.2.2 ASP、JSP、PHP 技术

ASP 是 Microsoft 开发的动态网页技术,主要应用于 Windows 系列平台。确切地说 ASP 不是一种语言,而是 Web 服务器端的开发环境。利用 ASP 可以产生和运行动态的、交互的、高性能的 Web 服务应用程序。ASP 支持多种脚本语言,除了 VBScript 和 Jscript,也支持 Perl 语言,并且可以在同一 ASP 文件中使用多种脚本语言以发挥各种脚本语言的最大优势。但 ASP 默认只支持 VBScript 和 Jscript,若要使用其他脚本语言,必须安装相应的脚本引擎。ASP 支持在服务器端调用 ActiveX 组件 ADO 对象实现对数据库的操作。在具体的应用中,若脚本语言中有访问数据库的请求,可通过 ODBC 与后台数据库相连,并通过 ADO 执行访问数据库的操作。关于 ASP 的编程技术将会在第 7 章中详细介绍。

JSP 是 Sun 公司推出的新一代 Web 开发技术。作为 Java 家族的一员,几乎可以运行在所有的操作系统平台和 Web 服务器上,因此 JSP 的运行平台更为广泛。目前 JSP 支持的脚本语言只有 Java。JSP 使用 JDBC 实现对数据库的访问。目标数据库必须有一个 JDBC 的驱动程序,即一个从数据库到 Java 的接口,该接口提供了标准的方法使 Java 应用程序能够连接到数据库并执行对数据库的操作。JDBC 不需要在服务器上创建数据源,通过 JDBC,JSP 就可以实现 SQL 语句的执行。

PHP 是 Rasmus Lerdorf 推出的一种跨平台的嵌入式脚本语言,可以在 Windows、UNIX、Linux 等流行的操作系统和 IIS、Apache 等 Web 服务器上运行,用户更换平台时,无需变换 PHP 代码。PHP 是通过 Internet 合作开发的开放源代码软件,它借用了 C、Java、Perl 语言的语法并结合 PHP 自身的特性,能够快速写出动态生成页面。PHP 可以通过 ODBC 访问各种数据库,但主要通过函数直接访问数据库。PHP 支持目前绝大多数的数据库,提供与各类数据库直接互连的函数,包括 Sybase、Oracle、SQL Server、MySQL 等,其中与 MySQL 数据库互连是最佳组合。

1.3 常用的数据库接口技术

在微软推出统一的 ODBC(Open Database Connectivity,开放式的数据库连接)接口技术之前,各数据库厂商各自为政,即每种数据库仅提供自己的编程接口,使得编程者不得不学习各种数据库的编程接口。

1.3.1 ODBC 技术

ODBC 是微软公司开放服务体系（Windows Open Services Architecture，WOSA）有关数据库的一部分，是数据库访问的标准接口。它建立了一组规范，并提供一组对数据库访问的标准 API（应用程序编程接口），使应用程序可以应用 ODBC 提供的 API 来访问任何带有 ODBC 驱动程序的数据库。即基于 ODBC 的应用程序对数据库的操作不依赖任何 DBMS，不直接与 DBMS 打交道，所有的数据库操作由对应的 DBMS 的 ODBC 驱动程序完成。也就是说，不论是 FoxPro、Access 还是 Oracle、MS SQL Server 数据库，均可用 ODBC API 进行访问。由此可见，ODBC 的最大优点是能以统一的方式处理所有的数据库。

ODBC 是作为一种标准的基于 SQL 的接口而实现的，主要用于处理关系型数据库，可以很好地用于关系型数据库的访问，目前所有关系数据库都提供 ODBC 驱动程序。但 ODBC 对任何数据源都未作优化，这也许会对数据库存取速度有影响；同时由于 ODBC 只能用于关系数据库，因此很难利用 ODBC 访问对象数据库及其他非关系数据库，即缺乏对新型数据源的访问支持，而基于 COM 技术的 OLE DB 则成为现在异构数据库的主要访问接口技术。

1.3.2 OLE DB 技术

推出 ODBC 之后，微软又推出了 OLE DB。OLE DB 是一个底层的数据访问接口，它基于 COM 接口（组件对象模型）。ODBC 是基于 SQL 的，主要用于处理关系型数据库，而 OLE DB 对所有文件系统包括关系数据库和非关系数据库都提供了统一的接口，如可以访问非关系型数据库和其他的一些资源，像 Excel 电子表格中的数据、电子邮件等。OLE DB 分为两种：直接的 OLE DB 和面向 ODBC 的 OLE DB，后者架构在 ODBC 上。OLE DB 的特征使之比 ODBC 更加优越，详见 8.2 节。

习题 1

1. 试述 Web 的工作原理。
2. 常用的动态网页技术有哪几种？
3. 简述 ASP 技术访问数据库的过程。

第 2 章　网络数据库应用系统的层次体系

当前，Internet/Intranet 技术发展异常迅速，越来越多的数据库应用软件运行在 Internet/Intranet 环境下。在此之前，数据库应用系统的发展经历了单机结构、集中式结构、客户机/服务器（Client/Server，C/S）结构之后，随着 Internet 的普及，又出现了浏览器/服务器（Browser/Server，B/S）结构与多层结构。在构造一个应用系统时，首先考虑的是系统的体系结构，采用哪种结构取决于系统的网络环境、应用需求等因素。

2.1 单机与集中式结构

2.1.1 单机结构

单机结构即所有功能都存在于单台 PC 上，因而适合未联网用户、个人用户等，目前比较流行的单机结构的数据应用系统有 Microsoft Access、Visual FoxPro 等。

2.1.2 集中式亦称主机/终端模式

这种结构适用于采用大型主机和多个终端相结合的系统，将操作系统、应用程序、数据库系统等数据和资源均放在大型主机上，而连接在主机上的许多终端只是作为主机的一种输入输出设备，所有的计算任务和数据管理任务都集中在主机上。

优点：具有很强的处理能力、方便的资源共享及高度集中的控制和管理功能。

缺点：价格昂贵，响应时间随用户终端数的增加而增加，难以满足所有用户的各类需求，用户界面功能简单等。

随着计算机网络的兴起和 PC 性能的大幅提高且价格大幅降低，这种传统的集中式数据库系统结构已被 C/S 数据库系统结构所代替。

2.2 客户机/服务器结构

客户机/服务器结构可分为二层 C/S 模式和三层 C/S 模式。

2.2.1 二层 C/S 结构

二层 C/S 结构是当前非常流行的数据库系统结构，在这种结构中，客户机提出请求，服务器对客户机的服务请求做出回答。它把界面和数据处理操作分开在前端（客户端）和后端（服务器端），这个主要特点使得 C/S 系统的工作速度主要取决于进行大量数据操作的服务器，而不是前端的硬件设备；同时也大大降低了对网络传输速度的要求，因为只需客户端把服务请求发送给数据库服务器，数据库服务器只把服务结果传回前端，如图 2-1 所示。

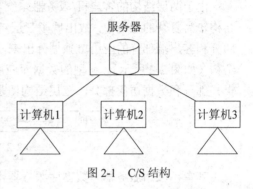

图 2-1 C/S 结构

C/S 结构的软件的一个主要特点在于运行在客户机上的程序和服务器上的程序协同工作。一般客户机端的代码用于完成用户的输入、输出及数据的检查，接收服务器返回的信息；而服务器（如数据库服务器）端的代码完成对数据库的操作（包括存储、处理和传送信息）。

在客户机/服务器结构中，常把客户机称为前台，而把服务器端称为后台。前台应用程序的功能包括用户界面、接收用户数据、处理应用逻辑（或部分）、向后台发出请求、同时接收后台返回的结果，最后再将返回的结果按一定的格式显示给用户。而后台服务器则负责共享外部设备、存取共享数据、响应前台客户端的请求并回送结果等工作。前台的应用程序和数据一般是用户专用的，而后台的数据和代码是所有用户可以共享的。

客户机/服务器结构的另一个主要特点在于前、后台软件、硬件平台的无关性。数据库服务器上的数据库管理系统集中负责管理数据，它向客户端提供一个开放的使用环境，客户端通过数据库接口，如 ODBC（开放数据库连接）和 SQL 访问数据库，也就是说，不管客户端采用什么样的硬件和软件，它只要能通过网络和数据库接口程序连接到服务器，就可对数据库进行访问。

客户机/服务器结构将应用分在了客户机、服务器两级，称其为两层客户机/服务器结构。总之，两层 C/S 结构的基本工作方式是客户程序向数据库服务器发送 SQL 请求，服务器返回数据或结果，有以下两种实现方式：

一种是以客户为中心的（俗称胖客户\瘦服务器型），客户来完成表示部分和应用逻辑部分（即数据处理的任务），而服务器完成数据访问部分，适用于应用相对简单、数据访问量不是很大的情况。另一种是以服务器为中心的，把一些重要的应用逻辑部分放到服务器上，这样可充分利用服务器的计算能力，减少网络上需要传送的数据。这些重要的应用逻辑部分通常以存储过程和触发器的形式出现，但存储过程依赖于特定数据库，不同数据库之间很难移植，而三层 C/S 结构可以很好地解决这个问题。

注意：触发器（trigger）是数据库系统中，一个在插入、删除、修改操作之后运行的记录级事件代码。不同的事件可以对应不同的动作。通常有 3 种类型的触发器：INSERT 触发器、DELETE 触发器和 UPDATE 触发器。

2.2.2 三层 C/S 结构

由于两层结构的客户机/服务器系统本身固有的缺陷，使得它不能应用于一些大型、结构较为复杂的系统中，故出现了三层结构的客户机/服务器系统，将两层结构中服务器部分和客户端部分的应用单独划分出来，即采用"客户机—应用服务器—数据库服务器"结构（如图 2-2 所示）。典型的数据库应用可分为三部分：表示部分、应用逻辑（商业逻辑）部分和数据访问部分，三层结构便是对应于这三部分。

图 2-2 三层 C/S 结构

其中，应用服务器和数据库服务器可位于同一主机，也可位于不同主机。
- 客户机是应用的用户接口部分，负责用户与应用程序的交互，接受用户的输入请求，将结果以适当的形式（如图形、报表）返回给用户。运行在客户机端的软件也称为表示层软件。
- 应用服务器存放业务逻辑层（也称为功能层）软件，是应用逻辑处理的核心，实现具体业务。它能响应客户机请求，完成业务处理或复杂计算。若有数据库访问任务时,应用服务器层可根据客户机的要求向数据库服务器发送 SQL 指令。应用逻辑变得复杂或增加新的应用时，可增加新的应用服务器。
- 数据库服务器便是用来执行功能层送来的 SQL 指令，实现对数据库的增加、删除、修改及查询等操作。操作完成后再通过应用服务器向客户机返回操作结果。

2.3 浏览器/服务器结构

随着 Internet 技术和 Web 技术的广泛应用，C/S 结构已无法满足人们的需要。因为在典型 C/S 体系中，通常为客户安装前端应用程序的做法已不再现实，并且限制客户端工作环境只能基于 Windows、Macintosh 或 UNIX 等操作系统也不切实际。于是基于浏览器/服务器结构（B/S）的系统应运而生。

采用 B/S 结构后，在客户端只需安装一个通用的浏览器即可，不再受具体操作系统和硬件的制约，实现了跨平台的应用。

基于 B/S 结构的典型应用通常采用三层结构："浏览器—Web 服务器—数据库服务器"，B/S 模式的工作原理是：通过浏览器以超文本的形式向 Web 服务器提出访问数据库的请求，Web 服务器接受客户请求后，激活对应的 CGI 程序将超文本 HTML 语言转化为 SQL 语法，将这个请求交给数据库，数据库服务器得到请求后，进行数据处理，然后将处理结果集返回给 CGI 程序。CGI 再将结果转化为 HTML，并由 Web 服务器转发给请求方的浏览器，如图 2-3 所示。

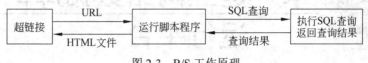

图 2-3　B/S 工作原理

在 B/S 模式中，客户端的标准配置是浏览器，如 IE；业务功能处理由独立的应用服务器处理，Web 服务器成为应用处理的标准配置；数据处理仍然由数据库服务器来执行。

从本质上讲，B/S 结构与传统的 C/S 结构都是以同一种请求和应答方式来执行应用的，区别主要在于：C/S 是一种两层或三层结构模式，其客户端集中了大量应用软件，而 B/S 是一种基于超链接（HyperLink）、HTML、ASP 的三级或多级 C/S 结构，客户端仅需单一的浏览器软件，是一种全新的体系结构，解决了跨平台问题。目前这两种结构在不同方面都有着广泛的应用。虽然 C/S 结构在 Internet 环境下明显不如 B/S 结构具有优势，但它在局域网环境下仍具有优势。

2.4　Internet/Intranet 信息系统的多层体系结构

多层结构应用软件与传统的两层结构应用软件相比，有可伸缩性好、可管理性强、安全性高、软件重用性好等诸多优点，如何在 Internet/Intranet 环境下构建应用软件体系结构就成为一个非常重要的问题，也是现今软件体系研究的一个新热点。

三层是最经典的架构，一般分表示层、业务逻辑层、数据访问层。多层是对三层的扩展。多层的本质其实就是对业务逻辑层的进一步扩展。

实际上，多层的概念是由 Sun 公司提出来的。Sun 公司提出的多层应用体系包括 4 层：客户层、顶端 Web 服务层、应用服务层和数据库层。其中顶端 Web 服务层是 Sun 公司多层体系结构中非常重要的一层，它主要起代理和缓存的作用。顶端 Web 服务器的作用是缓存本地各客户机经常使用的 Java Applet 程序和静态数据，通常被放置在客户机所在的局域网内，起到一个 Java Applet 主机（向 Web 浏览器传送 Java Applet 程序的计算机）和访问其他服务的代理作用。与普通代理服务器的作用相同。构建多层结构应用软件时，选用 Java 平台是一个很好的选择，因为它跨越各应用平台。总之，在 Java 平台上构建多层应用软件体系代表着今后 Internet/Intranet 应用的趋势。

习题 2

1. 简述数据库应用系统体系结构的发展历程。
2. 简述三层 B/S 结构的工作过程。

第 3 章 建立网络数据库的运行平台

在学习通过 ASP 和 SQL Server 数据库建立 Web 站点之前，首先要建立 ASP 程序的运行平台。在第 2 章已介绍了数据库应用系统的几种层次模型，其中的 B/S 模式结合 Web 技术和数据库技术，实现了跨平台的应用和多媒体服务。

基于 B/S 模式的信息系统通常采用 3 层结构：浏览器、Web 服务器、数据库服务器，如图 3-1 所示。

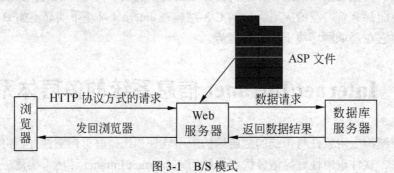

图 3-1 B/S 模式

可见 Web 服务器接受浏览器发来的请求（以 HTML 或 Script 等形式）后，向数据库服务器发送数据请求（即 SQL 指令，关于这部分内容详见第 4 章），再将执行的结果以 HTML 或 Script 等格式发回给浏览器。Web 服务器的种类很多，本书主要介绍基于 Windows XP 操作系统的 IIS（Internet Information Server，Internet 信息服务器）。

正常运行 ASP 文件必须建立 Web 服务器环境，下面将详细介绍建立一个 Web 站点所需的各种必要知识。

3.1 系统的软硬件环境

ASP 程序必须在支持 ASP 的 Web 服务器上才能运行，对于个人用户，可以首先将计算机虚拟为 Web 服务器。如果计算机使用的是 Windows 系统，安装微软的 IIS 就可以实现这一目标。

1. 硬件的需求

一台能够运行 Windows XP 操作系统的计算机，内存在 128MB 以上，可用的硬盘空间在 5GB 以上，便符合安装 IIS 的要求。当然，一般在安装软件时推荐使用的硬件条件要远远高于这个要求。

2．软件的需求

根据操作系统的不同，所使用的 Web 服务器软件也有所不同，具体配置见表 3-1。

表 3-1　Web 服务器软件

操作系统	Web 服务器软件
Windows NT Server	IIS 4.0
Windows 2000（Professional+Advanced Server）/ XP	IIS 5.0 / 5.1（支持最新的 ASP 3.0）
Windows Server 2003	IIS 6.0
Windows Vista、Windows Server 2008/ Windows 7 旗舰版	IIS 7.0/IIS7.5
Windows 8 以上的版本	IIS 8.0

Windows 系列操作系统是当前极为流行的操作系统，该系统由 Microsoft（微软）公司开发，拥有中国地区的绝大部分用户，在该平台上开发应用程序，具有良好的通用性，也符合用户的使用习惯。

IIS Web 服务器是运行于 Windows 系列操作系统上的应用程序，它能在单机上模拟网络服务器环境，对用户的 ASP 程序进行处理，在这种环境下访问本机上的网页程序，就像浏览真正的网页一样，使用它能极大地方便编写和调试动态网页程序，是开发动态网页必不可少的专用工具。另外建立 ASP 应用程序涉及到的软件还可能有：

- 后台数据库，本书采用 SQL Server 2000 版本的数据库管理系统。
- 浏览器，推荐使用 Internet Explorer 6.0 以上版本（Windows XP 最高支持 IE 8）。
- 页面设计软件，采用 Dreamweaver 或 Visual InterDev。

3.2　IIS 服务器的配置

IIS 目前占有大约 40%的 Web 服务器市场，在 Windows XP 操作系统里包含 Web 服务器产品 IIS 5.1。IIS 5.1 版本可以提供多种 Internet 信息服务，其中 WWW 服务是最重要的服务。

Windows 2000 Server 在安装的过程中会自动安装 IIS 5.0，而 Windows 2000 Professional 和 Windows XP 则不会，必须用添加 Windows 组件的方式另行安装。下面以 Windows XP 为例，介绍 IIS 5.1 的安装过程。

3.2.1　IIS 5.1 的安装

IIS 5.1 不是 Windows XP 的默认安装组件。要安装 IIS 5.1，既可在安装系统时定制安装；也可在系统安装完成后，通过"添加/删除程序"组件来安装。

1. 安装前的准备工作

在安装 IIS 前先做好如下工作。

（1）安装 TCP/IP 协议。

（2）设置好固定的 IP 地址。首先需要正确安装网卡，并进行正确的网络连接，之后才能开始 IP 地址的设置。

（3）安装域名服务（DNS）。域名服务能将主机域名转换成对应的 IP 地址，这样避免了记忆繁杂的 IP 地址。

2. IIS 的安装

具体步骤如下。

（1）打开控制面板，选择"添加/删除程序"选项。

（2）单击"添加/删除 Windows 组件"。

（3）在"Windows 组件向导"中选"Internet 信息服务（IIS）"，再单击"详细信息"，打开 IIS 服务选项。

（4）在"IIS 服务选项"中保证"World Wide Web 服务器"被选中，其他选项视需要任选。最后单击"确定"按钮，系统将安装 IIS。

为了管理 Web 站点，在 Windows XP 的管理工具中携带有称为"Internet 服务管理器"的工具，这个工具是微软管理控制台（MMC）的延伸。为了打开 IIS，单击"程序"→"管理工具"→"Internet 服务管理器"，IIS 的界面如图 3-2 所示。

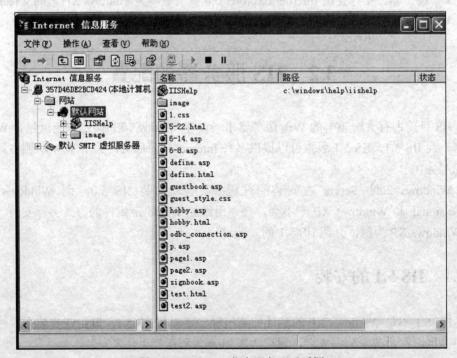

图 3-2 "Internet 信息服务"对话框

在 Internet 服务管理器中可以对 Web 站点进行全面的管理，包括建立新的站点、站点的日常维护等工作。

3.2.2 Web 站点设置

安装好 IIS 后，就已经建立了一个默认的 Web 站点，系统已为它设置了默认的属性。若需要更改，可对它们重新设置。在图 3-2 所示的 Internet 服务管理器界面中，选择"默认网站"并右击，在弹出的快捷菜单中选择"属性"项，则"默认网站 属性"对话框如图 3-3 所示。

图 3-3 "默认网站属性"对话框

在 IIS 中，可以为不同的站点设置不同的属性内容。在"默认网站属性"对话框中有 8 个选项卡，下面先介绍常用的选项卡。

1."网站"选项卡

"网站"选项卡用于设置 Web 站点的基本属性，如设置站点名称（网站描述）、IP 地址、TCP 端口等，如图 3-3 所示。

（1）描述：输入对站点的说明性文字，出现在 IIS 控制台目录树中。

（2）TCP 端口：HTTP 服务的默认端口是 80，若设置成其他端口，URL 必须写成下面的形式：http://www.teacher.local:8080。

（3）连接超时：若客户端建立连接，在连接超时规定的时间内没有访问操作，系统将该连接强制断开。

第 3 章 建立网络数据库的运行平台

（4）保持 HTTP 连接：若不选该项，当网页中包含多个元素（.html，.gif，.jpg 文件等）时，则浏览器必须为包含多个元素的页面实现大量的连接请求，可能需要为每个元素进行单独连接。这些额外的请求和连接要求额外的服务器活动和资源，这将会降低服务器的效率，还会大大降低浏览器的速度和响应能力，尤其是在网络连接速度较慢的地方。

（5）启用日志记录：记录用户活动的细节并以选择的格式创建日志。活动日志的格式有以下两种形式。

- Microsoft IIS 日志文件格式：固定 ASCII 格式。
- W3C 扩展日志文件格式：可自定义的 ASCII 格式。

Web 站点的安全性设置主要通过"目录安全性"选项卡完成。如"IP 地址及域名限制"可指定不允许访问该站点的 IP 地址及域名。

2．"文档"选项卡

"文档"选项卡主要用来设定在未指定所要访问的网页文件时，系统默认访问的页面文件，如图 3-4 所示。

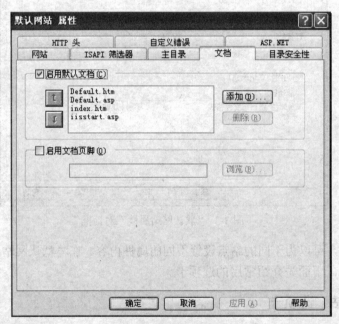

图 3-4　设置主页文档

常用的主页文件名有 index.asp、index.htm(l)、default.asp、default.htm(l)等。主页文档在列表框中有先后顺序，这也是站点对这些主页文档的解析顺序。在图 3-4 中，根据其设置，可知站点对主页文档的解析顺序是：default.htm->default.asp，即在客户浏览器端的 URL 处输入网站域名后，Web 服务器会试着访问站点根目录下的 default.htm 页面，若找到则该页面的内容发送给客户端的浏览器显示，则作为对客户端请求的响应；若找不到，则继续查找 default.asp 页面，这样依次下去。若列表框中所指定的主页文档均不能找到，则显示 HTTP404 错误（文件或目录未找到）。

3. "主目录"选项卡

该选项卡用来设置访问 Web 站点的主目录和访问权限，如图 3-5 所示。

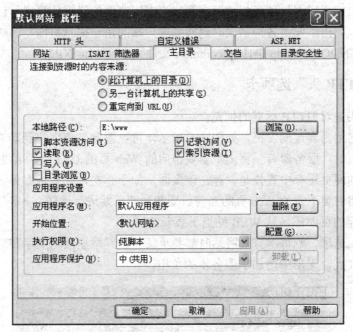

图 3-5 设置主目录

主目录是站点的逻辑根目录，可选择一个本地可访问的文件目录作为 Web 站点的主目录。在设置访问权限时，"读取"权限一定要设置为允许，这样客户浏览器才能访问 Web 站点。

- 写入：允许客户修改站点上的文件，一般设置为不允许。
- 目录浏览：该功能允许用户浏览站点目录。若未指定文件名和目录，如，http://127.0.0.1 站点也没有默认文档（或默认文档不存在），屏幕上将会列出此站点的目录列表。出于安全性考虑，一般禁止此功能。
- 脚本资源访问：允许用户浏览器请求访问站点上的动态网页。
- 本地路径：IIS 安装完后，站点的默认主目录（根目录）是 C:\Inetpub\wwwroot，通过此选项可以修改主目录的位置。在图 3-5 中，如将站点的主目录改为 E:\www 则表明网站的所有文件均存放在该目录下。
- 应用程序设置：指定何种应用程序可以 Web 站点执行。在"执行权限"列表中包括"无"、"纯脚本"、"脚本和可执行文件"三种选项，具体功能如下：
  无：不允许在 Web 站中运行的程序中包括服务器端 ASP 脚本。
  纯脚本：只能执行 ASP 程序。
  脚本和可执行文件：所有的应用程序（包括.exe 文件和 DLL 库）都可在 Web 站点上执行。

4. "自定义错误"选项卡

当用户连接 Web 站点时,可能因为服务器本身的错误或权限不足的原因,导致站点不能回应客户端的请求,此时返回默认错误信息。

使用"自定义错误"项可修改返回到客户端浏览器的错误信息提示。在 HTTP 错误信息列表中,列出了发生各种错误时返回到客户端的错误提示页面,这些错误提示页面存储在 C:\WINDOWS\Help\iisHelp\common 文件夹中(Wins XP)。

5. "HTTP 头"选项卡

HTTP 头是对 HTTP 标准的扩充。

选择"启用内容过期"框,如图 3-6 所示,可设置此站点内容到期的时间。当用户浏览站点网页时,服务器首先将浏览器要访问的 Web 页的 URL 返回给客户端。客户端在本地硬盘的网页缓存中查找是否存在该页面,如不存在,则要求服务器传送该页面,否则浏览器将对要下载的 Web 页的当前日期和到期日期进行比较,决定是显示客户端硬盘中网页缓存的页面还是从 WEB 站点下载新的网页。

若关闭该选项,则每次打开网站时都要重新下载网站里面的文字和链接,这样会使服务器负荷加大,无形中增加了服务器的负担。

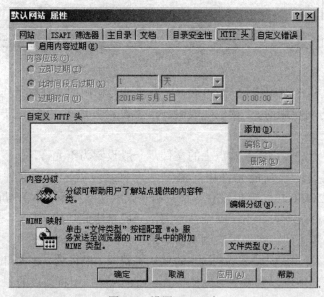

图 3-6 设置 HTTP 头

3.2.3 建立虚拟目录

前面已提到客户端浏览器通过域名访问 Web 站点的主目录,若 Web 站点中包含不在主目录里的文件,则必须创建虚拟目录,虚拟目录是不包含在主目录中的目录,它的内容可以显示在客户浏览器上，就好像是主目录中的内容。

虚拟目录有一个别名，浏览器就是用这个别名来访问该目录的，用别名比较安全，因为用户不知道文件在服务器中的实际目录，就不能修改文件内容。接下来的工作就是配置网站的虚拟目录。

（1）执行 Windows XP 的"开始"→"程序"→"管理工具"→"Internet 服务管理器"命令，打开如图 3-2 所示的"Internet 信息服务"界面。

（2）执行"操作"→"新建"→"虚拟目录"命令，通过选择"虚拟目录创建向导"→"下一步"的方式进入如图 3-7 所示的对话框，在"别名"编辑框中输入虚拟目录 chinapub。

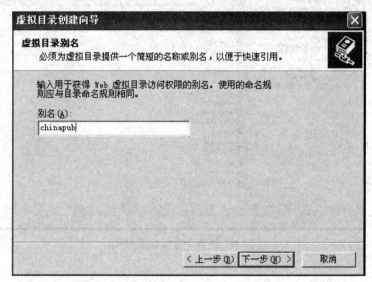

图 3-7　"虚拟目录创建向导"对话框（1）

（3）单击"下一步"按钮，进入如图 3-8 所示的对话框，在"目录"编辑框中输入物理目录的路径。也可通过单击"浏览"按钮，在"目录"对话框中完成目录的输入工作。

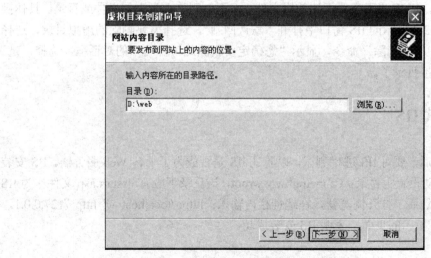

图 3-8　"虚拟目录创建向导"对话框（2）

（4）单击"下一步"按钮，进入设置访问权限的界面，一般对默认的设置不做修改，即允许"读取"和"运行脚本"。

（5）单击"下一步"按钮，进入虚拟目录创建完成界面，单击"完成"按钮，回到"Internet 信息服务"界面，如图 3-9 所示，选择树列表中的"默认网站"可以看到虚拟目录 chinapub 已经设置好了，然后可以关闭"Internet 信息服务"界面。

图 3-9　设置完虚拟目录的页面

3.2.4　删除虚拟目录

如果不需要使用某个虚拟目录，可以将其删除。删除虚拟目录时只会删除别名和目录之间的映射，使 Web 服务器无法使用文件，而不会删除硬盘中的文件或目录。具体操作如下：在图 3-2 所示的 IIS 窗口中打开"默认网站"，选择需要删除的虚拟目录，选择"操作"菜单中的"删除"命令，显示"您确定要删除此项目吗"的对话框，选择"是"就可以删除虚拟目录了。

3.2.5　测试 IIS

安装完成后，要对 IIS 进行测试，以验证 IIS 是否成为了一台 Web 服务器。IIS 安装完毕后，会自动设置主目录：C:\inetpub\wwwroot，该目录下应有 iisstart.asp 文件作为 IIS 的默认主页。然后，打开浏览器，在地址栏内输入：http://localhost 或 http://127.0.0.1，显示如图 3-10 所示的页面，表明 IIS 安装成功。

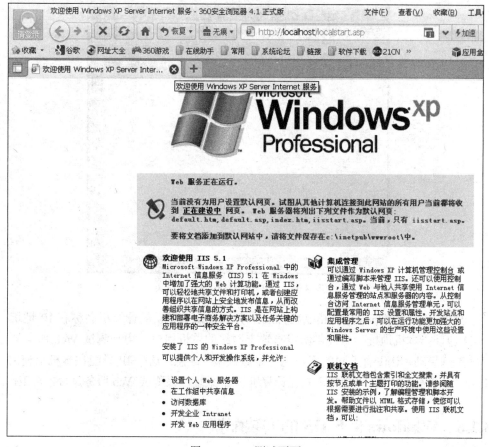

图 3-10　IIS 测试页面

也可以自行设计一个网页放在该目录下，用记事本输入下面的代码：

```
<html>
<head>
</head>
    <body>
    hello! I am rococor!
    </body>
</html>
```

将文件保存在 c:\Inetpub\wwwroot 下，命名为 test.htm，接着打开浏览器输入：http://127.0.0.1/test.htm，结果显示如图 3-11 所示。

例如：对于文件 c:\inetpub\wwwroot\test.htm，访问方法可用以下几种，结果均一样：

http://localhost/test.htm

http://127.0.0.1/test.htm

http://计算机的名字/test.htm

http://IP 地址/test.htm

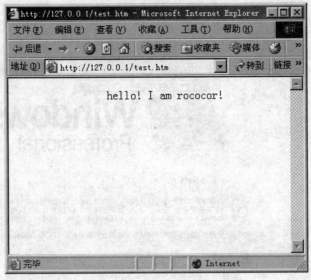

图 3-11 文件 test.htm 的运行结果

其中 http://localhost/和 http://127.0.0.1 分别是系统默认的计算机名称和 IP 地址。这个 IP 地址指本机地址,是提供给没有连上网络的单机用户,用来测试 Web 服务器是否已经正确启动,让没有上网的用户也可以做试验。注意:这个 IP 只能在本机上使用。如果用户已经连上网络,可以输入自己计算机的 IP 地址,来测试 Web 服务是否正常工作。

3.2.6 Windows 8 下 IIS 的安装配置

Windows 8 环境下的 IIS 的安装配置 与 Windows 7 大致相同,只有少部分差异。

1. IIS 的安装

将鼠标指针放置在屏幕的左下角然后右击,弹出如图 3-12 所示的菜单,选择"程序和功能"(或直接按快捷键 Win+X)。进入程序与功能界面后,选择"启用或关闭 Windows 功能",在弹出的组件功能框中,找到"Internet 信息服务",选择需要安装的组件,如图 3-13 所示。而 Windows 7 中则通过单击"控制面板"打开程序与功能界面,选择"打开或关闭 Windows 功能"。

注意:

(1)若网站是简单的静态页面,则不用配置应用程序开发功能下的选项。

(2)若只是配置.net 的运行环境,则可以不选择应用程序开发功能下的 ASP 选项。

图 3-12 弹出菜单

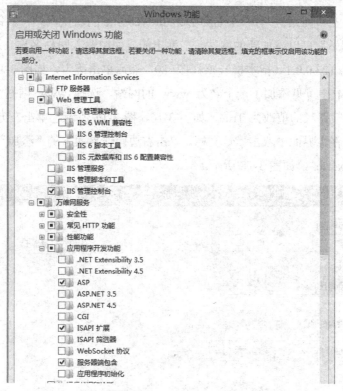

图 3-13　IIS 组件界面

2. IIS 配置

在控制面板中单击管理工具，进入管理工具界面，双击"Internet Information Services（IIS）管理器"，打开其主界面，如图 3-14 所示。单击本地主机名即 LENOVO-PC，展开

图 3-14　IIS 管理器主界面

折叠菜单，单击"网站"，有一个名为 Default Web Site 的默认网站，右键单击"网站"，选择"添加网站"可以添加新的网站，在弹出的界面中输入网站名称，选择物理路径，IP 地址输入为 127.0.0.1（指本机），端口为 80，然后单击确定，如图 3-15 所示。操作完毕后在图 3-14 中可见添加了一个名为 www 的网站。选择 www 网站，双击 IIS 下的 ASP，把启用父路径的值改为 True。如图 3-16、图 3-17 所示。单击左方的网站 www，回到主界面。在主界面中双击默认文档。单击右边操作界面下的"添加"，在弹出的界面中输入"index.asp"，如图 3-18 所示。

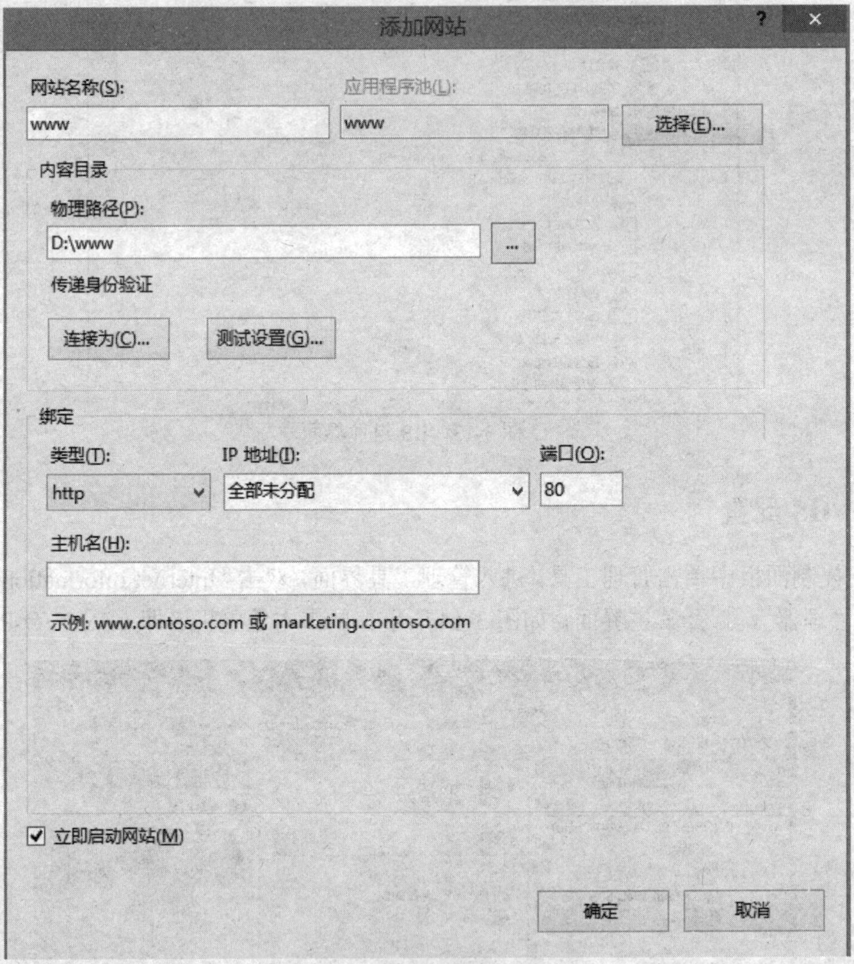

图 3-15 "添加网站"对话框

单击左方的应用程序池，然后单击右边的操作面板下的"设置应用程序池默认设置"，把"启用 32 位应用程序"的值设为 True，然后单击"确定"（系统是 64 位的需要进行此步操作），如图 3-19 所示。配置完成后，可单击右边的浏览网站，如图 3-20 所示。

图 3-16 选择 www 网站

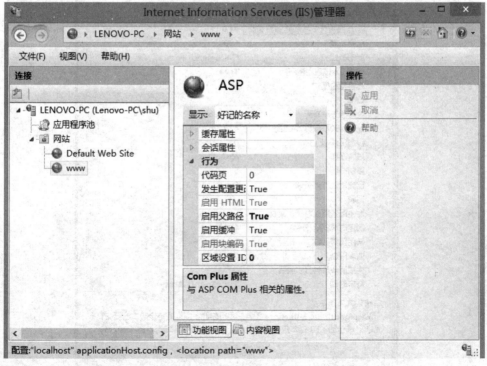

图 3-17 设置父路径

第 3 章 建立网络数据库的运行平台 —————————— 29

图 3-18　设置默认文档

图 3-19　设置应用程序池

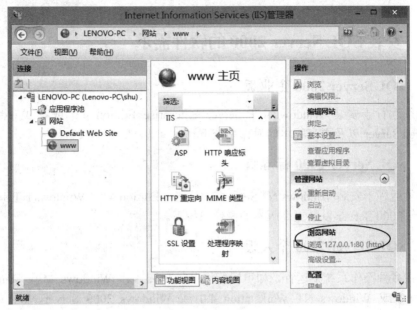

图 3-20　浏览网站

3.3　安装 SQL Server 2000

SQL Server 2000 可以方便地安装到 Windows 2000 Professional/Server、Windows XP、Windows 7 及其以上版本或 Windows NT 上。安装过程方便简单，只要按照 SQL Server 2000 安装向导的提示一步一步地操作，就可以顺利完成安装。下面以在 Windows 2000 Professional 上安装为例，详细讲解安装过程。

3.3.1　安装 SQL Server 2000 的硬件需求

1．对计算机的要求

Intel 及其兼容计算机，Pentium 166MHz 或更高处理器或 DEC Alpha 和其兼容系统。

2．对计算机内存（RAM）的要求

SQL Server 2000 企业版最少 64MB 内存，其他版本最少需要 32MB 内存，建议使用更多的内存。

3．对计算机硬盘空间的要求

完全安装（Full）需要 180MB 的空间，典型安装（Typical）需要 170MB 的空间，最小安装（Minimum）需要 65MB 的空间。

3.3.2 安装 SQL Server 2000 的软件需求

1．SQL Server 2000 企业版

必须运行于安装 Windows NT Server Enterprise Edition 4.0 或者 Windows 2000 Advanced Server 以及更高版本的操作系统下。

2．SQL Server 2000 标准版

必须运行于安装 Windows NT Server Enterprise Edition 4.0、Windows NT Server 4.0、Windows 2000 Server 以及更高版本的操作系统下。

3．SQL Server 2000 个人版

可在多种操作系统下运行，如可运行于 Windows 9x，Windows ME，Windows NT Server 4.0 或 Windows NT Workstation 4.0 或 Windows 2000 Server，Windows 2000 Professional 的操作系统下。

4．SQL Server 2000 开发者版

可运行于上述除 Windows 9x 以外的所有操作系统下。

在此值得一提的是，SQL Server 2000 默认是在 32 位的 Windows 系统下运行。随着 Windows 系统的不断升级分别有 32 位和 64 位的系统。不过，微软的新版操作系统对其旧版系统下的软件具有较好的兼容性。因此，SQL Server 2000 不仅可以运行在 32 位的 Windows 系统下，也可以运行在 64 位的 Windows 系统下，如 Windows 7 及其以上的版本。

3.3.3 安装 SQL Server 2000

SQL Server 2000 安装步骤如下。

（1）将 SQL Server 2000 的系统光盘插入光驱，光盘自动启动进入 SQL Server 2000 安装启动画面，如图 3-21 所示。或打开光盘运行 SQL Server 2000 安装程序。

SQL Server 2000 安装启动画面中有 5 个选项：
- 安装 SQL Server 2000 组件。
- 安装 SQL Server 2000 的先决条件。
- 浏览安装/升级帮助。
- 阅读发布说明。
- 访问我们的 Web 站点。

选择"安装 SQL Server 2000 组件"选项，出现图 3-22 所示的窗口；选择"安装 SQL Server 2000 的先决条件"选项，出现图 3-23 所示的窗口。

图 3-21　SQL Server 安装启动画面窗口

图 3-22　安装 SQL Server 2000 组件窗口　　图 3-23 安装 SQL Server 2000 的先决条件窗口

（2）这里选择"安装 SQL Server 2000 组件"选项，出现图 3-22 所示窗口时，窗口中有 3 个选项。选择"安装数据库服务器"选项后，出现图 3-24 所示的窗口。

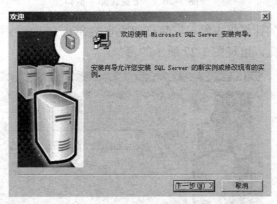

图 3-24　SQL Server 2000 的安装向导窗口

（3）单击"下一步"按钮，出现图 3-25 所示的窗口。
（4）选择"本地计算机"（即当前正在使用的计算机），单击"下一步"按钮，出现

图 3-26 所示的窗口。

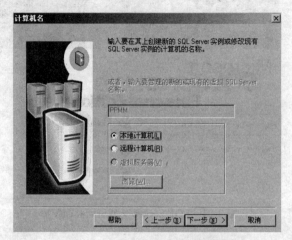

图 3-25　安装目标计算机选择窗口

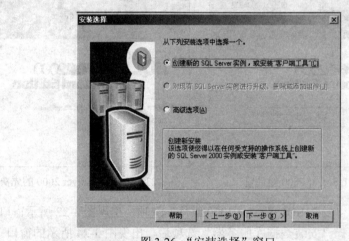

图 3-26　"安装选择"窗口

（5）因为当前的计算机中没有安装任何版本的 SQL Server，所以选择第一个选项，单击"下一步"按钮，出现图 3-27 所示的窗口。

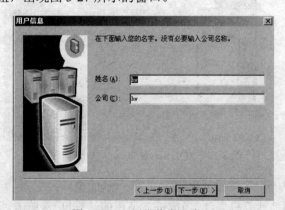

图 3-27　"用户信息"窗口

（6）输入姓名、公司名，单击"下一步"按钮，出现图3-28所示的窗口。

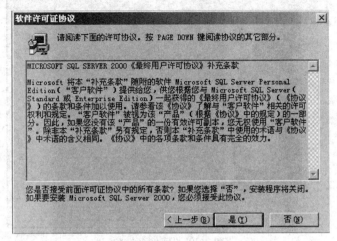

图3-28 "软件许可证协议"窗口

（7）单击"是"按钮，出现图3-29所示的窗口。

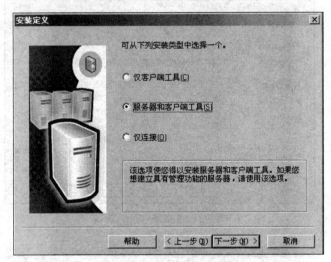

图3-29 定义安装类型窗口

（8）选择"服务器和客户端工具"选项，可使当前的计算机成为一台服务器。单击"下一步"按钮，出现图3-30所示的窗口。

（9）可方便地选择"默认"，采用默认实例名。单击"下一步"按钮，出现图3-31所示的窗口。

（10）可方便地选择"典型"安装，安装通常所需的项目。在"目的文件夹"选项中，可单击"浏览"按钮，选择程序文件和数据文件的安装路径，也可默认安装路径。单击"下一步"按钮，出现图3-32所示的窗口。

（11）若选择"使用域用户账户"，要输入用户名、密码、域名，单击"下一步"按钮，出现图3-33所示的窗口。

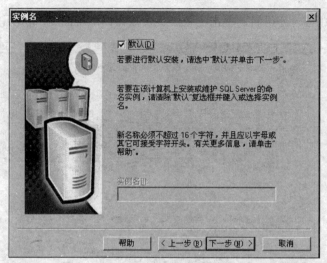

图3-30 "实例名"窗口

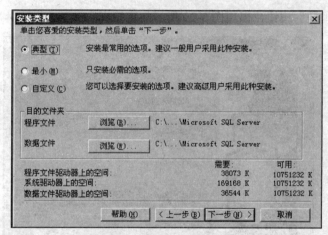

图3-31 "安装类型"窗口

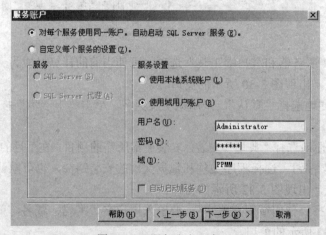

图3-32 "服务账户"窗口

（12）进入"身份验证模式"窗口后，若选择混合模式，如图 3-33 所示，此时要输入登录密码。单击"下一步"按钮，出现图 3-34 所示的窗口。

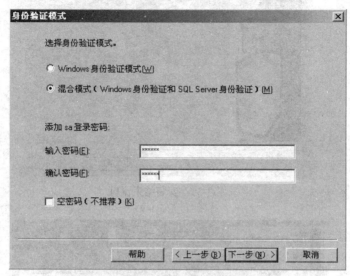

图 3-33 "身份验证模式"窗口

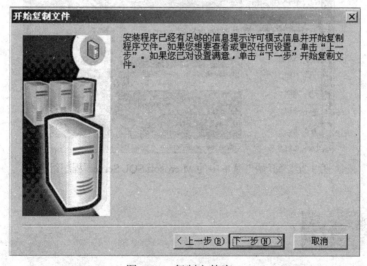

图 3-34 复制文件窗口

（13）单击"下一步"按钮，计算机开始按前面的设置将有用的组件从光盘中复制到用户的硬盘中。等待几分钟后，屏幕上会弹出图 3-35 所示的窗口。

至此 SQL Server 2000 安装结束。"开始"菜单中出现 Microsoft SQL Server 程序组，如图 3-36 所示。程序组中所含的各选项的功能，将在第 4 章中详细介绍。关于 SQL Server 2000 数据源的配置，将在第 8 章中详细介绍。

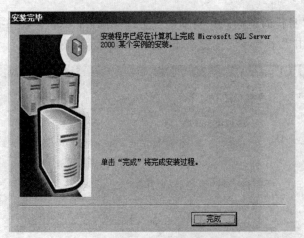

图 3-35　安装结束窗口

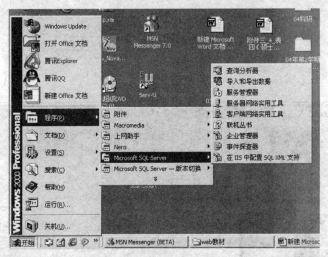

图 3-36　"开始"菜单中的 Microsoft SQL Server 程序组窗口

习题 3

1．简述 IIS 的配置要点。

2．简述虚拟目录的作用。

3．请在 C:\Inetpub\wwwroot 下建立子文件夹 asptemp，为其设置虚拟目录为 asptemp，并设置默认文档为 index.asp 和 index.htm。

4．编写一个简单的 ASP 网页程序，实现在浏览器 IE 中输出登录网站的时间及简单的欢迎信息。

5．请思考是否一定要在 C:\Inetpub\wwwroot 下开发 ASP 文件？可以放在别的文件夹下吗？

第 4 章 数据库技术

数据库在进入 Web 舞台后就成了网络数据库（也可称为 Web 数据库），其实与传统意义上的数据库没有什么本质区别，只是数据库的使用界面成为网页而已。在网络环境中，用浏览器作为输入界面，用户输入所需的数据，浏览器将这些数据发送给 Web 服务器，Web 服务器再对这些数据进行处理，最后网站将执行的结果返回浏览器，通过浏览器显示给用户。因此 Web 数据库成为一种结合前端网页的使用接口，是大多数网页内容的来源，也是网络用户提交数据的存放地。

4.1 概 述

数据库技术是应数据管理任务的需求而产生的，数据管理技术经历了人工管理、文件管理、数据库系统三个阶段。为了让多种应用程序并发地使用数据库中具有最小冗余度的共享数据，必须使数据与程序具有较高的独立性，这就需要一个软件系统对数据实行专门管理，方便用户以交互命令或程序方式对数据库进行操作。这个软件就称为数据库管理系统（DataBase Management System，DBMS）。目前，数据库领域中最常用的数据模型有三种，分别是：层次模型、网状模型及关系模型。关系模型的数据库系统在 20 世纪 70 年代开始出现，且发展迅速，并已逐渐取代了非关系模型的数据库系统的统治地位，现在流行的数据库系统大都是基于关系模型的。采用关系模型构造的数据库系统，称为关系数据库管理系统（Relational DataBase Management System，RDBMS）。

在关系数据库管理系统中，数据按表存放，每张表由行和列组成。一行是一条记录，而一条记录又由多个字段组成。

关系数据库中的 SQL 语言被称为结构化查询语言，它是数据库语言的标准，市场上有很多符合 SQL 标准的数据库系统，如微软的 SQL Server、IBM 的 DB2、Oracle（甲骨文）公司的 Oracle 等。本书以 SQL Server 关系数据库系统作为数据库的使用平台。

4.2 常用的网络数据库系统

目前，商品化的数据库管理系统以关系型数据库为主导产品，按照数据库的规模和功能，一般从实用上将数据库分为大（中）型数据库和个人数据库。

1. 大（中）型数据库

应用比较广泛的关系型数据库系统主要有：SQL Server、DB2、Oracle、Informix、Sybase，它们各有特色。Oracle 是 Oracle（甲骨文）公司开发的一种面向网络计算机并支持对象、关系模型的数据库产品，具有极强的灵活性和伸缩性，支持分布式数据库和分布式处理，支持大量用户同时对数据库执行各种数据操作，但使用比较复杂，目前广泛使用的是 Oracle 9i。DB2 是 IBM 公司开发的产品，能满足大型数据库的需求，适用于数据仓库和在线事务处理，但一般要依赖其直接硬件支持，使用较复杂。Sybase 和 Informix 是两个简单易用，占用资源比较少的实用的数据库。SQL Server 是微软公司从 Sybase 获得基本部件的使用许可权后开发的一种关系型数据库。目前的最新版是 SQL Server 2016，由于它和 Windows、IIS 等产品均出自微软之手，有着天然的联系，配合密切，因此用户如果使用的是 Windows 操作系统，那么 IIS、SQL Server 就应是最佳选择。

2. 个人数据库

MySQL 是当今 UNIX 或 Linux 类服务器上广泛使用的网络数据库系统，由于 MySQL 的源代码公开，可免费使用，这就使得 MySQL 成为许多中小型网站、个人网站追捧的明星。在 Windows 系统中，一般使用 Access，它简单易用，可轻松管理数据。

从用户的技术水平及国内软件应用的现状来看，SQL Server 应该是一个较好的选择，尤其对初学者而言。近几年来，SQL Server 推出很多新版本，本书选择 SQL Server 2000 关系数据库系统作为数据库的使用平台。下面主要介绍 SQL Server 2000 的使用。

4.3 SQL Server 概述及特点

SQL Server 是由 Microsoft 推出的功能强大的网络数据库系统，采用客户机/服务器结构，SQL Server 的应用分为客户机应用与服务器应用两部分：客户机提供用户界面，用于形成 DBMS 的用户请求；服务器主要用于储存和管理这些数据，并响应来自客户机的连接和数据存取请求，最后将处理结果送回客户机。

最近几年随着技术的进步，版本也在不断升级，从 SQL Server 6.0、SQL Server 6.5、SQL Server 7.0 到 2000 年 8 月推出的 SQL Server 2000 直至 SQL Server 2005、SQL Server 2008 及目前最新的 SQL Server 2016，为用户的使用提供了越来越多的功能。

SQL Server 的特点：

（1）真正的客户机/服务器体系结构。

（2）良好的图形用户接口，使系统管理和数据库管理更加直观、简单。

（3）支持多种开发平台，即开发人员几乎可以用现有的任何开发平台编写应用程序来访问 SQL Server。

（4）支持远程管理，无论 SQL Server 服务器与数据库管理人员相距多远，数据库管理及开发人员均可通过网络使用企业管理器来管理 SQL Server 的服务器。

（5）通过查询能够支持决策支持系统、数据仓库和 OLAP（Online Analytical Processing）。

（6）与 Windows NT/2000 系统紧密集成，利用了 NT 的许多功能，如发送和接收消息，管理登录安全性等，因此具有良好的性能和可伸缩性。

（7）对 Web 技术的支持，使用户容易将数据库中的数据发布到 Web 页面上。

SQL Server 2000 同以前的版本相比，具有以下几个新特征：

（1）支持 XML 语言。

（2）具有完全的 Web 功能，与 Internet 紧密结合。

（3）支持多种查询，不仅能访问关系型数据库的数据，还能访问非关系型数据库等复杂的数据库中的数据。

（4）支持分布式查询，允许用户同时引用多处数据源。

4.4 SQL Server 2000 的系统组成及常用工具

SQL Server 2000 安装完成后，会在计算机上创建 4 个系统数据库（Master 数据库、Model 数据库、Msdb 数据库、Tempdb 数据库）和两个实例数据库（Pubs 实例数据库和 Northwind 数据库），并定义若干系统表和系统存储过程。其中，系统表中记录了 SQL Server 的所有系统信息和每个用户数据库的定义信息，而系统存储过程主要用来访问、修改系统表中的内容。

4.4.1 SQL Server 2000 的系统组成

1. Master 数据库

Master 是 SQL Server 系统最重要的数据库，它记录了 SQL Server 系统的所有系统信息。这些系统信息包括所有的登录信息、系统设置信息、SQL Server 的初始化信息和其他系统数据库及用户数据库的相关信息。

2. Model 数据库

Model 数据库是所有用户数据库和 Tempdb 数据库的模板数据库，是建立新数据库的模板，它包含了将复制到每个数据库中的系统表。

在执行创建数据库的 CREATE DATABASE 语句时，服务器通过复制 Model 数据库建立新数据库的前面部分，而新数据库的后面部分则被初始化为空白的数据页，以存放数据。

由于 SQL Server 每次启动时，都将以 Model 数据库为模板重新创建 Tempdb 数据库，因此严禁删除 Model 数据库，否则 SQL Server 系统将无法使用。

3. Msdb 数据库

Msdb 是 SQL Server Agent 服务使用的数据库，用来执行预定的任务，如数据库备份和数据转换、警报和作业等。

4. Tempdb 数据库

Tempdb 是一个临时数据库，它为所有的临时表、临时存储过程及其他临时操作提供存储空间。Tempdb 数据库是一个全局资源，在 SQL Server 每次启动时系统都将根据 Model 都重新创建，属于无垃圾数据库。每当用户与 SQL Server 断开连接时，所有的临时表格和临时存储过程都将自动丢弃。

5. Pubs 和 Northwind 数据库

Pubs 和 Northwind 是两个实例数据库，它们可以作为 SQL Server 的学习工具。Pubs 示例数据库以一个图书出版公司为模型，用于演示 SQL Server 数据库中可用的许多选项。如果更改了 Pubs 数据库，可以使用 SQL Server 安装盘 Install 目录下的文件重新进行安装。

4.4.2 SQL Server 2000 的常用工具

SQL Server 2000 安装以后，会自动在"开始"菜单的"程序"组中创建 Microsoft SQL Server 程序组，如图 4-1 所示，下面介绍其中主要的 3 项功能。

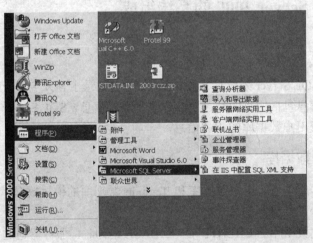

图 4-1 SQL Server 2000 程序组

1．企业管理器

企业管理器（Enterprise Manager）是 SQL Server 工具中使用最频繁的工具之一，是 SQL Server 管理员与系统打交道的主要工具。在使用企业管理器管理本地或远程 SQL

Server 服务器时，必须先在企业管理器中对该服务器进行注册。在安装过程中系统已经自动注册了本地的 SQL Server 服务器，用户只需注册要管理的远程服务器。使用企业管理器可以完成数据库的许多工作，如为已注册的服务器配置所有选项、创建数据库和数据库对象、管理数据库及数据库对象、进入各种向导、运行系统工具等工作。

选择"开始"→"程序"→Microsoft SQL Server→"企业管理器"命令，进入企业管理器界面，如图4-2所示。

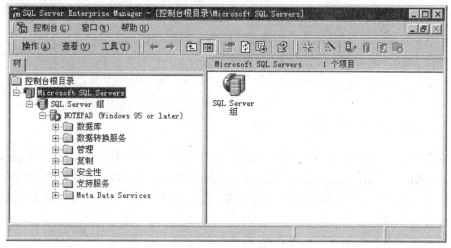

图 4-2　企业管理器界面

在企业管理器中，若数据库这个文件夹前面有个加号（+），单击后将显示该文件夹下的所有对象，而减号（-）表示对象目前已被展开，要压缩一个对象的所有子对象时，单击它的减号。使用该工具时应尝试右击，通过右击可快速找到所需的操作。另外菜单上的"工具"里连接了许多常用的工具，也是被经常用到的功能。

2．服务管理器

服务管理器（Service Manager）是服务器端工作时最有用的实用程序。打开方法同上，它的界面如图4-3所示。它主要用于启动、暂停、继续和中止数据库服务器的实时服务，提供的服务包括：MS SQL Server、SQL Server Agent 服务及 MSDTC（Microsoft Distributed Transaction Coordinator，微软分布式事务协调器）。用户对数据库执行任何操作之前必须先启动 SQL Server 服务。其中上面的3个按钮可以选择服务的状态，最下面的复选框可以选择是否在启动操作系统时自动启动该服务。还可通过"控制面板"中的"管理工具"的"服务"设置启动、暂停、继续和中止 MS SQL Server 服务、SQL Server

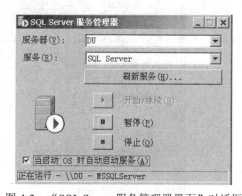

图 4-3　"SQL Server 服务管理器界面"对话框

第 4 章　数据库技术　　43

Agent 服务及 MSDTC 服务。利用企业管理器也能启动该服务,先打开企业管理器,选择"连接"即可启动 SQL Server 2000。或者在命令行直接输入命令,启动 MS SQL Server 或者 SQL Server Agent。命令格式如下:

```
net start mssqlserver        '用来启动 SQL Server 服务
net start SQLServerAgent     '用来启动 SQL Server 代理服务
```

当不需要使用或需要重新启动 SQL Server 2000 时,则需停止 SQL Server 2000 的运行。停止 SQL Server 2000 的方法也有很多种,正如前面所写,可通过控制面板的"服务"程序组、SQL Server 2000 的企业管理器、服务管理器等实用工具停止。另外,也可通过命令停止 SQL Server 2000 的运行。命令格式为:

```
net stop mssqlserver
```

3. SQL 查询分析器

SQL Server 2000 的查询分析器(Query Analyzer)主要用于输入和执行 Transact-SQL(简称 T-SQL)语句,且能迅速查看这些语句的结果,以分析和处理数据库中的数据,这是一个非常实用的工具。与企业管理器不同,它不是图形化工具,在其中可以输入 T-SQL 命令和程序脚本。

进入查询分析器的方法主要有以下两种:

(1) 通过选择"开始"→"程序"→Microsoft SQL Server→"查询分析器"命令实现。

(2) 在"企业管理器"环境下打开"工具"菜单,选择"SQL 查询分析器"命令。

图 4-4 显示了查询分析器的界面,可看出查询分析器由 3 个子窗口组成,从左到右、从上到下依次为:

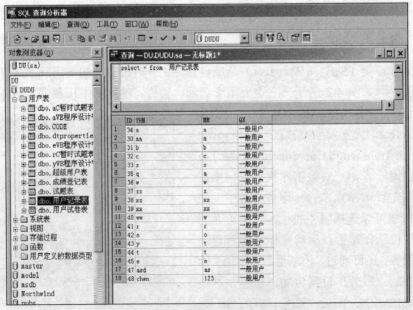

图 4-4 SQL 查询分析器操作界面

① 对象浏览窗口：浏览当前服务器上的所有对象。

② SQL 脚本窗口：T-SQL 语句输入或编辑窗口。

③ 输出结果窗口：执行查询后输出结果信息。当 SQL Server 运行任何命令时，会产生一个结果列表来显示执行结果，以便分析和使用。

4. 导入和导出数据

为了便于在 SQL Server 中导入、导出和从一个数据源向另一个数据源传输数据（即数据转换服务 DTS），SQL Server 提供了数据导入、导出向导工具，它是 OLE DB 数据源之间复制数据行之有效的工具。DTS 技术是建立在 OLE DB 基础之上的。OLE DB 是微软公司开发的用于提供数据库访问的接口，应用程序通过 OLE DB 来访问数据源。由于 SQL Server 2000 还支持 ODBC 驱动程序，这是绝大多数数据源都支持的驱动程序。因此，DTS 还可以在异构数据库之间实现数据转换或称为转移。

数据转移的执行步骤如下：

（1）连接数据源和数据目的地。

（2）选择导入或者导出的数据。

（3）应用 DTS 实现数据转移。

该工具可以完成 SQL Server 数据库与以下几种数据库之间的数据转换：

- Oracle、Informix 等大型数据库。
- FoxPro、Paradox、Access 等本地数据库。
- 文本文件。
- 能使用 ODBC 连接的数据库及通过第三方 OLE DB 驱动程序访问的数据库。

要实现数据转换，在 SQL Server 企业管理器中，右击所选中的数据库，弹出如图 4-5 所示的快捷菜单。在菜单中单击"导入数据"或"导出数据"命令，即可导入、导出数据。

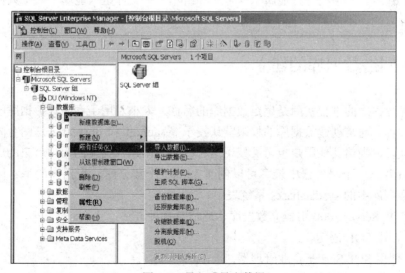

图 4-5　导入或导出数据

4.5 数据库管理

4.5.1 数据库的存储结构

数据库的存储结构分为逻辑存储结构和物理存储结构两种。SQL Server 的数据库是由表、视图等各种数据库对象组成，它们分别用来存储特定信息并支持特定功能，构成数据库的逻辑存储结构；而数据库的物理存储结构关心的是数据库文件在磁盘上的存放。

SQL Server 2000 中的每个数据库由一组系统文件组成，数据库中的所有数据、对象和数据库操作日志均存储在这些系统文件中。根据这些文件的作用，可分为以下3类。

（1）主数据库文件（Primary Database File）：一个数据库可有一个或多个数据库文件，仅有一个文件被定义为主数据库文件，它用来存储数据库的启动信息和部分或全部数据，扩展名为.mdf。

（2）次数据库文件（Secondary Database File）：亦称辅助数据库文件。一个数据库可以没有次数据库文件，也可有多个，它主要用来存储主数据库文件中未存储的数据和数据库对象，扩展名为.ndf。

（3）日志文件（Logs Database File）：存储数据库的事务日志信息，对数据库进行的插入、删除、修改等操作都会记录在此文件中。当数据库损坏时，可用它来恢复数据库，扩展名为.ldf。

为了便于分配和管理，SQL Server 允许将多个文件归纳为一组，并赋予一个名称，这就是文件组。一个文件只能属于一个文件组，一个文件组只能属于一个数据库。日志文件是独立的，不能放在任何文件组中。

4.5.2 网络数据库的建立

创建数据库的过程实际是确定数据库的名称、大小及用于存储该数据库的文件和文件组的过程。通常创建数据库的权限默认授予 sysadmin 和 dbcreator 这两个固定的服务器角色成员，当然其他用户也可被授予这种权限。创建数据库的用户就自动成为该数据库的所有者。一个服务器中最多可以创建 32 767 个数据库。数据库的基本信息存储在 Master 数据库中的 sysdatabases 系统表中。

在 SQL Server 2000 中建立数据库，通常有 3 种方法：
- 使用 SQL 语句。
- 使用 SQL Server 企业管理器。
- 使用创建数据库向导。

1. 使用 Transact-SQL 语言创建数据库

SQL 是专门用于关系数据库的主流语言，关于标准 SQL 语句的介绍详见 4.8 节。不同的数据库均有自己的 SQL，语法大体相似，只是函数或符号等内容有些不同。微软公司将 SQL Server 的结构化查询语言即 SQL 做了大幅度扩充，因此特别将 SQL Server 的 SQL 称之为 Transact-SQL，简称 T-SQL。

Transact-SQL 语言使用 CREATE DATABASE 语句来创建数据库，该语句的语法如下：

```
CREATE DATABASE database_name
 [ON [PRIMARY] [<filespec> [,…n] [, <filegroupspec> [,…n]] ]
  [LOG ON {<filespec> [,…n]}]
 <filespec>::=([NAME=logical_file_name, ]
  FILENAME='os_file_name'[, SIZE=size]
    [, MAXSIZE={max_size|UNLIMITED}]
    [, FILEGROWTH=growth_increment] ) [,…n]
<filegroupspec>::=FILEGROUP filegroup_name <filespec> [,…n]
```

参数说明：

- database_name：数据库的名称，最大为 128 个字符。
- ON：该项后面定义数据库的文件和文件组，<filespec>定义数据文件列表中各数据项，有多个数据文件项时，用逗号分隔。
- PRIMARY：该选项是一个关键字，指定主文件组中的文件。如果不指定 PRIMARY 关键字，即主文件组没有指定，则创建数据库语句中的第一个文件成为主文件。
- LOG ON：用来定义数据库日志文件，其定义格式和数据文件相同。若没有该项，则系统会自动产生一个文件名，前缀与数据库名相同，长度等于数据库的所有数据文件长度之和的 25%。
- NAME：指定数据库的逻辑名称，这是数据库在 SQL Server 中的标识符，必须唯一。
- FILENAME：指定数据库所在文件的操作系统文件名称和路径，该操作系统文件名和 NAME 的逻辑名称一一对应。
- SIZE：指定数据库文件的初始大小。系统默认的数据库文件为 1MB。指定文件大小时，可使用 KB 或 MB 作为单位。
- MAXSIZE：指定数据库文件可以增长到的最大尺寸。默认情况下，系统以占满整个磁盘为限。
- FILEGROWTH：指定文件每次增加容量的大小，当指定为 0 时，表示文件不增长。增量单位可以是 MB、KB 或某一百分比。默认值是 10%。

例 4-1 创建 student1 数据库。

该数据库的主数据文件逻辑名称为 student1_data，物理文件名为 student1.mdf，初始大小为 10MB，最大尺寸为无限大，增长速度分别为 10%，数据库的日志文件的逻辑名为 student1_log，物理文件名为 student1.ldf，初始大小为 1MB，最大尺寸均为 50MB，文件每次增长容量为 1MB。

程序清单如下：

```
user master
go
create DATABASE student1
 ON  primary (name=student1_data,
 Filename='d:\shu\data\student1.mdf',
 Size=10,
 Maxsize=unlimited,
 Filegrowth=10%)
 Log on
 (name=student1_log,
 filename='d:\shu\data\student1.ldf',
 size=1,
 maxsize=50,
 filegrowth=1)
```

该语句在 SQL Server 查询分析器中的运行结果如图 4-6 所示。

图 4-6　程序运行情况

2．使用 SQL Server 企业管理器创建数据库

使用 SQL Server 企业管理器创建数据库的步骤为：

（1）在企业管理器界面上打开指定的服务器，右击"数据库"选项，弹出如图 4-7 所示的数据库服务快捷菜单，从中选择"新建数据库"菜单命令，出现如图 4-8 所示的"数据库属性"对话框。

（2）在"名称"文本框中输入需要创建的数据库名称 teacher。

（3）单击"数据文件"选项卡，设置数据库文件的逻辑名称和保存位置等信息，如图 4-9 所示。通常 SQL Server 2000 将默认主数据库文件名为数据库名称加上_data 后缀。

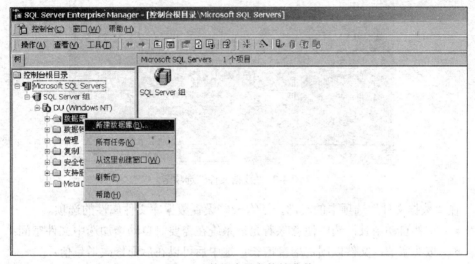

图 4-7 数据库服务快捷菜单

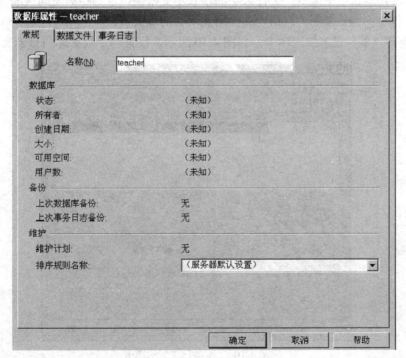

图 4-8 "数据库属性"对话框

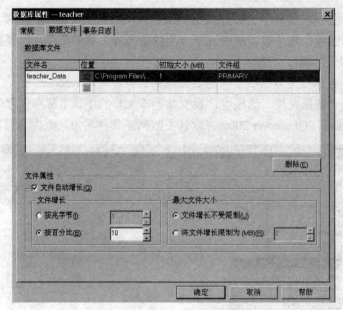

图 4-9 "数据文件"选项卡

在"数据文件"选项卡的底部,还有一些设置数据库文件属性的选项。
- 文件自动增长:选中便意味着允许系统在需要时自动增加选中文件空间;
- 按兆字节:文件以固定增量增长,选中后可以在后面修改增量值;
- 按百分比:文件以现在大小的百分比增长,选中后可在后面修改百分比值;
- 文件增长不受限制:文件大小的增长不受限制,直到存储空间装满为止;
- 将文件增长限制为:指定文件所能增长的最大值。

切换到"事务日志"选项卡,如图 4-10 所示,设置一个数据库的日志文件。

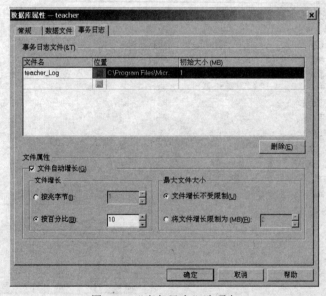

图 4-10 "事务日志"选项卡

（4）设置好各种数据库选项后，单击"确定"按钮，SQL Server 2000 就建立好一个 teacher 数据库。

3．使用向导创建数据库

使用向导创建数据库的步骤为：

（1）在 SQL Server 2000 企业管理器中选择"工具"菜单，单击"向导"命令，弹出"选择向导"窗口，如图 4-11 所示。

（2）在窗口中选择"创建数据库向导"项，单击"确定"按钮，弹出向导欢迎窗口，单击"下一步"按钮，就会显示"创建数据库向导"对话框，如图 4-12 所示。在该窗口中可以定义数据库名，还能对数据库文件及日志文件的存放位置进行修改。

图 4-11 "选择向导"窗口

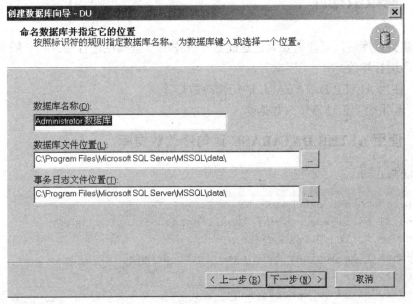

图 4-12 数据库向导

输入完毕后，单击"下一步"按钮，进入"数据库属性"设置对话框，窗口中各项意义与图 4-9 中的各项意义相同，在此不再赘述。按照提示单击"下一步"按钮，直到出现确认"创建数据库向导"对话框，如图 4-13 所示，单击"完成"按钮，跳出"创建数据库向导"对话框。

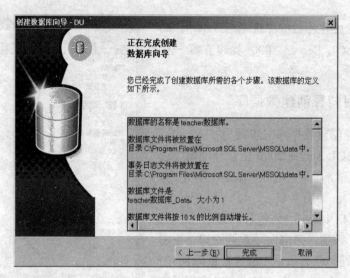

图 4-13　确认创建数据库对话框

4.5.3　修改数据库

创建数据库后，可能需要对已建的数据库中的一些属性进行修改。一般有两种方法对数据库进行修改：

- 使用 ALTER DATABASE 语句修改数据库。
- 利用企业管理器修改数据库。

1．使用 ALTER DATABASE 语句修改数据库

语法格式如下：

```
Alter database databasename
{add file<filespec>[,…n] [to filegroup filegroupname]
|add log file <filespec>[,…n]
|remove file logical_file_name [with delete]
|modify file <filespec>
|modify name=new_databasename
|add filegroup filegroup_name
|remove filegroup filegroup_name
|modify filegroup filegroup_name
{filegroup_property|name=new_filegroup_name}}
```

在实际应用中，该方法并不常用，故在此不再详述。

2．利用企业管理器修改数据库

在企业管理器中，右击需修改的数据库，从弹出的快捷菜单中选择"属性"项，出

现如图 4-14 所示的对话框。使用方法与创建数据库相似，其中的参数与 ALTER DATABASE 语句中的参数意义相同。利用该对话框就可以修改所建数据库的各项属性。

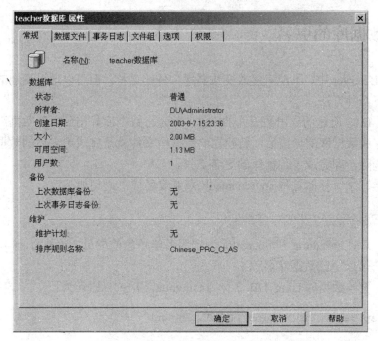

图 4-14 "teacher 数据库属性"对话框

4.5.4 删除数据库

当某个数据库不再需要时，可删除它以释放在磁盘上所占用的空间。删除数据库有两种方法：
- 使用 DROP 语句删除数据库。
- 使用企业管理器删除数据库。

1. 使用 DROP 语句删除数据库

DROP 语句的格式为：

DROP DATABASE database_name[,…n]

例如，删除单个数据库 student：

DROP DATABASE student

2. 使用企业管理器删除数据库

在企业管理器中，右击需删除的数据库，选择"删除"命令，即会出现确认对话框，单击"是"按钮，删除数据库。删除数据库一定要慎重，若没做过数据库备份，则系统无法恢复被删除的数据。用这种方法一次只能删除一个数据库，而 DROP 语句一次可删除多个数据库。

4.5.5 数据库的更名

在 SQL Server 中，不能直接改变数据库文件的名称，但可以通过变通的方法达到目的，有以下两种方法：

（1）用 DTS 所述的导出数据库的方法。首先将数据库导出到以新数据库名命名的数据库中，完成数据库的导出后，新建立的数据库文件就是完成更名后的数据库。然后将源数据库删除，即完成了数据库的更名工作。

（2）通过系统存储过程 sp_renamedb 来更改名称，语句如下：

```
sp_renamedb  OldName,NewName
```

注意：只有 sysadmin 和 dbcreator 固定服务器角色的成员才能执行 sp_renamedb，如 sa 登录用户可以更改数据库名称。

例如，更改数据库 tsing_DB 名称为 tsinghua，T-SQL 语句为：

```
Exec sp_renamedb  "tsing_DB","tsinghua"
Go
```

4.6 数据表的建立与维护

4.6.1 表的建立

数据库表是数据库内最重要的对象，表是包含数据库中所有数据的数据库对象。在 SQL Server 中创建表的方法主要有两种：①在 SQL Server 查询分析器中，利用 Transact-SQL 的 CREATE TABLE 语句创建；②利用企业管理器创建。

其中，使用企业管理器创建表简单方便，故本书仅介绍第二种方法，后续各节关于表的各种操作均做同样的处理，即仅介绍用企业管理器实现的方法。

使用 SQL Server 企业管理器创建新表的步骤如下：

（1）在企业管理器的主界面上打开所选的服务器，打开服务器上已创建的数据库列表。

（2）在欲创建新表的数据库上右击，从弹出的快捷菜单中选择"新建"→"表"项（见图 4-15），进入如图 4-16 所示的窗口。

（3）在创建表窗口内，可建立所需的数据表结构。

（4）设置完数据表的结构后，选择工具条上的"保存"命令，SQL Server 2000 会弹出一个"选择名称"对话框，在该对话框内输入新表的名字，如图 4-17 所示。输入

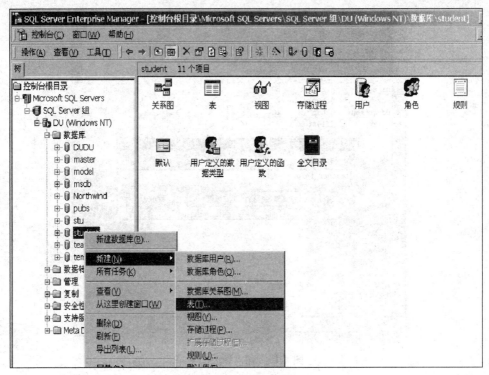

图 4-15 建立新表

teacher_info,然后单击"确定"按钮。

图 4-16 创建表窗口

第 4 章 数据库技术

图 4-17　输入新表的名字

（5）到此完成了数据表的建立工作，关闭这个表设计窗口，在企业管理器界面，单击名为 teacher 的数据库前的"+"号，展开该库所有的对象，双击"表"项，在对应的右窗口上就会看见这个新表，如图 4-18 所示。

图 4-18　新建立的 teacher_info 表

4.6.2 修改表

数据表创建以后,有时需要对表中的某些定义作些改动,如添加、修改、删除列及添加、删除各种约束等。但在修改表时有几点需要注意:

- 尽量在表里没有数据时修改表,若在已含数据的表中增加一列时,必须保证增加的这列允许使用空值(NULL),因为表中已输入的记录在此列是不含值的。
- 在改变表中已有数据的列的数据类型时,要确保新数据类型与原类型兼容。

对于表的修改同样也有两种常用方法:

- 在 SQL 查询分析器中使用 Transact-SQL 的 ALTER TABLE 语句修改。
- 使用 SQL Server 的企业管理器。

使用企业管理器修改表的具体步骤如下:

(1) 在企业管理器界面,右击需修改的表,在弹出的快捷菜单中选择"设计表"命令(如图 4-19 所示),便打开了表设计器窗口。

(2) 在该窗口中修改表的结构,然后保存即可。

图 4-19　设计表

4.6.3 表的数据操作

表建立之后,就可以向表中插入、修改和删除数据(或记录)了。同前所述,主要的方法有两种,一种是用 T-SQL 语句,另一种是用企业管理器。下面仅介绍如何利用企业管理器来对数据进行操作。

首先介绍如何向新建表中添加记录，具体步骤如下：

（1）在企业管理器中，右击要添加记录的表，在弹出的快捷菜单上选择"返回所有行"命令，如图 4-20 所示。

图 4-20　表的数据操作菜单

（2）随后出现如图 4-21 所示的表的数据操作窗口，在该窗口中可以进行添加、修改、删除操作，并可查看表中的记录。

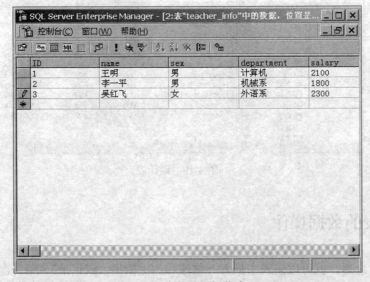

图 4-21　表的数据操作窗口

4.6.4 在表中建立主键和索引

在一个数据库中，表建立以后，仍有许多对象需要建立，以便让数据库高效地工作。主键是一种约束，建立和使用约束的目的是保证数据的完整性，而约束是 SQL Server 强制实行的应用规则，它通过限制列中数据、行中数据和表之间的数据来保证数据的完整性。所谓数据完整性是指存储在数据库中数据的一致性和正确性。保证数据库的数据完整性，在数据库管理系统中是十分重要的。

主键这种约束可以保证表中数据行的唯一性。什么叫主键呢？表中经常有一列或多列的组合，其值能唯一地标识表中的每一行，这样的一列或多列称为表的主键（primary key）。主键不允许为空值，主键值可以唯一标识单个行。

数据库中的索引类似于书籍中的目录。对一个没有索引的表进行查询操作时，由于表中元组较多（大的数据表中的元组可达数万个），因此需将数据文件分块，逐个读到内存，通过比较进行查找，就好比在一本没有目录的书中查找信息。而使用索引后，可先将索引文件读入内存，根据索引项找到元组或记录的地址，然后再根据地址将元组数据直接读入计算机。由于索引文件只含有索引项和元组地址，所以文件小，一般可一次读入内存。通常索引文件中的索引项是经过排序的，因此可以很快找到索引项值和元组地址。显然，使用索引大大减少了磁盘的输入、输出次数，从而加快了查询速度。特别对于数据文件大的基本表，使用索引加快查询速度的效果非常明显。当然，在索引对查询性能带来提高的同时，也需要耗费更多的物理空间，并且索引需要自身维护，当基本表中的数据增加、删除或修改时，索引文件也要随之变化，与基本表保持一致。因此，通常对大表建索引，对小表则不必建索引，且在需要进行大量查询操作的字段上来建立索引。

1. 为表建立主键

主键的添加、删除和修改操作方法有两种：企业管理器法和 Transaction-SQL 语句法。在企业管理器中，右击要操作的数据表，从弹出的快捷菜单中选择"设计表"选项，出现设计表对话框，如图 4-17 所示。在该对话框中，选择要设定为主键的字段，若有多个字段，按住 Ctrl 键的同时，单击每个要选的字段，然后右击某个选中的字段，从弹出的菜单中选"设置主键"项，如图 4-22 所示，或者选择工具栏中的 命令将所选字段设置为主键。设置成功的主键会在相应列名的前面设一个标志，如图 4-23 所示。

在企业管理器中还可删除已设的主键，右击某个字段，从弹出的菜单中选"索引/键"项，则出现"属性"对话框，如图 4-24 所示。在"选定的索引"栏中选择主键的名称，再单击"删除"按钮即可。

图 4-22　设置主键对话框　　　　　　图 4-23　建立主键

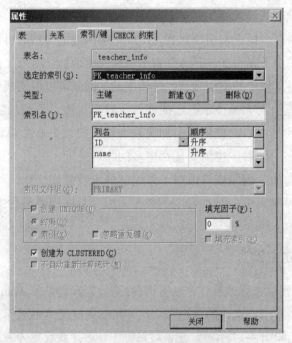

图 4-24　删除主键对话框

2. 创建索引

SQL Server 2000 提供了如下几种创建索引的方法：
- 利用 SQL 语句；
- 利用企业管理器；
- 利用企业管理器中的索引向导。另外，在创建表中的其他对象时也可附带创建索引，如为表创建主键，同时就自动创建了索引。

下面介绍如何在企业管理器中创建索引。

（1）右击要创建索引的表，从弹出的快捷菜单中选择"所有任务"→"管理索引"项，就会出现"管理索引"对话框，如图4-25所示。

图 4-25 "管理索引"对话框

（2）单击"新建"按钮，则出现"新建索引"对话框，如图4-26所示。

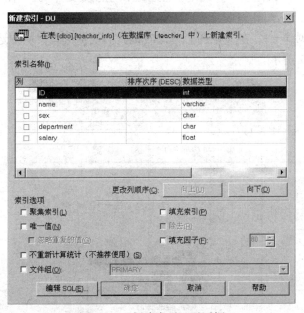

图 4-26 "新建索引"对话框

在索引名称文本框中输入新建索引的名称，在下面的方框中选择用于创建索引的字段，在此还可设定索引的属性，如是否聚集、是否唯一等。在此不再详述，详情请参阅有关参考书。最后单击"确定"按钮,完成新索引的建立。

4.6.5 表与表之间的关联

一个数据库里可以创建多个表,根据不同的主题可将不同信息存储在不同的表中,但表与表之间并不都是独立存在的,通常存在一定的关系。表之间的关系通过外键(或外码)来实现关联。

外关键字(简称外键或外码):如果一个表 A 中的字段或字段组合并非该表的主关键字(主键),而是另外一个表 B 的主关键字,则称其为该表 A 的外关键字。SQL Server 中关于外键的创建方法主要有两种:一种使用 T-SQL 语句在创建表时就直接定义该表的外键;另一种利用企业管理器的"创建关系图向导"来建立表之间的关联。下面举例说明如何利用向导建立表之间的关联。

例 4-2 用企业管理器在数据库 ts1 中创建三个表:教师表 t(<u>教师编号 tno</u>、姓名 tname、教龄 tage、薪金 salary、职称 prof、部门 dept),课程表 c(<u>课程编号 cno</u>、课程名 cname、学时 ctime),授课表 tc(<u>教师编号 tno</u>、<u>课程编号 cno</u>、授课时间 ctime、授课地点 caddrss)。建立三个表格之间的关联,其中每个表中有下划线的字段为主键。

经分析,可知:t 表与 c 和 tc 表之间是有关联的,tc 表的主键是 tno+cno 即两个字段的组合,tc 表中的 tno 是 t 表中的主键,是 tc 表的外键;tc 表中的 cno 是 c 表中的主键,是 tc 表的外键。使用"创建关系图向导"建立三个表格之间的关联的操作步骤如下:

(1)准备工作,具体包括:利用企业管理器创建数据库 ts1,在 ts1 下新建 3 张表,分别为 t、c 和 tc。

(2)展开数据库 ts1,在关系图上单击右键弹出快捷菜单,从中选择"新建数据库关系图",如图 4-27 所示。

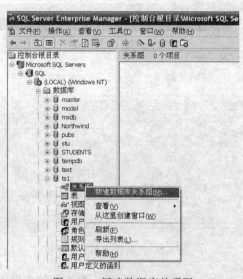

图 4-27 新建数据库关系图

(3) 在出现的"创建数据库关系图向导"窗口中选择"下一步",如图4-28所示。

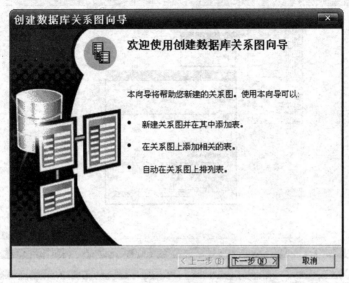

图 4-28 "创建数据库关系图向导"对话框

(4) 将 c、t、tc 表添加到关系图中,单击"下一步",如图4-29所示。

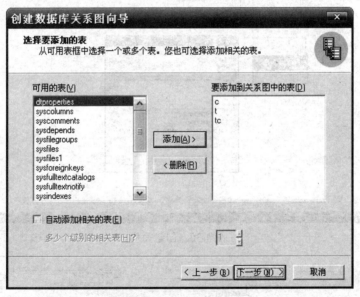

图 4-29 将表添加到关系图中

(5) 在出现的关系图中,用鼠标选中 tc 表中的 tno 字段并向 t 表拖动,出现关系线并弹出创建关系窗口,确定 tc 表中的 tno 字段与 t 表中的 tno 字段之间的关联。同样,建立 tc 表中的 cno 字段与 c 表中的 cno 字段之间的关联,如图4-30所示。

(6) 将创建好的关系保存,取名为 t-c-tc,如图4-31所示。

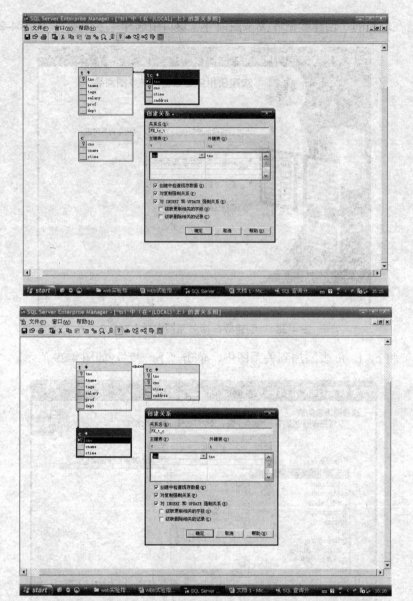

图 4-30 创建关系

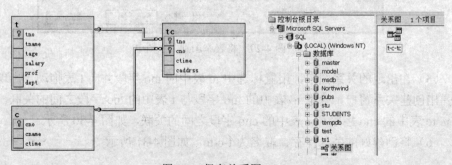

图 4-31 保存关系图

4.6.6 删除表

当数据库的某些表失去作用时,可以删除表,以释放它所占据的空间。删除表的同时,也从数据库中永久地删除了表的结构定义、数据、全文索引、约束和索引。用企业管理器删除表的步骤如下:在企业管理器界面右击选择要删除的表,在弹出的快捷菜单中选择"删除"命令,出现如图 4-32 所示的对话框。若要查看表的删除对数据库的影响,可单击"显示相关性"按钮来查看与该表有依赖关系的其他数据库对象。按"全部除去"按钮,完成对表的删除。

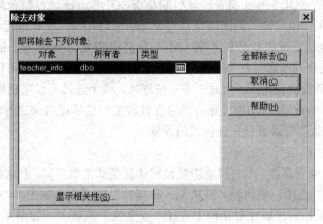

图 4-32 "除去对象"对话框

4.7 SQL Server 安全管理

安全管理是数据库管理中十分重要的环节。数据库一方面要方便让适当的用户使用其中的数据,另一方面又要保证数据库中数据的安全性、机密性。用户使用 SQL Server 时,需要经过两个安全性阶段:身份验证和权限认证。

4.7.1 SQL Server 安全认证模式

1. 身份验证

身份验证是指在最初登录用户账号时,系统要检验该用户是否有连接 SQL Server 的权限。SQL Server 2000 提供了两种确认用户的认证模式:Windows 身份验证模式和混合认证模式。

1)Windows 身份验证模式

SQL Server 数据库系统和 Windows 操作系统均是微软产品,因此进行了绑定。即

SQL Server 将用户的身份验证交给 Windows 操作系统来完成。该模式使用 Windows 操作系统的安全机制验证用户身份。在这种模式下，用户只需要通过 Windows 认证，就可以连接到 SQL Server，而 SQL Server 本身也不需要管理一套登录数据。SQL Server 会从用户登录到 Windows 操作系统时提供的用户名和密码中查找当前用户的登录信息，以判断其是否是 SQL Server 的合法用户。使用 Windows 登录名进行的连接，称为信任连接。

2）混合认证模式

混合认证模式是指 Windows 和 SQL Server 身份验证。如：当远程用户访问时由于未通过 Windows 认证，而需进行 SQL Server 认证，建立"非信任连接"，从而使得远程用户也可以登录。SQL Server 身份验证机制是指 SQL Server 通过检查是否存在正在登录的 SQL Server 账户以及输入的密码是否与设置的密码相符，自行进行身份验证。

总之，混合认证模式就是基于 Windows 身份和 SQL Server 身份的混合验证。在这个模式中，系统会判断账号在 Windows 操作系统下是否可信。对于可信连接，系统直接采用 Windows 身份验证机制；而对于非可信连接，这个连接不仅包括远程用户还包括本地用户，SQL Server 会自动通过账户的存在性和密码的匹配性来进行验证。

3）利用企业管理器进行认证模式的设置

主要过程如下：

（1）打开企业管理器，用右键单击要设置认证模式的服务器，从快捷菜单中选择"属性（properties）"选项，则出现"SQL Server 属性"对话框，如图 4-33 所示。

（2）在 SQL Server 属性对话框中选择"安全性"选项卡，如图 4-34 所示。

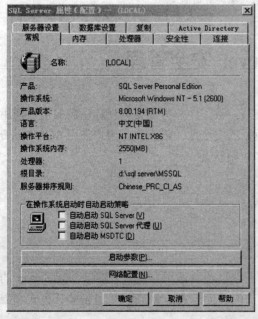

图 4-33 "SQL Server 属性"对话框

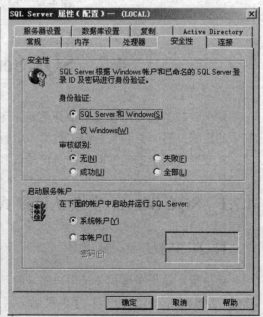

图 4-34 "安全性"选项卡

(3) 在"安全性"选项卡中，身份验证中可以选择要设置的认证模式，同时审核级别中还可以选择跟踪记录用户登录时的哪种信息，例如登录成功或登录失败的信息等。

(4) 在"启动服务账户"中设置当启动并运行 SQL Server 时默认的登录用户。

2．权限认证

通过身份验证这个认证阶段并不代表用户能够访问 SQL Server 中的数据，只表示该用户可以连接 SQL Server，否则系统将拒绝用户的连接；同时用户还必须通过许可权限确认，即需要检验用户是否有访问服务器上数据库的权限。用户只有在具有访问数据库的权限之后，才能够对服务器上的数据库进行权限许可下的各种操作，这种用户访问数据库权限的设置是通过用户账号来实现的（即设置数据库用户）。

4.7.2　用户权限管理

在 SQL Server 中，账号有两种：登录服务器的登录账号与使用数据库的用户账户。登录账号只是让用户登录到 SQL Server 中，登录名本身并不能让用户访问服务器中的数据库，要访问特定的数据库，还必须具有用户名。用户名在特定的数据库内创建，并关联一个登录名。用户定义的信息存放在服务器上的每个数据库的 sysusers 表中，用户没有密码同它相关联。通过授权给用户来指定可以访问的数据库对象的权限。

1．SQL Server 服务器登录账号

在安装 SQL Server 后，系统默认创建两个登录账号。打开企业管理器，展开服务器，展开"安全性"文件夹，选择"登录"选项，即可看到系统创建的默认登录账号即 sa、BUILTIN\administrators，sa 是系统管理员的简称，如图 4-35 所示。

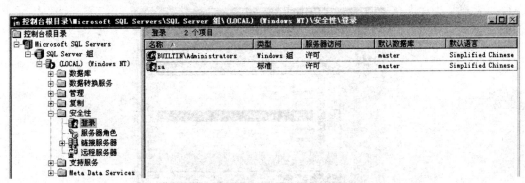

图 4-35　登录账户

为了登录到 SQL Server，必须具有一个登录账号。利用企业管理器可以创建、管理 SQL Server 登录账号。其具体执行步骤如下：

（1）打开企业管理器，单击需要登录的服务器左边的"+"号，然后展开安全性文件夹。

(2）用右键单击登录（login）图标，从快捷菜单中选择新建登录（new login）选项，则出现"SQL Server 登录属性—新建登录"对话框，如图 4-36 所示。

（3）在"名称"编辑框中输入登录名，在"身份验证"选项栏中选择新建的用户账号是 Windows 身份验证模式，还是 SQL Server 身份验证模式。

（4）选择"服务器角色"选项卡，在"服务器角色"列表框中，列出了系统的固定服务器角色。服务器角色是负责管理和维护 SQL Server 的组如图 4-37 所示。

（5）选择"数据库访问"选项卡，上面的列表框列出了该登录账号可以访问的数据库，单击数据库左边的复选框，表示该用户可以访问相应的数据库以及该账号在数据库中的用户名，如图 4-38 所示。

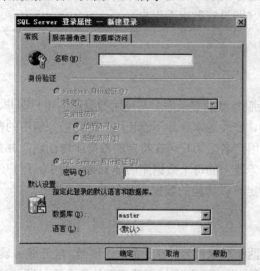
图 4-36 "SQL Server 登录属性—新建登录"对话框

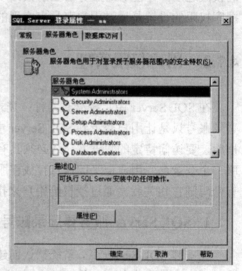
图 4-37 "服务器角色"选项卡

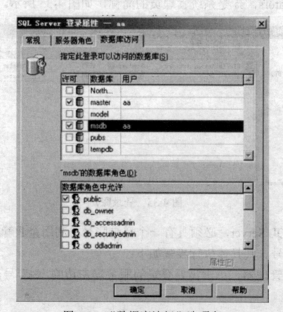
图 4-38 "数据库访问"选项卡

(6) 设置完成后，单击"确定"按钮即可完成登录账号的创建。

2．用户账号（数据库的用户）

如果用户想访问 SQL Server，首先要有一个适当的登录账号和密码登录到 SQL Server，登录后不意味着可自动访问由 SQL Server 管理的数据库中的数据，还必须有一个适当的数据库用户账号。

登录账号存储在主数据库的系统登录表(sysxlogins)中，用户账号存储在各个数据库的系统用户表（sysusers）中。

在安装 SQL Server 后，默认数据库中包含两个用户账号：dbo 和 guest。任何一个登录账号都可通过 guest 账号来存取相应的数据库，但当新建一个数据库时，默认只有 dbo 账号而没有 guest 账号。每个登录账号在一个数据库中只能有一个用户账号，但每个登录账号可以在不同的数据库中各有一个用户账号，故一个登录账号可以关联多个用户账号。

在新建登录账号时，若指定对某个数据库具有存取权限，则在该数据库中将自动创建一个与该登录账号同名的用户账号，其过程如图 4-39～图 4-41 所示。

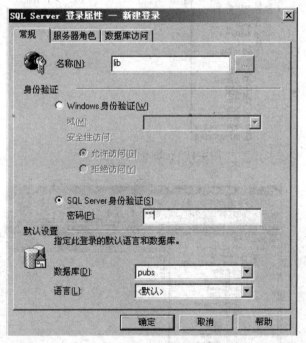

图 4-39 "SQL Server 登录属性—新建登录"对话框

在新建登录账号时若没有指定对某个数据库的存取权限，则在为某个数据库创建用户账号时，可设置关联该登录账号，其如图 4-42～图 4-44 所示。

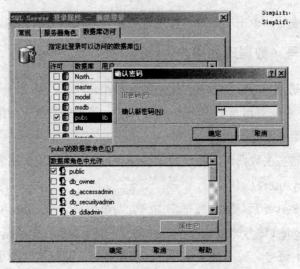

图 4-40　创建与登录账号同名的用户账号

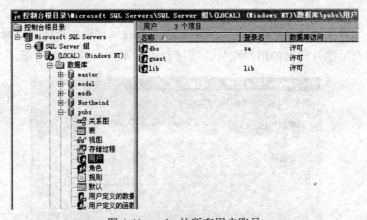

图 4-41　pubs 的所有用户账号

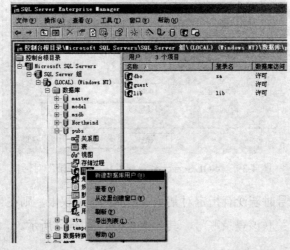

图 4-42　新建数据库用户

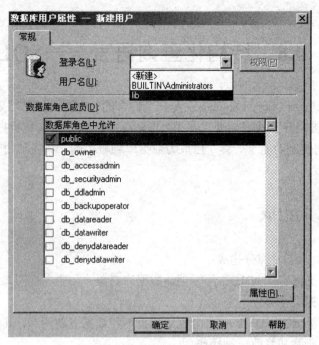

图 4-43 设置关联的登录账号

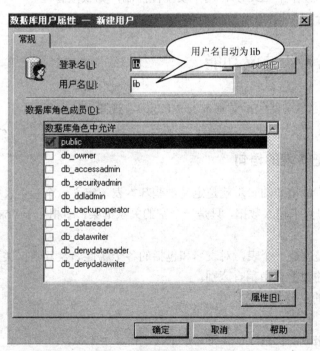

图 4-44 设置数据库用户属性

注意：在为某个数据库（如 pubs）创建用户账号时，可设置关联该登录账号（如关联的登录账号为 lib），通常用户名会自动显示为与登录名一致（如 lib），如图 4-43、图 4-44 所示。也可更改用户名，使之与登录名不一致。

4.8 结构化查询语言——SQL

SQL（Structured Query Language）是一个综合的、功能极强同时又简捷易学的语言，故 SQL 语言能被用户和业界接受，并成为国际标准。SQL 语言集数据查询、数据操纵、数据定义和数据控制功能于一体，已成为数据库领域中的一种主流语言，主要针对关系数据库使用。

4.8.1 SQL 的组成

SQL 主要由以下三部分构成：
- 数据定义语言（DDL）：用于创建数据库对象，如表、视图、触发器、用户自定义的数据类型等。
- 数据操纵语言（DML）：可分成数据查询和数据更新两类，其中数据更新又分成插入、删除和修改三种操作。
- 数据控制语言（DCL）：用于安全性控制，如权限管理。

本章重点介绍数据操纵语言。

4.8.2 SQL 数据定义功能

SQL 数据定义功能包括对基本表（Table），视图（View），索引（Index）的创建、删除和修改操作。

1．定义基本表的语句

建立数据库最重要的一步就是定义一些基本表，定义一个基本表相当于建立一个新的关系模式，但尚未输入数据，只是一个空的关系框架，即相当于 FoxPro 中的一个数据库结构。

定义表就是创建一个表，对表名和包括的各个属性名及其数据类型作出具体规定。不同系统支持的数据类型稍有区别。

SQL 提供的主要数据类型有：

1）数值型
- INTEGER：长整数（也可写成 INT，占 4 字节）。
- SMALLINT：短整数（占 2 字节）。
- REAL：取决于机器精度的浮点数。
- FLOAT(n)：浮点，精度至少为 n 位数字。
- NUMERIC(p,q)：由 p 位数字组成（不包括符号、小数点），小数点后面有 q 位数字。也可写成 DECIMAL(p,q) 或 DEC(p,q)。
2) 字符串型
- CHAR(n)：长度为 n 的定长字符串。
- VARCHAR(n)：具有最大长度为 n 的变长字符串。
3) 时间型
- DATE：日期，包含年、月、日，格式为 YYYY-MM-DD。
- TIME：包含一日的时、分、秒，格式为 HH：MM：SS。

SQL 语言使用 CREATE TABLE 语句定义基本表，其一般格式如下：

CREATE TABLE<表名>(<列名 1><数据类型>[列级完整性约束条件][,<列名 2><数据类型>[列级完整性约束条件]]…)[<表级完整性约束条件>]

其中，<表名>是所要定义的基本表的名字，它可由一个或多个属性（列）组成。"[ ]"表示可选项，在书写具体语句时，根据设计的需要来选。建表的同时通常还定义与该表有关的完整性约束条件，当用户操作表中数据时由 DBMS 自动检查该操作是否违背这些完整性约束条件。若完整性约束条件涉及到表的多个属性列，则必须定义在表级上，否则既可定义在列级也可定义在表级。

例 4-3 用 SQL 建立学生—课程库中的基本表，其表结构为：

Student(sno,name,sex,age,sdept);
Course(cno,cname);
SC(sno,cno,grade);

语句为：

```
CREATE TABLE Student
        (sno   CHAR(6)  NOT NULL  UNIQUE,
         name  CHAR(8)  NOT NULL,
         sex   CHAR(2),
         age   SMALLINT,
         sdept CHAR(20));
```

说明：在学生表 Student 中定义的列级约束条件是：学号不能为空且不能出现重复值；姓名不能为空。

```
CREATE TABLE  Course
        (cno   CHAR(5)  PRIMARY KEY,
         cname CHAR(20));
CREATE TALBE SC
        (sno   CHAR(6),
         cno   CHAR(5),
         grade SMALLINT);
```

说明：在课程表 Course 中定义了课程号为关键字。

执行上面的 CREATE TABLE 语句后，在数据库中建立一个新的空的学生表

（Student）、课程表（Course）和选课表（SC）。

2．修改基本表定义语句

语句格式为：

```
ALTER TABLE<表名>
[ADD<新列名><数据类型>[完整性约束]]
[DROP<完整性约束名><列名>]
[MODIFY<列名><数据类型>];
```

说明：

（1）ADD：为表增加一新列，具体规定与 CREATE TABLE 的相当，但新列必须允许为空（除非有默认值），另外还能增加表级约束。

（2）DROP：在表中删除一个原有的列，还能删除原有的表级约束。

（3）MODIFY：修改表中原有列的定义。

例如：向 Course 表增加"课程学分"列。

```
ALTER TABLE Course ADD ccredit int;
```

3．删除基本表的语句

语句格式为：

```
DROP TABLE <表名>
```

例如：

```
DROP TABLE Student;
```

此操作将把一个基本表的定义连同其中记录（数据）、索引及由它导出的所有视图全部删除。故执行删除基本表的操作一定要格外小心。

4．索引的建立

一个基本表可根据需要建立多个索引，以提供多种存取路径，加快数据查询速度。其一般格式为：

```
CREATE [UNIQUE] [CLUSTER] INDEX<索引名> ON<表名>(<列名>[<次序>][,<列名>
[<次序>]]…);
```

其中，<表名>是要建索引的基本表的名字。索引可以建立在该表的一列或多列上，各列名之间用逗号分隔。每个<列名>后面可用<次序>指定索引值的排列次序，其中次序可取：ASC（升序）或 DESC（降序），默认值为升序。UNIQUE 表示每一个索引值只对应唯一的数据记录。CLUSTER 规定此索引为聚簇索引，一个表最多只能有一个聚簇索引。有了聚簇索引后，表中记录的物理顺序将与聚簇索引中的一致。在最常查询的列上建立聚簇索引可以加快查询速度；在经常更新的列上建立聚簇索引，则 DBMS 维护索引的代价太大。

例如：为学生-课程数据库中的 Student、Course、SC 3 个表建立索引。其中 Student 表按学号升序建唯一索引，Course 表按课程号升序建唯一索引，SC 表按学号升序和课程号降序建唯一索引。

```
CREATE UNIQUE   INDEX xs   ON Student(Sno);
CREATE UNIQUE   INDEX xc   ON Course(Cno);
CREATE UNIQUE   INDEX xsc  ON SC(Sno ASC,Cno DESC);
```

5．删除索引的语句

索引太多，索引的维护开销也将增大。因此，不必要的索引应及时删除。格式为：

```
DROP INDEX<索引名>;
```

说明：本语句将删除规定的索引。该索引在数据字典（数据字典是系统中各类数据描述的集合，是进行详细的数据收集和数据分析所获得的主要成果。数据字典在数据库设计中占有很重要的地位，位于需求分析中。）中的描述也将被删除。

例如：

```
DROP INDEX xs;
```

4.8.3 SQL 数据查询语句

数据查询是数据库的核心操作。SQL 语言的数据查询只有一条 SELECT 语句，该语句是用途最广泛的一条语句，具有灵活的使用方式和丰富的功能。在学习时，应注意把 SELECT 语句和关系代数表达式联系起来考虑问题。

1．SELECT 语句的基本语法

一个完整的 SELECT 语句包括 6 个子句，其中前面的 2 个子句是必不可少的，其余的可以省略。SELECT 语句一般格式是：

```
SELECT [ALL|DISTINCT] <目标列表达式>[,<目标 列表达式>]…
FROM  <表名或视图名>[,<表名或视图名>]…
[WHERE  <条件表达式>]
[GROUP BY  <列名 1>[HAVING 条件表达式表名]]
[ORDER BY  <列名 2> [ASC/DESC]];
```

在 SELECT 子句中可用 DISTINCT 告诉系统从查询结果中取掉重复元组，系统默认 ALL。

整个语句的执行过程如下：

根据 WHERE 子句的条件表达式，从 FROM 子句指定的基本表或视图中找出满足条件的元组，再按 SELECT 子句中的目标列表达式，选出元组中的属性值形成结果表。如果有 GROUP 子句，则将结果按列名 1 的值进行分组，该属性列值相等的元组为一个组，每个组产生结果表中的一条记录。如果 GROUP 子句带 HAVING 短语，则只有满足指定条件的组才予以输出。如果有 ORDER 子句，则结果表还要按列名 2 的值的升序或降序排序。

上面形式的 SQL 查询语句，很容易看成是关系代数的表达式。SELECT 子句指定作投影运算，当 FROM 子句指出多个关系时则表示要做笛卡儿积运算，WHERE 子句指定做选择运算。但值得注意的是，当查询要求做关系代数的自然连接时，那么不仅要在 FROM 子句中给出多个关系，而且必须在 WHERE 子句的条件中包含自然连接的条件。下面讨论 SELECT 的使用方法，我们仍以学生—课程数据库为例说明 SELECT 语句的各种用法。

2．单表查询

单表查询又称为简单查询，它仅涉及一个表的查询，这是最简单也是最基本的一种查询。下面分两种情况讨论：一种是不带条件的简单查询，另一种是带条件的简单查询。

1）不带条件的简单查询

例 4-4 查询全体学生的姓名、学号。

```
SELECT  name,sno
FROM    Student;

name             sno
-------       ---------
张明             200101
王强             200102
李华             200103
秦永             200104
```

说明：在表达查询时，首先要确定查询的目标列，其次是目标列的源表。目标列表达式中各个列的先后顺序可以与表中的顺序不一致。用户可根据应用的需要改变列的显示顺序。本例中先列出姓名，再列出学号。

例 4-5 求所有学生选课表数据。

```
SELECT   *
FROM     sc;
```

等价于：

```
SELECT   sno,cno,grade
FROM     sc;
```

本例查询结果为：

```
sno            cno          grade
-----        -------      -------
200101         1             78
```

```
200102          3            67
200103          1            60
200104          2            53
```

说明：将表中的所有属性列都选出来，可有两种方法：一种方法就是在 SELECT 关键字后面列出所有列名；如果列的显示顺序与其在基表中顺序相同，也可简单地将<目标列表达式>指定为*。

例 4-6 查全体学生的姓名及其出生年份。

```
SELECT   name, 2016-age
FROM  Student;
```

说明：SELECT 子句的<目标列表达式>不仅可以是表中的属性列，也可是表达式。如第 2 项不是列名，而是一个计算表达式，是用当前的年份减去学生的年龄，这样所得的是学生的出生年份。另外，<目标列表达式>不仅可以是算术表达式，还可以是字符串常量、函数等。

例 4-7 查询学校有哪些系。

```
SELECT  sdept
FROM   Student;
```

说明：该查询结果里包含重复的行，若想去掉结果表中的重复行，必须指定 DISTINCT 短语，省略 DISTINCT 时相当于用 ALL，即保留结果表中取值重复的行。可改为：

```
SELECT   DISTINCT  sdept
FROM   Student;
```

2）带条件的查询

查询满足指定条件的元组可以通过 WHERE 子句实现。WHERE 子句常用的查询条件如表 4-1 所示。

表 4-1 常用的查询条件

查询条件	谓词
比较	=，>，<，>=，<=，<>等
确定范围	BETWEEN AND，NOT BETWEEN AND
确定集合	IN，NOT IN
字符匹配	LIKE，NOT LIKE
空值	IS NULL，IS NOT NULL
多重条件	AND，OR

（1）比较大小。

例 4-8 查询所有年龄在 22 岁以下的学生姓名及其学号。

```
SELECT   sno,age
```

```
FROM    Student
WHERE   age<22;
```

（2）确定范围。

谓词 BETWEEN…AND…和 NOT BETWEEN…AND…可以用来查找属性值在（或不在）指定范围内的元组，其中 BETWEEN 后是范围的下限，AND 后是范围的上限。

例 4-9 查询年龄在 19～25 岁（包括 19 岁和 25 岁）之间的学生的姓名、系别和学号。

```
SELECT  sno,name,sdept
FROM    Student
WHERE   age BETWEEN 19 AND 25;
```

（3）确定集合。

谓词 IN 可以用来查找属性值属于指定集合的元组。

例 4-10 查询既不是外语系，也不是出版系的学生的姓名和性别。

```
SELECT  name,sex
FROM    Student
WHERE   sdept NOT IN('EN','PUB');
```

（4）字符匹配。

谓词 LIKE 可用来进行字符串的匹配。其一般语法格式如下：

```
[NOT]LIKE '<匹配串>'[ESCAPE'<换码字符>']
```

作用是查找指定的属性列值与<匹配串>相匹配的元组。其中，<匹配串>可以是一个完整的字符串，也可含有通配符%和_。%（百分号）代表任意长度的字符串。如 m%n 表示以 m 开头，以 n 结尾的任意长度的字符串。如 mmn，mn 等都满足该匹配串。_（下画线）代表任意单个字符，如 m_n 表示以 m 开头，以 n 结尾的长度为 3 的任意字符串。如 man，mnn 等都满足该匹配串。

例 4-11 查询名字中第 2 个字为"明"字的学生的姓名及学号。

```
SELECT  name,sno
FROM    Student
WHERE   name LIKE '_ _明%';
```

说明：一个汉字要占两个字符的位置，故用两个下划线。

如果用户要查询的字符串本身就含有%或_，需要用到换码字符对通配符进行转义。

例 4-12 查询 Network_Design 课程的所有信息。

```
SELECT  *
FROM    Course
WHERE   cname LIKE 'Network\_Design' ESCAPE '\';
```

说明：ESCAPE '\'短语表示\为换码字符，这样匹配串中紧跟在\后面的字符"_"不再具有通配符的含义，转义为普通的"_"字符。

（5）涉及空值的查询。

例 4-13　查询所有有成绩的学生学号和课程号。

```
SELECT  sno,cno
FROM    SC
WHERE   grade  IS NOT NULL;
```

（6）多重条件查询

逻辑运算符 AND 和 OR 可用来联结多个查询条件。AND 的优先级高于 OR，但可以通过括号改变优先级。

例 4-14　查询选修 3 号课程，考试成绩在 80 分以上的学生的学号。

```
SELECT  sno
FROM    SC
WHERE   grade>80  AND  cno='3';
```

3）对查询结果排序

还可以对查询结果排序。用户可以用 ORDER BY 子句对查询结果按照一个或多个属性列的升序（ASC）或降序（DESC）排列，默认为升序。

例 4-15　查询全体学生情况，查询结果按所在系号降序排列，同一系中的学生按学号升序排列。

```
SELECT  *
FROM    Student
ORDER BY  sdept DESC, sno ;
```

4）利用集合函数

SQL 提供了许多集合函数，主要有：

```
COUNT（[DISTINCT|ALL] *）      计算元组个数
COUNT（[DISTINCT|ALL]<列名>）  对一列中的值计算个数
SUM（[DISTINCT|ALL]<列名>）    计算某一列值的总和（此列必须是数值型）
AVG（[DISTINCT|ALL]<列名>）    计算一列值的平均值（此列必须是数值型）
MAX（[DISTINCT|ALL]<列名>）    求一列值中的最大值
MIN（[DISTINCT|ALL]<列名>）    求一列值中的最小值
```

如果指定 DISTINCT 短语，则表示在计算时要取消指定列中的重复值，如果不指定 DISTINCT 短语，则表示不取消重复值。

例 4-16　求男生的总人数和平均年龄。

```
SELECT  COUNT(*),AVG(age)
FROM    Student
Where   sex='m';
```

例 4-17 统计选修了课程的学生人数。

```
SELECT COUNT(DISTINCT sno)
FROM SC;
```

由于一个学生可能选多门课，为避免重复计算学生的人数，必须在 COUNT 函数中用 DISTINCT 短语来限制。

3．连接查询

以上的查询只涉及一个表，如果查询目录涉及两个以上的表，则要进行连接查询。连接查询是关系数据库中最主要的查询，包括等值连接查询、自然连接查询、非等值连接查询、自身连接查询、外连接查询和复合条件连接查询。

1) 等值与非等值连接查询

连接查询中用来连接两个表的条件称为连接条件或连接谓词，连接条件的一般格式为：

表名1.列名1 比较运算符 表名2.列名2

其中，比较运算符有=、>、<、>=、<=、<>，当连接运算符为=时，称为等值连接，使用其他运算符称为非等值连接。

例 4-18 查询每个学生及其选修课程的情况。

分析：学生的信息是放在 Student 表中，而选课情况存放在 SC 表中，所以本查询实际涉及这两个表。它们的联系是通过公共属性 sno 实现的。

```
SELECT Student.*,SC.*
FROM   Student,SC
WHERE  Student.sno=SC.sno;
```

说明：

（1）该例的目标列包括 Student 表和 SC 表的全部属性。

（2）SELECT 与 WHERE 子句中的属性名前都加上了表名前缀，这是为了避免混淆。若属性名在各表中是唯一的，则可省略表名前缀。

（3）该操作为等值连接，如果在目标列中去掉相同属性，则为自然连接。

思考：如果该题 WHERE 中为空，结果如何？

连接运算中两种特殊情况：一种为等值连接，另一种为广义笛卡儿连接（积）。广义笛卡儿连接是不带连接谓词的连接，其结果是一些没有意义的元组，实际很少使用。若在等值连接中把目标列中重复的属性列去掉，则为自然连接。

例 4-19 用自然连接完成上述查询要求。

```
SELECT Student.sno, name, sex, age,sdept,cno,grade
FROM   Student,SC
WHERE  Student.sno=SC.sno;
```

说明：由于 name，sex，age，sdept，cno，grade 属性列在 Student 表和 SC 表中是唯

一的，因此引用时可去掉表名前缀。而 sno 在两个表中都出现了，因此引用时必须加上表名前缀。

2）复合条件连接

在复杂的连接查询中，WHERE 子句中的条件可以有多个连接条件，用于连接多个表，还可以写上选择条件，用于在连接结果的基础上，再进行选择。这样的查询称为复合条件连接。

例 4-20 查询选修了英语课且成绩及格的所有学生的学号、姓名和成绩。

```
SELECT   Student.sno, name,grade
FROM   Student,SC,Course
WHERE   Student.sno=SC.sno  AND  SC.cno=Course.cno  AND
    Course.cname='英语'  AND  SC.grade>=60;
```

3）自身连接

连接操作不仅可以在两个表之间进行，也可以出现一个表与其自身进行连接的情况，称为表的自身连接。

例 4-21 查询和"张明"在同一个系的学号和姓名。

```
SELECT   s1.sno,s1.name
FROM   Student s1,Student s2
WHERE   s1.sdept=s2.sdept  and s2.sname='张明';
```

说明：本例自身连接体现为将两 Student 表（实际是完全相同的表，分别用别名 s1 和 s2 标识）用条件 s1.sdept=s2.sdept 进行连接，然后再用选择条件 s2.name='张明'找出和张明在同一个系的同学。

系统在执行自身连接时，首先按别名形成两个独立的表，然后按连接条件和选择条件完成查询。

4）外连接

在通常的连接操作中，只有满足连接条件的元组才能作为结果输出，如果学生没有选课，在 SC 表中没有相应的元组。但有时想以 Student 表为主体列出每个学生的基本情况及其选课情况，当然要反映出学生选修了什么课或是否没有选课。若某个学生没有选课，只输出其基本情况，其选课信息为空值即可，这时就需用外连接（Outer Join）。将例 4-19 改写为：

```
Select   Student.sno,name, sex, age, sdept,cno,grade
from student,sc
where  student.sno*=sc.sno;
```

在外连接的连接条件中用"*="表示左外连接，用"=*"表示右外连接。左外连接的结果中将保留左边的表（*所在的一边，本例是 Student 表）的所有行，产生连接结果。相当于在右边的表增加一个"万能"的行，这个行全部由空值组成，它可和左边的表中所有不满足连接条件的元组进行连接。本例中"万能"行与 Student 表的学号为 200103

和200104（假设这两个学生没有选课）进行连接。由于这个"万能"行的各列全部是空值，因此在连接结果中，200103和200104两行中来自SC表的属性值全部是空值。

思考：
（1）上例中的*若在=右边，结果如何？
（2）如何用右外连接实现上述结果？

4．嵌套查询

一个SELECT-FROM-WHERE语句称为一个查询块。将一个查询块嵌套在另一个查询块的WHERE子句或HAVING短语的条件中的查询称为嵌套查询。例如：

```
SELECT  name
FROM    Student
WHERE   sno IN
   (SELECT  sno
    FROM    SC
    WHERE   cno='3');
```

在此，外层的查询称为外层查询或父查询，内层的查询称为内层查询或子查询。SQL语言允许多层嵌套查询，即一个子查询中还可以嵌套其他子查询，这种层层嵌套，正是SQL中"结构化"的含义所在。求解嵌套查询的一般方法是由里向外，逐层处理。即子查询在它的父查询处理前先求解，子查询的结果作为其父查询查找条件的一部分。

有了嵌套查询后，SQL的查询功能就变得更丰富多彩。复杂的查询可以用多个简单查询嵌套来解决，一些原来无法实现的查询也因有了多层嵌套查询而迎刃而解。嵌套查询时WHERE中<查询条件表达式>的格式有以下几种：

1）带有IN谓词的子查询

在嵌套查询中，子查询的结果往往是一个集合，所以谓词IN是嵌套查询中最经常使用的谓词。

例4-22 查询选修了课程名为"数据结构"的学生学号和姓名。

该查询涉及学号、姓名和课程名3个属性。学号和姓名存在Student表中，课程名存在Course表中，但Student与Course两个表之间没有直接联系，必须通过SC表建立它们二者之间的联系。所以本查询实际上涉及3个关系。

```
SELECT  sno,name
FROM    Student
WHERE   sno IN
   (SELECT  sno
    FROM    SC
    WHERE   cno IN
        (SELECT  cno
         FROM    course
         WHERE   cname='datastructure'));
```

本查询同样可用连接查询实现：

```
SELECT   sno,name
FROM     Student,SC,Course
WHERE    Student.sno=SC.sno  AND  SC.cno=Course.cno  AND  Course.cname=
'datastructure';
```

从上两例可看到，查询涉及多个关系时，用嵌套查询逐步求解，层次清楚，易于构造，具有结构化程序设计的优点。

2）带有比较运算符的子查询

带有比较运算符的子查询是指父查询与子查询之间用比较运算符进行连接。当用户能确切知道内层查询返回的是单值时，可以用>、<、=、>=、<=、<>等比较运算符。

例 4-23 查询与"张明"在同一个系的学生学号与姓名。其 SQL 语句如下：

```
SELECT   sno,name,sdept
FROM     Student
WHERE    sdept=
         (SELECT  sdept
          FROM    Student
          WHERE   name='张明');
```

3）带有 ANY 或 ALL 谓词的子查询

子查询返回单值时可以用比较运算符，而使用 ANY 或 ALL 谓词时则必须同时使用比较运算符。其语义为：

>ANY	大于子查询结果中的某个值
>ALL	大于子查询结果中的所有值
<ANY	小于子查询结果中的某个值
<ALL	小于子查询结果中的所有值
>=ANY	大于等于子查询结果中的某个值
>=ALL	大于等于子查询结果中的所有值
<=ANY	小于等于子查询结果中的某个值
<=ALL	小于等于子查询结果中所有值
=ANY	等于子查询结果中的某个值
=ALL	等于子查询结果中的所有值（通常没有实际意义）
<>ANY	不等于子查询结果中的某个值
<>ALL	不等于子查询结果中的任何一个值

例 4-24 查询其他系中比外语系某一学生年龄小的学生姓名和年龄。

```
SELECT   name,age
FROM     Student
WHERE    age<ANY
         (SELECT   age
```

```
         FROM    Student
         WHERE   sdept='EN')
         AND     sdept<>'EN'      /* 注意这是父查询块中的条件 */
```

DBMS 执行此查询时，首先处理子查询，找出 EN 系中所有学生的年龄，构成一个集合（21，20）。然后处理父查询，找所有不是 EN 系且年龄小于 21 或 20 的学生。

本查询也可用集函数来实现。首先用子查询找出 EN 系中最大年龄（21），然后在父查询中查所有非 EN 系且年龄小于 21 岁的学生姓名及年龄。SQL 语句如下：

```
SELECT   name, age
FROM     Student
WHERE    age<
         (SELECT  MAX( age)
          FROM    Student
          WHERE   sdept='EN')
          AND     sdept<>'EN';
```

若该题变为：
（1）查询其他系中比外语系所有学生年龄都大的学生姓名及年龄；
（2）查询其他系中比外语系某一学生年龄大的学生姓名和年龄。
又该怎么处理？

4）带有 EXISTS 谓词的子查询

EXISTS 代表存在量词∃。带有 EXISTS 谓词的子查询不返回任何数据，只产生逻辑值：返回值为真（True）时，表示子查询查到元组（至少有一行）；为假（False）时，表示子查询结果为空。与 EXISTS 谓词相对应的是 NOT EXISTS 谓词。使用存在量词 NOT EXISTS 后，若内层查询结果为空，则外层的 WHERE 子句返回真值，否则返回假值。

例 4-25 查询没有选修 1 号课程的学生姓名。

```
SELECT   name
FROM     Student
WHERE    NOT EXISTS
         ( SELECT  *
           FROM    SC
           WHERE   sno=Student.sno  AND cno='1');
```

一些带 EXISTS 或 NOT EXISTS 谓词的子查询不能被其他形式的子查询等价替换，但所有带 IN 谓词、比较运算符、ANY 和 ALL 谓词的子查询都能用带 EXISTS 谓词的子查询等价替换。如带有 IN 谓词的例 4-23（查询与"张明"在同一个系的学生学号与姓名），可用带有 EXISTS 谓词的子查询替换：

```
SELECT   sno,name,sdept
FROM     Student S1
WHERE    EXISTS
         (SELECT  *
```

```
      FROM  Student  S2
      WHERE  S2.sdept=S1.sdept  and  S2.name='张明');
```

5. 集合查询

SELECT 语句的查询结果是元组的集合，所以多个 SELECT 语句的结果可进行集合操作。集合操作主要包括并操作（UNION）、交操作（INTERSECT）和差操作（MINUS）。

例 4-26 查询选修了课程 1 或者选修了课程 2 的学生。即查选修课程 1 的学生集合与选修课程 2 的学生集合的并集。

```
SELECT  sno
FROM    SC
WHERE   cno='1' UNION
SELECT  sno
FROM    SC
WHERE   cno='2';
```

注意：使用 UNION 将多个查询结果合并起来时，系统会自动去掉重复元组。参加 UNION 操作的各结果表的列数必须相同；对应项的数据类型也必须相同。标准 SQL 中没有直接提供集合交操作和集合差操作，但可以用其他方法来实现，如下面的例子。

例 4-27 查询外语系中年龄不大于 19 岁的学生。这实际是查外语系学生与年龄不大于 19 岁的学生的交集。

```
SELECT  *
FROM    Student
WHERE   sdept='EN'  and  age<=19;
```

例 4-28 查询外语系的学生与年龄不大于 20 岁的学生的差集。

本查询换种说法是，查询外语系年龄大于 20 岁的学生。

```
SELECT  *
FROM    Student
WHERE   Sdept='EN'  AND  age>20;
```

若此题改为嵌套查询，SQL 语句怎么写？（提示：可用嵌套查询的多种形式来写）

6. SELECT 语句的一般格式

SELECT 语句是 SQL 的核心语句，从上面的例子可看到其语句成分丰富多样。下面总结一下它们的一般格式。SELECT 语句的一般格式：

```
SELECT  [ALL|DISTINCT]<目标列表达式>[别名][,<目标列表达式>[别名]]…
FROM  <表名或视图名>[别名]…
[WHERE  <条件表达式>]
[GROUP BY<列名 1>[HAVING<条件表达式>]]
```

[ORDER BY <列名 2>[ASC|DESC]];

1）目标列表达式的可选格式
- *(列出表中所有属性列)
- <表名>.*
- COUNT([DISTINCT|ALL]*) （统计元组个数）
- <表名>.<属性列名表达式>

其中，属性列名表达式可是属性列、作用于属性列的集函数和算术表达式。

2）集函数的一般格式

集函数一般为：

COUNT   SUM   AVG   MAX   MIN   ([DISTINCT|ALL]<列名>)

3）WHERE 子句的条件表达式的可选格式

（1）比较大小，如：

WHERE sdept='IS';

（2）确定范围：

[NOT]BETWEEN   AND

（3）确定集合：

[NOT]IN

（4）字符匹配：

[NOT]LIKE '<匹配串>'[ESCAPE '<换码字符>']

（若是完全匹配，可用=运算符取代 LIKE 谓词）

（5）涉及空值的查询：

IS NULL（注意这里的 IS 不能用=代替）

（6）多重条件查询：

AND OR

4）连接查询
（1）等值与非等值连接查询。
（2）自身连接。
（3）外连接（左外连接、右外连接）。
（4）复合条件连接（WHERE 子句中有多个连接条件）。

5）嵌套查询
（1）带有 IN 谓词的子查询。

（2）带有比较运算符的子查询。
（3）带有 ANY 或 ALL 谓词的子查询。
（4）带有 EXISTS 谓词的子查询。

4.8.4　SQL 数据更新语句

SQL 的数据更新包括数据插入、修改和删除等 3 情况，下面将分别介绍。

1．插入数据

SQL 的数据插入语句 INSERT 通常有 4 种形式。
1）单个元组的插入

```
INSERT  INTO 基本表名 [(列表名)]
    VALUES(元组值);
```

2）多元组的插入

```
INSERT  INTO 基本表名 [(列表名)]
    VALUES(元组值),(元组值),…,(元组值);
```

3）查询结果的插入

```
INSERT  INTO 基本表名 [(列表名)]
    <select 查询语句>
```

4）表的插入

```
INSERT  INTO 基本表名1 [(列表名)]
    TABLE 基本表名2
```

例 4-29　将一个新学生记录（学号：200111；姓名：方明；性别：男；年龄：20 岁；所在系：EN）插入到 Student 表中。

```
INSERT
INTO  Student
VALUES('200111','方明','男',20,'EN')
```

例 4-30　向基本表 SC 插入一条选课记录（'200205'，'3'）。

```
INSERT
INTO  SC(Sno,Cno)
VALUES('200205','3');
```

新插入的记录在 grade 列上取空值。

例 4-31　向 SC 连续插入 3 个元组，可用下列语句实现：

```
INSERT
INTO  SC
VALUES('200301','1',88),
      ('200302','2',67),
      ('200305','5','92');
```

例 4-32 在表 SC 中，将平均成绩大于 70 分的男学生的学号和平均成绩存入另一个已知的基本表 s_grade(sno,avgrade)，可用下列语句实现：

```
INSERT INTO s_grade(sno,avgrade)
  Select sno,AVG(grade)
    From SC
Where sno in
  (select sno from student where sex='M')
GROUP BY sno
  Having AVG(grade)>70;
```

例 4-33 某一个班的选课情况已在基本表 SC2 中，把 SC2 的数据插入到表 SC 中，可用下列语句：

```
INSERT INTO SC(sno,cno)
     TABLE SC2;
```

2．修改数据

格式如下：

```
UPDATE  <表名>
SET  <列名>=<表达式>[,<列名>=<表达式>]…
[WHERE<条件表达式>];
```

其功能是修改指定表中满足 WHERE 子句条件的元组，其中 SET 子句给出<表达式>的值用于取代相应的属性列值。如果省略 WHERE 子句，则表示要修改表中所有元组。

例 4-34 将学生 200103 的年龄改为 21 岁。

```
UPDATE  Student
SET  age=21
WHERE  sno='200103';
```

例 4-35 将所有学生的年龄增加 1 岁。

```
UPDATE  Student
SET   age= age+1;
```

例 4-36 将外语系全体学生的成绩置零。

```
update sc
```

```
    set   grade=0
    where  sno  IN
       (select sno
           from student
              where sdept='EN');
```

3. 删除数据

删除语句的一般格式为：

```
delete
from<表名>
[where<条件>];
```

DELETE 语句的功能是从指定表中删除满足 WHERE 子句条件的所有元组。如果省略 WHERE 子句，表示删除表中全部元组，但删除的是表中的数据，而不是关于表的定义。

例 4-37 删除学号为 200304 的学生记录。

```
DELETE
FROM  Student
Where  sno='200304';
```

例 4-38 删除所有的学生选课记录。

```
DELETE
FROM  SC;
```

这条 DELETE 语句将使 SC 成为空表，它删除了 SC 的所有元组。

例 4-39 删除外语系所有学生的选课记录。

```
DELETE
FROM  SC
WHERE  'EN'=
 (selete sdept
  from   student
  where student.sno=sc.sno);
```

由于增删改操作只能对一个表操作。这会带来一些问题，也就是关于更新操作与数据库的一致性的问题。例如，200304 学生被删除后，有关其选课信息也应同时删除，而这只通过两条语句进行。

第 1 条语句删除学号为 200304 的学生：

```
DELETE
FROM   Student
WHERE  sno='200304';
```

第 2 条语句删除学号为 200304 的学生的选课记录：

```
DELETE
FROM   SC
WHERE  sno='200304';
```

在执行了第 1 条 DELETE 语句之后，数据库中的数据已处于不一致状态，因为这时实际上已没有学号为 200304 的学生了，但 SC 表中仍然记录着关于 200304 学生的选课信息，即破坏了数据的参照完整性。只有执行了第 2 条 DELETE 语句之后，数据才重新处于一致状态。但如果执行完第一条语句之后，机器突然出现故障，无法再继续执行第 2 条 DELETE 语句，则数据库中的数据将永远处于不一致状态。因此必须保证这两条语句要么都做，要么都不做。为解决这一问题，数据库系统通常都引入了事务（Transaction）的概念。

习题 4

1．安装 SQL Server 2000 企业版有哪两种认证模式？它们有何区别？

2．试述 SQL 语句的组成。

3．利用企业管理器创建一个"教学"数据库，新建 teacher 表，包括：教师编码 tno、教师姓名 tname、教龄 tage；新建 course 表，包括：课程号 cno、课程名称 cname、学时 ctime；新建 tc 表，包括：教师编码 tno、课程号 cno、评价 grade。实现下述内容：

（1）建立 3 个表格之间的关联，其中教师编码（tno）是 teacher 表的主键，课程号（cno）是 course 表的主键，tno+cno 是 tc 表的主键；教师编码（tno）、课程号（cno）分别为授课表（tc）的外键。

（2）将"教学"数据库更名为"jiaoxue"数据库。

（3）在 3 个表上用 SQL 进行如下操作：

① 列出讲授"数据结构"课程的教师的姓名。

② 列出教龄在 20 年以上（包括 20 年）的教师姓名。

③ 查询与刘伟讲授同样课程的教师名。

④ 查询讲授两门以上课程的教师名。

⑤ 删除"计算机网络"课程及相关信息。

⑥ 添加一门新课程"信息技术"。

⑦ 将所有教师的教龄增加 1。

⑧ 把 48 学时的课程放到一个新表 CC 中。

第 5 章　HTML 语言

HTML 是 Hypertext Markup Language（超文本标记语言）的缩写，它是构成 Web 页面（Page）的主要工具，是用来设计网页的一种标记语言。

HTML 定义了一组用于描述页面结构和风格的标记。用 HTML 描述的网页称为 HTML 文件。HTML 文件是标准的 ASCII 文件，是一种纯文本格式的文件，它能独立于各种操作系统平台（如 UNIX、Windows 等）。使用 HTML 语言描述的文件，需要通过浏览器显示出效果。

HTML 文件中包含两种信息：
- 页面本身的文本。
- 表示页面元素、结构、格式、超链接的 HTML 标记。

5.1　HTML 标记

5.1.1　HTML 文档结构

HTML 的文档内容是由标记组成的集合。标记必须成对出现，常规的表现形式为：

<标记　属性=取值> 内容 </标记>

HTML 文件的基本结构如下：

```
<html> --------------------------------HTML 文件开始
    <head>----------------------------文件头开始
     <title>网页标题</title>
    </head>---------------------------文件头结束
    <body>----------------------------文件体开始
     网页的内容
    </body>---------------------------文件体结束
</html>---------------------------------HTML 文件结束
```

HTML 文档的结构可以说是各类标记的嵌套，嵌套不能交叉。头部标记是成对的<head></head>，主体标记是成对的<body></body>。

例 5-1　一个完整的 HTML 程序及在浏览器中显示的结果，如图 5-1 所示。

<html>

```html
<head><title></title></head>
<body>
<ol>
<li>eeeeeeeee
<li>ttttttttL
<ul type="square">
    <li>SSSSSSSSS
    <li>AAAAAAAAAA
  </ul>
<li>dddddddd
<li>ffffffff
</ol>
<dl>
<dt>BASIC</dt>
<dd>是一种计算机的高级语言，通过计算机解释 BASIC 的语句使计算机来完成相应的功能
</dd>
<dt>FORTRAN</dt>
<dd>也是一种计算机的高级语言，通过计算机的编译与连接使计算机来完成相应的功能
</dd>
</dl>
</body>
</html>
```

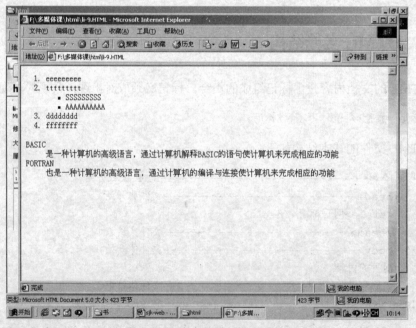

图 5-1　一个完整的 HTML 程序

5.1.2 HTML 常用标记

1. 文本类标记

1) 段落标记<p></p>与对齐属性 align

在 HTML 文件中，<p>标记是一个段落标记符号，利用<p>标记可以对网页中的文字信息进行段落的定义，但不能进行段落格式的定义（即输入文字信息时按回车键不起作用）。段落的对齐属性 align 值有 3 种：center（居中）、right（右对齐）、left（左对齐）。

格式为：

<P align="center">文本或图像</P>

例 5-2 段落标记的使用，如图 5-2 所示。

```
<html>
<head>
<title>段落</title>
</head>
<body>
  <p align=center>
     登鹳鹊楼
     白日依山尽，
     黄河入海流。
     欲穷千里目，
     更上一层楼。
  </p>
</body>
```

图 5-2 段落标记的使用

2) 回车标记
（换行标记）

在 HTML 文件中，利用
标记可以插入换行符，表示强制性换行。将例 5-2 的文件加上标记
，代码如下：

```
<html>
<head>
<title>段落</title>
</head>
```

```
<body>
  <p align=center>
    登鹳鹊楼<br>
    白日依山尽，<br>
    黄河入海流。<br>
    欲穷千里目，<br>
    更上一层楼。<br>
  </p>
</body>
</html>
```

试想网页文件的显示效果有何不同？

3）字体标记<font></ font >

face 属性用来设置字体，常用的有黑体、隶书、楷体、宋体等，字号用 size 属性，颜色用 color 属性。各属性之间用空格隔开，格式如：

```
<font face=隶书 size=24 color=red>
```

4）标题标记<h1></h1>，<h2></h2>…<h6></h6>与对齐属性 align

在 HTML 中，定义了六级标题，从一级到六级，每级标题的字体大小依次递减。如：<h1></h1>，<h2></h2>…<h6></h6>，其中对齐属性为 align。

例 5-3 标题标记的使用，如图 5-3 所示。

```
<html>
<head>
<title>在网页中添加标题字</title>
</head>
<body>
<h1 align="center">一级标题</h1>
<h2>二级标题</h2>
<h3>三级标题</h3>
<h4 align="left" >四级标题</h4>
<h5 align="center">五级标题</h5>
<h6 align="right">六级标题</h6>
</body>
</html>
```

图 5-3 <h1>～<h6>标记的使用效果

5）预格式化文本标记<pre> </pre>

在 HTML 文件中，利用成对<pre></pre>标记对网页中文字段落进行预格式化，在输入过程中，按回车键，可生成一个段落。将例 5-2 的<p>改为<pre>标记，显示结果如图 5-4 所示。

```
<html>
<head>
<title>段落</title>
</head>
<body>
    <pre>
        登鹳鹊楼
    白日依山尽，
    黄河入海流。
    欲穷千里目，
    更上一层楼。
    </pre>
</body>
```

图 5-4　<pre>标记的显示效果

6）文本修饰标记<b>、<i>、<u>

基本格式如下：

```
<body>
    普通文字的显示<br>
    <b>加粗的文字</b><br>
    <i>斜体文字</i><br>
    <u>添加下划线文字</u><br>
</body>
```

7）添加删除线标记<del>

在成对的<del> </del>标记之间输入文字，在网页中显示该标记之间的文字就是被添加了删除线后的显示效果。

例 5-4　添加了删除线的效果，具体代码如下：

```
<html>
<head>
    <title>添加删除线</title>
</head>
<body>
    地址信息由<del>2号楼5单元</del>改为6号楼3单元。
</body>
</html>
```

页面效果如图5-5所示。

图5-5 添加了删除线的效果

（注：删除线<strike>标记已不常用，一般使用<del>标记替代。）

8）强调显示内容的标记<em>、<strong>

<em>、<strong>标签告诉浏览器把其中的文本表示为强调的内容。em 是 emphasis 的缩写，有"加重，着重"的意思，显示效果是斜体，相当于 html 元素中的 <i>...</i>；strong 是粗体，相当于 html 元素中的<b>…</b>。

9）水平线标记<hr>与 width、size、align 属性

在 HTML 文件中，利用<hr>标记可以插入水平线，同时利用水平线标记本身的属性（见表5-1），可以对水平线进行一些简单的设置。

表5-1 <HR>的属性

属 性	说 明
width	设置水平线宽度，可以是像素，也可以是百分比
Size	设置水平线高度
noshade	设置水平线无阴影
color	设置水平线颜色
align	设置水平线居中对齐

10）备注标记<!-- -->

给代码添加注释语句时，<!--注释内容-->可以放在 HTML 文件的任何地方，都不会在网页中被显示出来。

11）空格标记" "与插入特殊符号&字符

在 HTML 文件中，添加空格需要使用代码" "控制，需要多少个空格就需要添加多少个" "。特殊符号对应的代码，在网页中显示的就是该代码对应的特殊符号。表5-2给出了部分特殊符号与对应代码。

表5-2 部分特殊符号与对应代码

符号	对应代码	符号	对应代码
&	&amp;	®	&reg;
©	&copy;	¥	&yen;
™	&trade;	§	&sect;

例5-5 空格与特殊符号标记的使用。代码如下：

```
<html>
<head>
<title>插入特殊符号</title>
</head>
<body>下面这段文字是插入版权符号后显示的效果：<br>
版权所有&copy;:    北京印刷学院数字媒体专业
</body>
</html>
```

程序运行结果见图5-6所示。

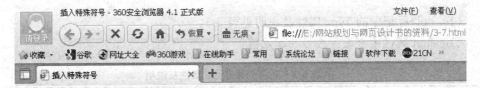

图5-6 插入空格与特殊符号标记

例5-6 运用文本类标记编写HTML程序。显示结果如图5-7所示。

```
<html><head><title></title></head>
<body>
<H1 ALIGN=CENTER><font face="Arial">WELCOME TO BEIJING</FONT></H1>
<H2><font COLOR="#FF0000">DDD</FONT></H2>
<PRE> When I stop to think about <EM>which </EM>possession of
mine <STRIKE>means the most</STRIKE> to me, <B>I find myself </B>looking at
my left wrist.
</PRE>
</body></html>
```

2．列表与表格标记

1）列表标记

有序列表<ol> 格式如下：

```
<ol Type="" start="">
  <li>项目名称</li>...
  <li>项目名称</li>...
  <li>项目名称</li>...
  ...
</ol>
```

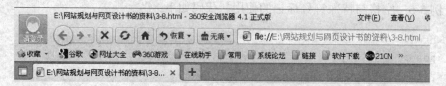

图 5-7　简单的 HTML 程序

（1）<ol>标记中的 Type 属性及说明见表 5-3。

（2）start 属性用来设置编号的起始值。

表 5-3　有序列表 Type 属性及说明

属性值	说　　明	属性值	说　　明
1	数字 1, 2…	i	小写罗马数字 i、ii、iii…
a	小写字母 a、b…	I	大写罗马数字 I、II、III…
A	大写字母 A、B…		

无序列表<ul> 格式如下：

```
<ul>
  <li>项目名称</li>...
  <li>项目名称</li>...
  <li>项目名称</li>...
  ...
<ul>
```

定义列表<dl> 格式如下：

```
<dl>
  <dt>名称<dd>定义
  <dt>名称<dd>定义
  <dt>名称<dd>定义
  ...
<dl>
```

例 5-7 各种列表标记的使用，代码如下：

```html
<html>
<head>
    <title>嵌套有序列表与无序列表</title>
</head>
<body>
<ul type="square">
<li>水果类</li>
<ol type="A">
 <li>草莓</li>
 <li>木瓜</li>
 <li>桔子</li>
</ol>
<li>蔬菜类</li>
<ol type="I">
 <li>萝卜</li>
 <li>白菜</li>
 <li>土豆</li>
</ol>
</ul>
<hr>
<dl>
<dt>体育三大球类
 <dd>足球
 <dd>篮球
 <dd>排球
<dt>音乐风格
 <dd>民族音乐
 <dd>流行音乐
 <dd>古典音乐
</dl>
</body>
</html>
```

程序的运行结果见图 5-8 所示。

2）表格标记<table></table>

表标题标记为<caption></caption>。

行标记为<tr></tr>。

单元格标记（列标记）为<td></td>。

表头标记为<th>。

3）表格属性

边框属性 border 为数字。

第 5 章 HTML 语言 99

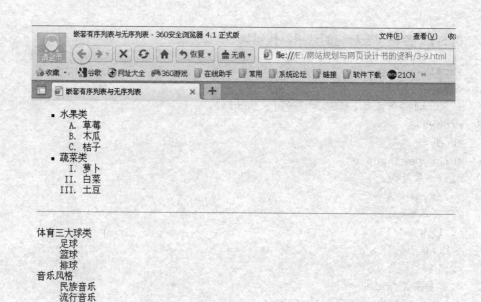

图 5-8 各种列表标记的使用

背景图属性 background 为图形文件名。

背景色属性 bgcolor 为#RGB。

表对齐属性为 align，表宽、表高属性为 width、height。

注意：表格属性是可用于行标记、单元格标记的属性。

例 5-8 运用列表标记及表格标记编写 HTML 程序。显示结果如图 5-9 所示。

```
<html><head><title></title></head>
<body>
<ol>
<li>eeeeeeeee
<li>tttttttttt<ul type="square">
    <li>SSSSSSSSS
    <li>AAAAAAAAA
    </ul>
<li>ddddddddd
<li>fffffffff
</ol>
<dl>
<dt>BASIC</dt>
<dd>是一种计算机的高级语言，通过计算机解释 BASIC 的语句使计算机来完成相应的功能
</dd>
<dt>FORTRAN</dt>
<dd>也是一种计算机的高级语言，通过计算机的编译与连接使计算机来完成相应的功能</dd>
</dl>
<table border=1 width=210 height=100>
<caption><b>WELCOM TO BEIJING</b></caption>
```

```
<tr>
   <td width=70>sunday</td>
   <td width=70>friday</td>
   <td width=70>saturday</td>
</tr>
<tr>
   <td>30</td>
   <td>40</td>
   <td>100</td>
</tr>
</table>
</body>
</html>
```

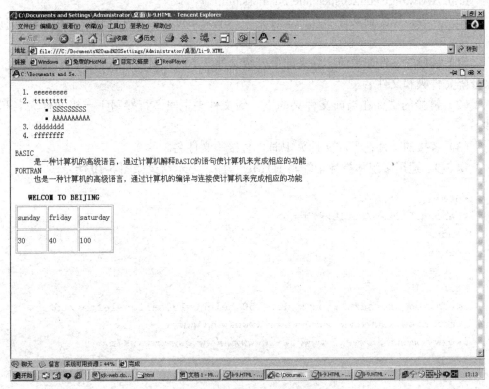

图 5-9 利用标记编写的 HTML 程序

3．多媒体类标记

1）嵌入图片标记<img>与属性

连接的图片文件属性：src="图片文件"。

说明文字属性：alt="图片的代替文本"。

图片是否带边框属性：border=数字。

图片与文本的环绕方式属性：align=left（right）。

图片宽高属性 width、height。

2）嵌入声音、视频<embed>与属性

连接的声音文件属性：scr="声音文件"或"视频文件"。

自动播放属性：autostart=true/false。

循环播放属性：loop= true。

隐藏声音控制面板属性：hidden。

上述标记中的 src 属性，将某个文件名赋给 src，通常有两种方法来描述文件的路径，即绝对地址和相对地址。

绝对路径：通过文件在文件系统中的绝对位置进行描述。

例如：d:\web\ image\flower.jpg

http://www.bigc.edu.cn/special/e/business.html

相对路径：以当前文件所在的文件夹为基准来定位其它文件的路径。相对路径有三种情况：

（1）链接的文件在当前文件夹的上一级文件夹下时，用".."表示向上一级，用"/"来分隔文件夹和文件名。

（2）链接的文件在当前文件夹的下一级文件夹下时，直接写下一级文件夹名和文件名。

（3）链接的文件在当前文件夹中时，直接写文件名。

例 5-9 运用多媒体类标记编写 HTML 程序。显示结果如图 5-10 所示。

```
<html>
<head><title></title></head>
<body>
<center>
<table>
<tr>
 <td><img src=suzh1.jpg width=150 height=150 align=left></td>
 <td><p>wwwwwwwwwwwwwwwwwwwwwwwwwwwwwww
wwwwwwwwwwwwwwwwwwwwwwwwwwwwwwwwwwwwwwwwww</p>
</td>
</tr>
<tr>
<td colspan=2>
 <center>
 <embed src="novell.avi" width=300 height=300></embed>
 </center>
</td>
</tr>
</table></center>
</body>
```

用相对路径的第（3）种情况描述该文件。

```
</html>
```

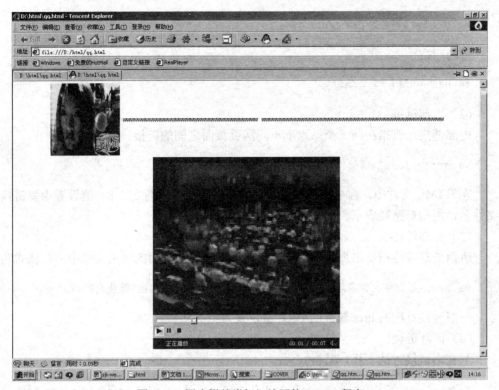

图 5-10 用多媒体类标记编写的 HTML 程序

4．超链接标记

1）网页之间的超链接标记

`<a href="url" title="指向链接显示的文字" target="窗口名称">超链接名称</A>`

链接在网页制作中是一个必不可少的部分，在浏览网页时，单击一张图片或者一段文字就可以弹出一个新的网页，这些功能都是通过超链接来实现的。通常可分为文本链接和图片链接、外部链接和内部链接。

2）链接标签<a>的属性

HTML 的链接标签<a>的属性 href，它是用来标明所要链接文件的路径、名称或网络地址。当链接是同一文件中不同段链接时，href 的值为要链接段的定位名称；当链接是不同文件间链接时，href 的值为要链接文件的文件名；而当链接是内部链接时，href 的值为欲链接的内部文件名；当链接是网络链接时，href 的值为欲链接处的网络地址。

（1）网页内的超链接（也称书签链接或锚链接）

在同一个文件内部建立链接，要链接的部分就叫做锚名（或书签名称）。锚名要放在文件正文中，其格式为：

`<a name=#锚名></a>`、`<a href=#锚名></a>`

链的源头：

`<a href="#锚名">热字</a>`

链的归宿：

`<a name="锚名"> </a>`

（2）内部链接

内部链接一般指在同一个站点下不同网页页面之间的链接。其格式为：

`<a href="URL">链接内容</a>`

在 HTML 文件中，需要使用内部超链接时，将 href 属性的 URL 值设置为要链接的文件名，用相对路径表示。

（3）外部链接

所谓外部链接指单击页面上的链接可以链接到网站外面的网页文件中。其格式为：

`<a href=被链接文件名>`**链接内容**`</a>` 或者 `<a href=网络地址>`**链接内容**`</a>`

外部链接对应的 href 属性的 URL 值设置为绝对路径。

（4）图片链接

与文本链接方法一样，其格式为：

`<a href=被链接文件名><img src=图片名称 width=宽度 height=高度 border=边框></a>`

注意：border=0 时表示无边框。

例 5-10　超链接标记的使用，代码如下（文件名为：3-12.htm）：

```
<html>
<head>
<title>网页源代码之家</title>
</head>
<body width=300>
<p><br><a name=top>这是起点，我们一起学习关于超链接的使用。
<p>我们一起学习关于超链接的使用，
<p>和大家共同分享网页制作的点点滴滴。
<p><br>希望大家提出宝贵的意见，
<p><a href=http://www.sohu.com>去搜狐看看</a>
<p><a href=3-12.htm>返回</a>
<p><a href=#top>返回顶部</a>
</body>
</html>
```

运行结果如图 5-11 所示。

例 5-11　运用超链接标记编写 HTML 程序。显示结果如图 5-12、图 5-13 所示。

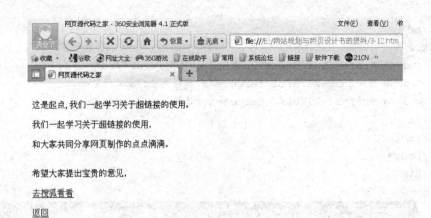

图 5-11 超链接标记的使用

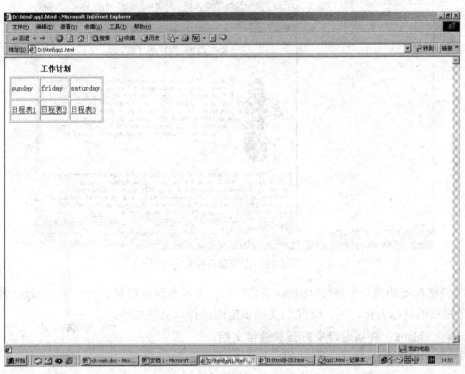

图 5-12 表格中含有热字

```
<html><head><title></title></head>
<body>
<table border=1 width=210 height=100>
<caption><b>工作计划</b></caption>
<tr>
  <td width=70>sunday</td>
  <td width=70>friday</td>
  <td width=70>saturday</td>
```

```
</tr>
<tr>
 <td><a href=jihua.doc target=aa>日程表1</a></td>
 <td><a href=li-20.html target=aa>日程表2</a></td>
 <td><a href=li-27.html target=aa>日程表3</a></td>
</tr>
</table>
</body>
</html>
```

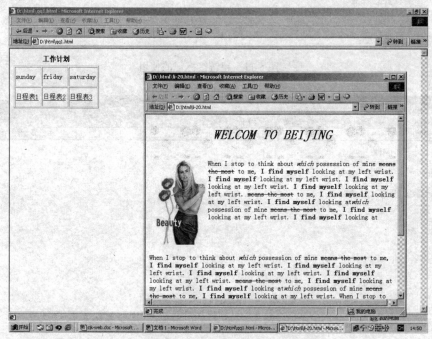

图 5-13 在新窗口打开另一页

链接标签的另一个属性 target=新窗口名，表示在新窗口显示另一页。target 属性有 4 个保留的目标名称，用作特殊的文档重定向操作，其值如下：

- _blank：在新窗口中打开被链接文档。
- _self：默认值。在相同的框架中打开被链接文档。
- _parent：在父框架集中打开被链接文档。
- _top：在整个窗口中打开被链接文档。

例 5-12 在新窗口中打开图片链接，显示结果如图 5-14 所示。

```
<html>
<head>
<title>建立图片链接</title>
</head>
<body>
```

```
<center>
<h2>图片链接</h2>
<hr>
<a href="www.baidu.com" target="_blank">
   <img src="images/baidu_logo.gif" />
</a>
</center>
</body>
</html>
```

图 5-14　在新窗口打开图片链接对应的网址

5．框架标记

框架是一种在一个网页中显示多个网页的技术，通过超链接可以为框架之间建立内容之间的联系，从而实现页面导航的功能。

框架的作用主要是在一个浏览器窗口显示多个网页，每个区域显示的网页内容也可以不同，它的这个特性在"厂"字形的网页中使用极为广泛。

格式如下：

```
<frameset>
<frame>
…
<frame>
</frameset>
```

在网页文件中，使用框架集的页面的<body>标记将被<frameset>标记替代，然后再利用<frame>标记去定义框架结构，常见的分割框架方式有：左右分割、上下分割、嵌套分割，所谓嵌套分割是指在同一框架集中既有左右分割，又有上下分割。

注意：使用 frame 必须首先用 frameset 来定义；frameset 元素和 body 元素不能同时使用。

1）框架设计

设计水平框架（即上下分割框架）通过加入 row 属性，如：

```
<frameset rows="40%,*" >
```

整个框架被分为上下两个部分，上面占 40%空间大小，下面占 60%。其中的分割方式可以是百分比，也可以是具体的数值。

设计垂直框架（即左右分割框架）通过加入 col 属性，如：

```
<frameset cols="20%,40%,*" >
```

整个框架被分为左、中、右三栏，各自的大小通过所占百分比来限定，同样分割方式也可指出具体的数值。

2）框架的应用——将网页放入到框架中

格式如下：

```
<frameset>
   <frame src="URL" name="框架名">
   <frame src="URL" name="框架名">
…
</frameset>
```

其中的 src 用于设置框架所加载网页文件的路径名及文件名（即 URL 值）。

3）与框架（frame）相关的一些属性

- 设置框架边框——frameborder

格式为：

```
<frame src="URL"frameborder="value">
```

frameborder 值为 0（或 no）时，不显示边框；frameborder 值为 1（或 yes）时，显示边框。默认为 1。

- 显示框架滚动条——scrolling

格式为：

```
<frame src="URL"  scrolling="value">
```

scrolling 属性有三种方式设置滚动条：yes：添加滚动条，no：不添加滚动条，auto：自动添加滚动条。

- 调整框架尺寸——noresize

格式为：

```
<frame src="URL"  noresize >
```

利用框架<frame>标记中的 noresize 属性设置不允许改变框架的尺寸。可防止用户浏览时拖动框架边框来调整当前框架的大小。

- 设置框架边缘宽度与高度——marginwidth 与 marginheight

格式为：

`<frame src="URL" marginwidth="value" marginheight="value" >`

marginheight：设定在显示 frame 中的文字之前文字距离顶部及底部的空白距离。
marginwidth：设定在显示 frame 中的文字之前文字距离左右两边的空白距离。

- 添加不支持框架标记 <noframe>

格式为：

`<noframes>...<noframes>`

利用框架 <frame> 标记中的 <noframes> 属性设置浏览器不支持框架时，显示网页文件的内容。

例 5-13 运用框架标记的嵌套编写 HTML 程序。显示结果如图 5-15 所示。

```
<html>
<head><title></title></head>
<FRAMESET ROWS="40%,*">
<FRAME name="a1" src="li-3.html">
  <FRAMESET COLS="50%,*">
   <FRAME name="a2" src="li-20.html">
   <FRAME name="a3" src="li-18.html">
  </FRAMESET>
</FRAMESET>
</html>
```

图 5-15 在框架中连接多页

例 5-14 利用框架布局设计"厂"字形的网页（文件名为 2.html）。运行效果如图 5-16、图 5-17、图 5-18 所示。

图 5-16 "厂"字形布局

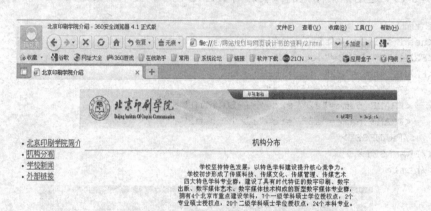

图 5-17 单击"机构分布"的效果

图 5-18 单击"外部链接"的效果

文件 2.htm 的代码如下:

```
<html>
```

```
<head>
<title>北京印刷学院介绍</title>
</head>
<frameset rows="205,*" cols="*" frameborder="NO" border="0" framespacing="0">
  <frame src="top.html" name="topFrame" scrolling="no" noresize>
  <frameset rows="*" cols="149,*" framespacing="0" frameborder="NO" border="0">
    <frame src="left.html" name="leftFrame" scrolling="auto" noresize>
    <frame src="main.html" name="mainFrame">
  </frameset>
</frameset>
<noframes>
<body>
</body>
</noframes>
</html>
```

文件 top.html 代码如下：

```
<html>
<head>
  <title>top 框架</title>
</head>
<body>
<div align="center">
  <table width="730" height="84" border="0" align="center">
    <tr>
      <td width="730"><img src="header.jpg" width="730" height="84"></td>
    </tr>
  </table>
</div>
</body>
</html>
```

文件 left.html 代码如下：

```
<html>
<head>
  <title>页面导航</title>
</head>
<body>
  <table width="150" height="40" border="0" align="right">
    <tr>
```

```html
            <td height="20">&#8226;</td>
            <td valign="top"><a href="2-1.html" target="mainFrame">北京印刷学院简介</a></td>
          </tr>
          <tr valign="top">
            <td width="9">&#8226;</td>
            <td width="162" valign="top"><a href="2-2.html" target= "mainFrame">机构分布</a></td>
          </tr>
          <tr>
            <td>&#8226;</td>
            <td valign="top"><a href="2-3.html" target="mainFrame">学校新闻</a></td>
          </tr>
         <tr>
            <td>&#8226;</td>
            <td valign="top"><a href="http://www.sina.com/" target="mainFrame">外部链接</a></td>
          </tr>
        </table>
      </body>
    </html>
```

文件 main.html 的代码如下：

```html
<HTML>
<HEAD>
<TITLE>学校图书馆</TITLE>
</HEAD>
<BODY>
<center>
<img src=library.jpg>
</BODY>
</HTML>
```

2-1.html、2-2.html、2-3.html 的文件内容在此不再给出，均为相关文本信息。

5.2　HTML 动态网页设计

　　HTML 动态网页设计是借助于浏览器端的表单和服务器端的 CGI 程序完成的。它们的关系可通过图 5-19 所示。创建表单涉及表单标记、表单元素标记及其属性。

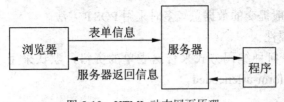

图 5-19　HTML 动态网页原理

5.2.1　表单

表单是 HTML 的一部分，由 HTML 的<form>与</form>标记符标记，语法格式为：

<formName="表单名" Action="url" Method="Post|Get" Enctype="MIME 类型">
……
</form>

在表单中可添加使用单行文本（Text）、文本块（TextArea）、复选框（CheckBox）、单选按钮（Radio）、下拉式选择框（Select）或按钮（Button）等界面对象，以便接收用户输入的数据，其作用是从用户方收集信息。当用户填好表单上所需信息并单击表单中的命令按钮后，便提交了其输入数据，服务器可收集来自客户端的以表单形式发过来的信息。

1. 表单的属性

<form>标识的主要作用是设定表单的起止位置，并指定处理表单数据程序的 url 地址。

（1）action 属性

该属性用于设定处理表单数据程序的 URL 地址，即设置将表单数据提交给谁处理。若动态网站采用 ASP 技术，通常设为某一个 ASP 页面。若将表单数据提交给某个指定的电子邮件信箱时，其格式为：

action=mailto:你的邮件地址

此时，必须指定表单的 Enctype 值为 text/plain。

（2）Method 属性

该属性指定表单的资料传到服务器的方式，取值为 POST 或 GET 方式。如果表单处理很简单，所提交的数据很少并且该数据的安全性并不重要，那么采用 GET 方式比较好。该方式将输入的数据加在 action 指定的 URL 地址后面，并在 URL 地址与表单数据间加上一个"?"分隔符，表单的各数据项间用"&"隔开，然后将形成的 URL 地址串发送给服务器。GET 方法一次最多只能传递 1KB 的数据，这是一种最简单的从客户端向服务器传输数据的方法。而 POST 方式是将表单数据作为一个独立的数据块，按照 HTTP 协议的规定直接发送给服务器，长度不受限制，并且在浏览器的请求地址内也看不到用户的输入信息。一般提交的数据量较多时采用 POST 方法。

（3）Enctype 属性

该属性指定以何种编码方式来传送表单的资料，默认采用 URL 编码方式，即 application/x-www-form-urlencoded。

2. 表单元素标记（或称表单界面对象、表单输入标记）与属性

1）表单元素标记<input>

在表单中添加界面对象才能实现接收数据的目的。INPUT 元素用来定义一个用户可以在表单上输入信息的输入域（输入单元）每个输入域有其特有的类型和相应的名称。一般格式为：

```
<input name="myname" type="mytype">
```

2）表单元素标记属性

元素名：NAME=字符串。元素类型：TYPE。TYPE 的取值如下：

- 单行文本框 TYPE=TEXT。
- 口令框 TYPE=PASSWORD。
- 隐藏表单域 TYPE=HIDDEN。注意：隐藏表单域不会显示出来，用户当然无法更改其数据。通过隐藏表单域，可悄悄向服务器发送一些用户不知道的信息。具体使用参见第 7 章 Request 对象的使用。
- 复选框 TYPE=CHECKBOX。
- 单选钮 TYPE=RADIO。

表单中可使用的命令按钮有提交命令钮（submit）、复位命令钮（reset）和普通命令钮（button）三种，具体如下：

- 普通命令按钮 TYPE=BUTTON。
- 提交按钮 TYPE=SUBMIT。
- 复位按钮 TYPE=RESET。

其中，提交命令钮具有内建的表单提交功能；复位命令钮内建有重置表单数据的功能；普通命令钮（button）不具有内建的行为，意味着它只是一个按钮而不会引发表单的提交。可通过指定事件处理函数来为命令按钮指定具体的操作（详见第 6.9.2 节 VBScript 的常用事件），因此通用性更强。另外，普通按钮可用在表单中，也可脱离表单直接使用。

总之，使用表单元素可以完成：

（1）创建文本框和密码框。

（2）创建多行文本。

（3）创建复选框。

（4）创建单选钮。

（5）创建按钮。

（6）创建列表框式的菜单。

5.2.2 创建简单表单

多行文本域的格式为：

```
<textarea name="对象名" rows="行数" cols="列数" [readonly]>初始文本
</textarea>
```

其中 readonly 为可选项，若选用，则多行文本域变为只读。

例 5-15 创建一个输入个人简历的简单表单，并通过提交按钮将表单提交给 Web 服务器端的程序处理。显示结果如图 5-20 所示。

```
<html>
<head>
<title>
</title>
</head>
<body>
<form method=post action="/CGI-BIN/ORDER.ASP" >
 <p>你的姓名: <input type=text name=aa size=50 maxlength=45> </p>
 <p>你的出生日期: <input type=text name=bb VALUE="MM/DD/YY" DISABLED> </p>
 <br>输入简历:
 <br><textarea name=cc cols=40 rows=10 > </textarea>
 <br>填写说明:
 <br><br>
 <textarea name=cc cols=40 rows=4 readonly >
 简历内容从大学时间开始填写
 </textarea>
 <br>
 <Input Type=submit name=e value=提交>
 <Input Type=reset name=f value=复位>
 </form >
</body>
</html>
```

5.2.3 创建复杂表单

1. 含复选框、单选钮的表单

复选框的格式为：

`<input type="checkbox" name="对象名" value="值" [checked]>选项文本`

其中一个 `<input type="checkbox">` 标记产生一个复选项，有多少个选项，就用多少个 `<input>` 标记。若选用 checked，则该复选项呈选中的状态。

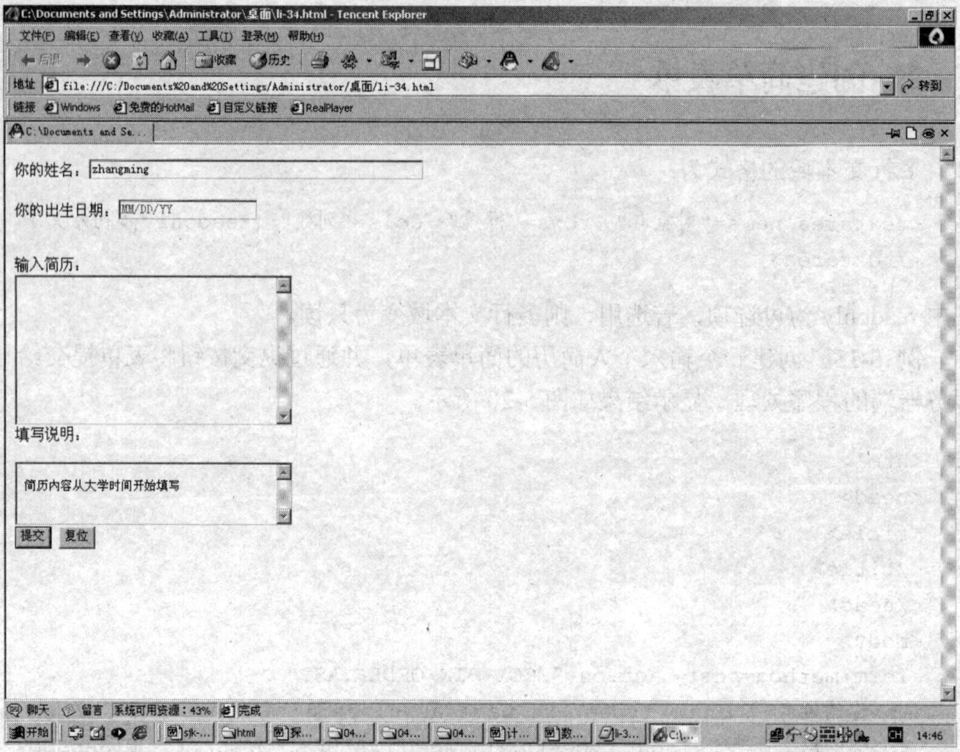

图 5-20 文本框表单

name 属性给每一个复选框命名，这个名字是用来标识每一个复选框的。value 属性是可以给每一个复选框赋初值的。如果没有使用 value 属性，那么在表单结果中所有被选中的复选框都会用"on"来标识。使用 checked 属性可以把复选框设置为默认选中的状态。

例 5-16 创建一个有序列表并在有序列表中嵌入一组复选框的表单。运行结果如图 5-21 所示。

```
<html>
<head>
<title></title>
</head>
<body>
<form>
<ol>
  <li><Input Type=Checkbox  Name=A  Value=1 checked>cat
  <li><Input Type=Checkbox  Name=B  Value=2>dog
  <li><Input Type=Checkbox  Name=G  Value=3 >fish
</ol>
</form>
</body>
```

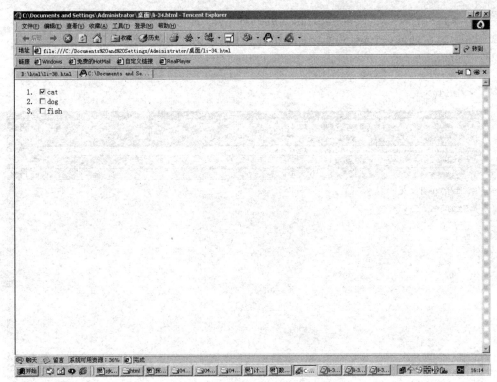

图 5-21　有序列表中嵌入一组复选框

单选钮的格式为：

<input type="radio" name="对象名" value="值" [checked]>选项文本

单选项常成组使用，为了将多个单选钮定义成一组，需将各选项的 name 属性值设为相同。因为单选钮只能选择一项，这个名字是用来标识单选钮。使用 checked 属性可以把单选钮设置为默认选中的状态。

例 5-17　创建包含单选钮和复选框的表单。运行结果如图 5-22 所示。

```
<html>
<head>
<title></title>
</head>
<body>
<form>
<p>你的性别：
<Input Type=Radio  Name=A  checked>男
<Input Type=Radio  Name=A >女
</p>
<p>你喜爱的动物：</p>
<ol>
   <li><Input Type=Checkbox  Name=A  Value=1>cat
```

```
    <li><Input Type=Checkbox  Name=B  Value=2>dog
    <li><Input Type=Checkbox  Name=G  Value=3 >fish
    </ol>
</form>
</body>
```

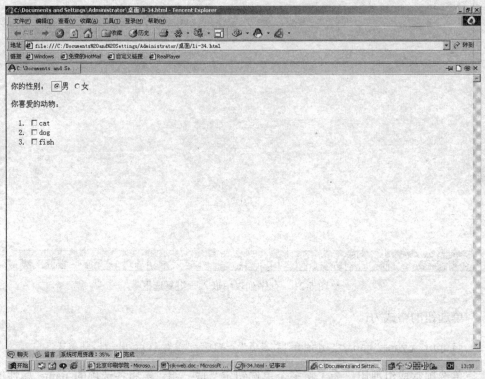

图 5-22　包含单选钮和复选框的表单

2．含列表框式菜单的表单

定义列表框的标记是：

```
<select name="对象名"  size="列表的高度"[Multiple]>
 <option value="该列表项的值" [selected]> 列表项文本 1 </option>
   ……
<option value="该列表项的值" [selected]> 列表项文本 n </option>
</select>
```

其中，name 是定义菜单的名称，size 指一次能看到的列表项（即菜单项）的数目，若设置为 1 或不设置，则为下拉式列表框，若设置为大于或等于 2 的值，则为滚动式列表框；multiple:若选中则允许多项选择；<option>和</option>标记用于定义具体的列表值，每一个<option>定义一个菜单项；select 为可选项，用于指定默认的候选项，只能有一个列表项可选用该参数。

例 5-18　创建一个选课的菜单的表单。包含 10 门课程，但可显示的课程为 6 门，并可选中多项（按 Shift 键）。运行结果如图 5-23 所示。

```html
<html>
<head>
<title></title>
</head>
<body>
<form>
<p>请在下列课程中选择选修课程：</p>
<Select Name=A Size=6 Multiple>
    <Option>高等数学
    <Option>外语
    <Option>数据库技术
    <Option>计算机图形技术
    <Option>软件工程
    <Option>离散数学
    <Option>信息安全
    <Option>文字与编码
    <Option>图像处理
    <Option>化学
</Select>
</form>
</body>
```

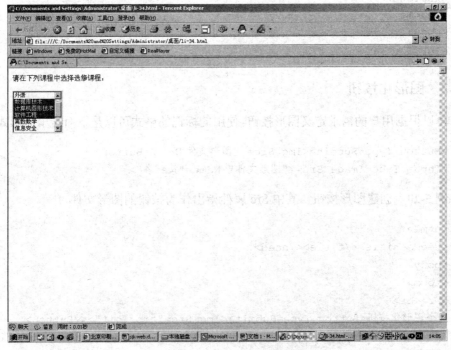

图 5-23　选课菜单的表单

例 5-19 分别用下拉式列表框和滚动式列表框显示用户选择的籍贯。运行结果如图 5-24 所示。

```html
<html>
<head>
<title> </title>
</head>
<body>
<form name="frmuserinfo" action="" method="post">
<br>下拉式列表框：籍贯：
<select name="list1">
   <option value="北京">北京</option>
   <option value="上海">上海</option>
   <option value="天津">天津</option>
   <option value="广州" selected>广州</option>
</select>
<br><br>
<br>滚动式列表框：籍贯：
<select name="list2" size=3>
   <option value="北京">北京</option>
   <option value="上海">上海</option>
   <option value="天津">天津</option>
   <option value="广州">广州</option>
</select>
</form>
<body>
</html>
```

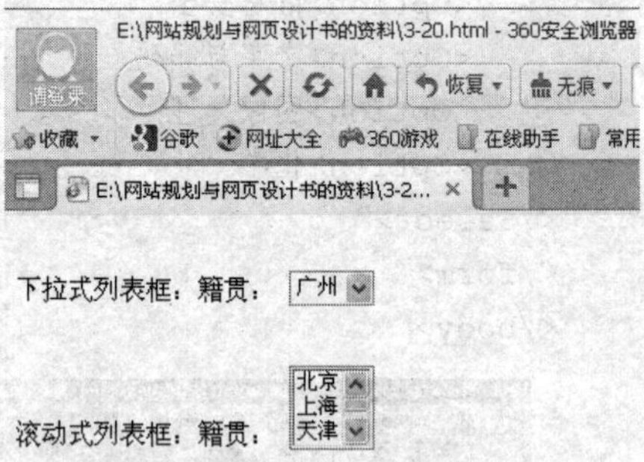

图 5-24 列表框的应用

3．图形化按钮

可以根据用户的需求定义图形按钮。使用的标记的格式可以是下面给出的形式之一。

```
<Button Type=Submit><Img Src= "图形文件"> </ Button>
<Input Type=Image Src= "图形文件" Name="按钮名">
```

例 5-20 创建图形按钮，其中 Src 属性指出作为按钮的图形文件。

```html
<html>
<head><title></title></head>
<body>
<form>
<br><br>
一个图形化按钮<Button Type=Submit><Img Src="tips.gif"></Button>
另一个图形化按钮<Input Type=image name=g src="tips.gif" border=5 weidth=30 height=30 align=middle>
</form>
```

```
</body>
</html>
```

图 5-25 为显示结果，比较两种标记使用后的显示效果，可看出它们是不同的。前者以按钮的外形展示。

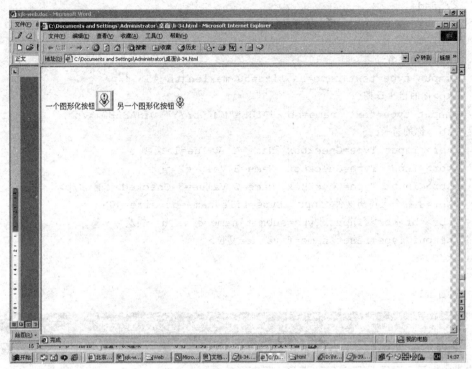

图 5-25　图形按钮

5.2.4　利用表单上传用户文件

用户可以在表单中上传文件到 Web 服务器上，并由 Web 服务器上运行的脚本程序来处理用户上传的文件。使用的标记是：

```
<form enctype=multipart/form-data method=post action="/cgi-bin/prossce.pl">
<input type=file name= "    " size=45>
</form>
```

为了保证上传文件的格式正确，enctype 属性的取值设为 multipart/form-data。该属性用来设置表单的 MIME 编码。默认情况下，这个编码格式是 application/x-www-form-urlencoded，但不能用于文件上传；只有设置值为：multipart/form-data，表明是上传二进制数据，即 form 里面的 input 的值以二进制的方式传过去，才能完整地传递文件数据，进行下面的操作。input 标记中的 name 属性的取值是为上传的文件指定一个名字。这个名字用来在 Web 服务器上标识这个上传的文件。

例 5-21 利用表单上传用户文件。图 5-26 为下面 HTML 源代码的显示结果。

```
<html>
<head>
<title></title>
</head>
<body>
<form>
 <p>你的姓名:
<input type=text name=aa size=50 maxlength=45> </p>
 <p>你的出生日期:
<input type=text  name=bb  VALUE="MM/DD/YY"  DISABLED></p>
 <br>你的特长:
 <br><Input Type=Checkbox  Name=A  Value=1>绘画
 <br><Input Type=Checkbox  Name=B Value=2>音乐
 <br><Input Type=Checkbox  Name=G Value=3 Checked>体育 </p>
 <br>上载个人简历文件<input type=file name=qa size=40>
 <br><br><br><Input Type=submit name=e value=提交>
 <Input Type=reset name=f value=复位>
</FORM>
</body>
</html>
```

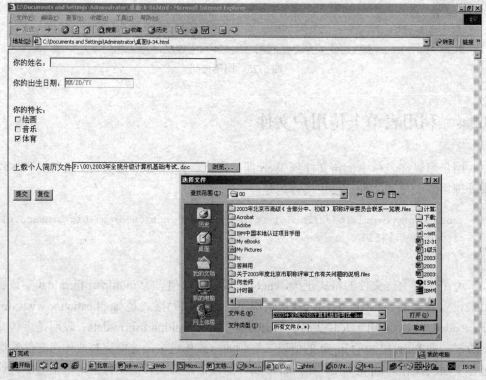

图 5-26 上传文件

习题 5

1. 试述 HTML 文件的结构。
2. 简述表单在网页中的作用。
3. 表单中哪个属性决定表单资料的传输方式？传输方式有几种?各自具有什么特点？
4. 在网页中设计一个申请电子邮箱的表单，如图 5-27 所示。

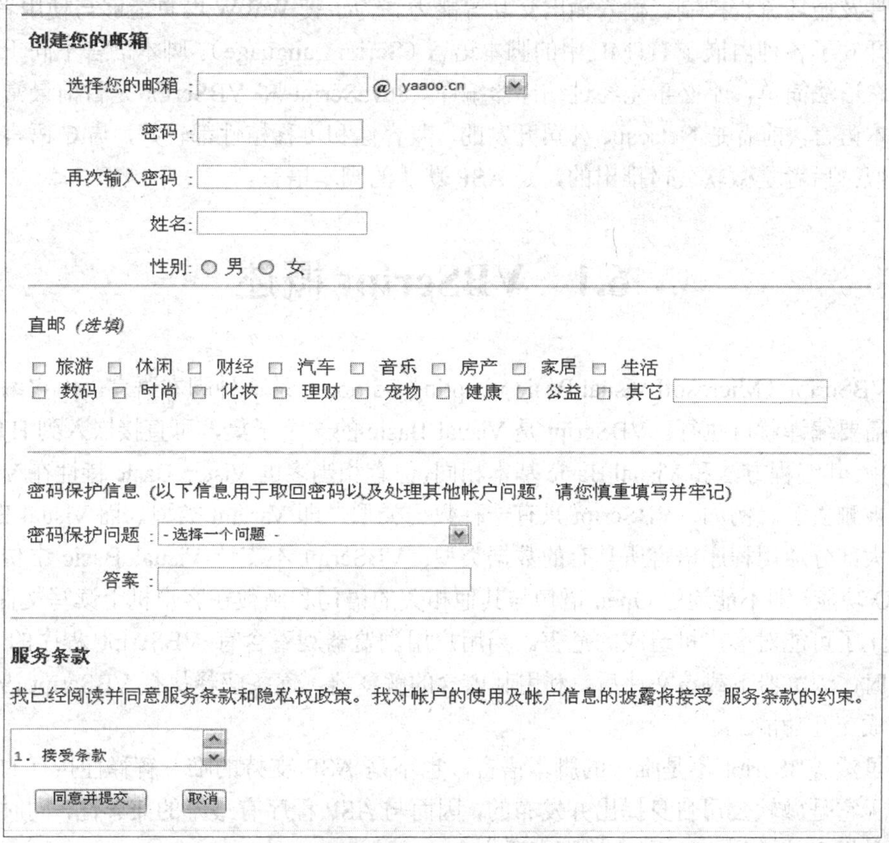

图 5-27 申请电子邮箱的表单

5. 运用 HTML 设计一个含有文本、列表、表格、图像、超链接等在内的静态网页。网页的主题可以自定，如教育、旅游、产品宣传、个人信息等。必须满足以下要求：
 (1) 根据所定主题，搜集相关的素材，网页不得少于 5 页，在首页上添加背景音乐。
 (2) 设计出网页之间的导航关系，并用结构图表示。
 (3) 超链接要有多种形式：如热字、热图等。
 (4) 网页的页面布局可通过表格的运用或框架来实现。
 (5) 在网页中加入背景音乐、动画、视频、文字滚动等要素。
 (6) 在网页中加入表单的应用。

第 6 章　VBScript 编程基础

ASP 程序是由文本、HTML 标记和脚本组合而成的。HTML 是一种标记语言，不具备条件及循环流程控制、输入输出交互等能力。为了使 WWW 网页能够与使用者互动，人们开发了各种内嵌于 HTML 中的脚本语言（Script Language）。脚本语言不同于编程语言，它语法简单，不必事先经过编译器编译。JavaScript 和 VBScript 是目前最常用的两种脚本语言，前者是 Netscape 公司开发的，兼容性和可移植性都较好，与 C 语言的结构很类似；后者是微软公司推出的，是 ASP 默认的脚本语言。

6.1　VBScript 概述

VBScript（Microsoft Visual Basic Scripting Edition）是一种脚本语言，用它编写的程序不需要编译就可执行。VBScript 是 Visual Basic 的一个子集，可直接嵌入到 HTML 文档之中。其编程方法和 Visual Basic 基本相同，但有相当多的 Visual Basic 特性在 VBScript 中都被删去了。例如，VBScript 只有一种数据类型，即 Variant 类型，而 Visual Basic 却具有大部分通用程序语言所具有的数据类型；VBScript 不支持 Visual Basic 中传统的文件 I/O 功能，即不能通过 Open 语句与其他相关的语句和函数在客户机上读写文件，这样就防止了可能对客户机造成的危害。当用户用浏览器观看含有 VBScript 程序的 HTML 文档时，浏览器下载该文件后，利用其内含的解释器，逐条解释执行 VBScript 语句，从而完成交互功能。

虽然 VBScript 不是唯一的脚本语言，也不是 ASP 支持的唯一解释性执行的语言，但由于它是微软公司自身提出并发布的，因而与 ASP 程序有最好的兼容性，同时由于它简单易学，故成为 ASP 默认的脚本语言。

6.2　在网页中使用 VBScript

使用 VBScript 或 JavaScript，既可编写服务器端脚本，也可编写客户端脚本。服务器端脚本在 Web 服务器上执行，生成发送到浏览器的 HTML 页面。客户端脚本由浏览器处理，必须把脚本代码用<Script>和</Script>标记对嵌入到 HTML 页面中去。而一般 ASP 程序中的 VBScript 代码都是放在服务器端执行的，即把脚步本语言放在标记符<%和%>之间。下面首先介绍运行在客户端的脚本是如何插入到网页中的。

6.2.1 在 HTML 中加入 VBScript 代码

在 HTML 文件中直接嵌入 VBScript 脚本，能够扩展 HTML，使它不仅是一种页面格式语言。带有 VBScript 脚本的网页在每次下载到浏览器时都可以是不同的，它能够对用户的操作做出反应。

在正式学习 VBScript 的语法之前，首先看一个简单例子，以便直观了解如何在 HTML 中加入 VBScript 程序。

例 6-1 第一个简单例子。

```
<HTML>
 <head>
  <Script Language="VBScript">
  <!--
        Msgbox("第一个VBScript例子！")
  -->
  </Script>
 </head>
 <body>
 <P align=center>你好吗？
 </body>
</HTML>
```

运行结果见图 6-1、图 6-2。

图 6-1 第一个简单例子的运行结果（1）　　图 6-2 第一个简单例子的运行结果（2）

要在 HTML 中加入 VBScript 程序，通常利用 HTML 的 Script 标记，其语法格式如下：

```
<Script Language="VBScript">
'VBScript 程序
...
```

第 6 章　VBScript 编程基础　　125

</Script>

说明：

（1）Language 项表明用来编写脚本程序的语言种类，可以是 JavaScript（或 JavaScript 的微软版 JScript）或 VBScript，本例中使用的是 VBScript。

（2）<!--和-->是 HTML 标记语言的注释符，<!--代表注释的开始，-->代表注释的结束。当然客户端脚本部分的注释标记不是必需的，但一般应加上，因为客户端脚本由浏览器执行，而浏览器并不一定能支持所有的脚本语言。如 IE 支持 VBScript，而 Netscape 不支持它，若不加注释，Netscape 会把脚本代码本身作为 HTML 页面的内容显示出来。那么加了 HTML 注释后，IE 是否也会将脚本内容当成注释而不解释执行呢？当然不会。浏览器首先检查标识对<Script>和</Script>，若发现该标识对的内容不为空，便会抛开注释标记直接解释执行包含在注释符标记内的 VBScript 脚本。

（3）Script 块可出现在 HTML 页面的任何地方（body 或 head 部分之中），但建议将该块的代码放在 head 部分中，以便所有脚本代码集中放置。这样可确保在 body 部分调用代码之前所有脚本代码都被读取并解码。但是当脚本代码作为对象的事件代码时，则不必放在 head 部分中，可就近放在对象附近。

VBScript 中如何实现信息的输出？方法有两种，一种是使用 VBScript 的内置函数，详细叙述见 6.7 节，另一种便是使用浏览器对象 document 的 write 方法，详见 6.9 节。

注意：VBScript 不区分大小写，调用对象的方法时，方法名后可以不加括号，而 JavaScript 是区分大小写的，且方法名后必须加括号。

下例使用浏览器对象输出文本信息。

例 6-2 在网页中用 VBScript 输出"欢迎学习 VBScript"字符串，则实现的代码为：

```
<html>
<head>
<title> 另一简单例子 </title>
</head>
<body>
<h1> 我的第二个VBScript 程序</h1>
<script language="vbscript">
  document.write "欢迎学习VBScript"
</script>
</body>
</html>
```

6.2.2 在 ASP 页面中加入 VBScript

在 ASP 中，VBScript 构成了 ASP 代码的主体，它运行于服务器端，ASP 中的服务器端脚本要用分隔符<%和%>括起，或者在<Script></Script>标记中用 RunAT=Server 表示脚本在服务器端执行，以便和客户端脚本区别开。语法格式如下：

```
<% … %>
```

或

```
<script Language="VBScript" RunAT=Server>
   ASP 脚本内容
</script>
```

前者比后者更为简洁。

例 6-3 在 ASP 页面中输出当前的日期，实现的代码如下：

```
<html>
<head>
<title> ASP 页面测试 </title>
</head>
<body>
<% Response.write  "今天是:" & date
%>
</body>
</html>
```

运行结果如图 6-3 所示。

图 6-3　输出当前日期

还可以用符号对<%=和%>来打印变量或函数的值。上例也可改为：

```
…
<body>
<BR>今天是：<% =date %>
</body>
…
```

再看一个简单的例子。

例 6-4

```
<HTML>
<head>
<title> Simple VBScript</title>
</head>
<body>
<% FOR var=1 TO 100 %>    '循环开始
```

```
<%=var%><B>: GOOD!</B>
<% next %>   REM 循环结束
</body>
</html>
```

这个例子将"GOOD！"显示 100 次。但是，在每个"GOOD！"前面有一个数字，该数字代表变量 var 的值。表达式<%=var%>用来打印变量 var 的值。符号对<% 和 %>用来指明一个脚本，而符号对<%=和%>用来指明变量或函数的值。跟在表达式<%=后面的任何内容都将被显示在浏览器窗口中。

为了能在不支持 VBScript 脚本程序的浏览器上正常处理嵌有 VBScript 脚本的 HTML 文档，通常采用变通方法，即把 VBScript 编写的脚本程序放在 HTML 的注释标记"<!-- -->"之中。而 ASP 文件是在服务器端执行的，不存在浏览器的兼容问题，故 ASP 文件中的 VBScript 脚本不必再用 HTML 注释标记来屏蔽，但可以在脚本中加入 VBScript 的注释。在 VBScript 脚本中加入注释的方法有以下两种，即①REM；② '。

这两种方法执行同样的功能。HTML 风格的注释与 VBScript 注释的一个重要区别是：当处理脚本时，VBScript 注释将被删除，不发送给浏览器，不能用浏览器中的"查看源文件"命令来查看 VBScript 注释。

在记事本中写好以上代码后，要保存为扩展名为 asp 的页面文件。服务器端向客户端输出内容可采用 ASP 提供的内置对象 Response 的 write 方法来实现，而 document 对象是客户端浏览器提供的对象。

服务器端默认的脚本语言是 VBScript，当然可将任何一种具有脚本引擎的脚本语言作为主脚本语言。通常有以下 3 种方法：

（1）语句格式为：

```
<% @ Language="脚本语言名称" %>
```

要在特定的页面中指定主要脚本语言，可将该语句放在页面的最开头部分，即放在<html>标记之前。

注意：在@和保留字 Language 之间要留出一个空格。

（2）利用 IIS 进行设置，为应用程序的所有页设置主脚本语言。步骤如下：选择"开始"→"设置"→"控制面板"→"Internet 服务管理器"，打开 IIS 后，右击网站名称→"属性"→"主目录"，在"应用程序设置"对话框中，单击"配置"→"应用程序配置"，在默认 ASP 语言框内，输入所要的主脚本语言，如 VBScript。设置完成后，页面中<%和%>中包容的程序就默认为指定的语言。

（3）利用 HTML 的 script 标记来设置 Language 和 RunAt 属性。使用该方法，可以实现在同一个网页中同时使用几种脚本语言。参见下面的例 6-5。

例 6-5

```
<% @ language="VBScript" %>
<html>
<head>
```

```
<title> 混合脚本 </title>
</head>
<body>
<script language="JavaScript" Runat="server">
  function test()
  {
    response.write("喂!你好!")
  }
</script>
<% for k=1 to 5
   test()
   next
%>
</body>
</html>
```

运行结果如图 6-4 所示。

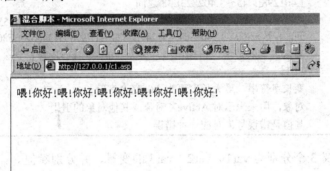

图 6-4 几种脚本语言混用的结果

包含在<%…%>标识对内的脚本是 VBScript，脚本段内调用了 JavaScript 函数 test()，该函数是在<script>内定义的。

一般来说，可以解释 VBScript 脚本的浏览器只有 Microsoft Internet Explorer，而 Netscape Navigator 将忽略 VBScript 脚本，故通常不将 VBScript 作为客户端编程语言。本章中所学的内容在用 VBScript 作为客户端编程语言时也同样适用。

6.3 VBScript 基本语法

6.3.1 VBScript 数据类型

VBScript 只有一种数据类型，称为 Variant（变体）。Variant 是一种特殊的数据类型，在不同场合代表不同类型的数据。最简单的 Variant 可以包含数字或字符串信息，即当数据内容是数值时，VBScript 就把它当作数字处理。若数据内容是字符串，则 VBScript 把它当作字符串处理。当然，也可将数字包含在双引号中显式地使其成为字符串。

除简单地将数据内容分为数值和字符串外，Variant 还可以进一步区分信息的含义，Variant 包含的数值信息类型称为子类型，Variant 的子类型如表 6-1 所示。

表 6-1 Variant 的子类型

类型名	描述
Empty	未初始化的 Variant。对于数值变量，值为 0；对于字符串变量，则值为零长度字符串即 ""
Null	不包含任何有效数据的 Variant，必须从外部对其赋值
Boolean	表示布尔型变量，逻辑值不是 True 就是 False
Byte	长度为 1 个字节的整数，包含 0～255 之间的整数
Integer	长度为两个字节的整数，包含 –32 768～32 767 之间的整数
Currency	表示 –922 337 203 685 477.5808～922 337 203 685 477.5807 的数字
Long	长度为 4 个字节的整数，包含 –2 147 483 648～2 147 483 647 之间的整数
Single	单精度浮点数，负数范围从 –3.402823E38 ～ –1.401298E–45 之间，正数范围介于 1.401298E–45～3.402823E38 之间
Double	双精度浮点数，负数范围介于 –1.79769313486232E308～–4.94065645841247E–324 之间，正数范围从 4.94065645841247E–324～1.79769313486232E308
Date（Time）	表示日期的数字，日期范围从公元 100 年 1 月 1 日到公元 9999 年 12 月 31 日
String	变长字符串，最大长度可为 20 亿个字符
Object	对象，用来表示对 ActiveX 对象或其他对象的引用
Error	其值是错误号，对应一种错误

例如：定义 3 个分别为 var1、var2、var3 的变量，并分别赋值。

```
var1=34         '变量 var1 为整型
var2="good"     '变量 var2 为字符串
var3=True       '变量 var3 为布尔型
```

6.3.2 变量和常量

1. 变量

变量是用来标识计算机内存中的某块空间。在程序中，不同类型的数据可以是变量也可是常量，变量的值在程序执行期间是变化的，而常量则不变。由于在 VBScript 中只有 Variant 一种数据类型，故在 VBScript 中声明了一个变量后，就可以在其中保存各种数据了。

1）声明变量

变量必须先声明后使用。VBScript 中变量声明有两种方式：显式声明和隐式声明。显式声明是使用 Dim 语句、Public 语句或 Private 语句显式地定义变量，例如：

```
Dim varname
```

```
public var
```

声明多个变量时，使用逗号分隔各个变量。例如：

```
Dim var1, var2, var3, var4
private var1,var2,var3,var4
```

其中，最常用的是用 Dim 语句来声明，而 Public 用来声明共有变量并为其开辟存储空间，用 Public 声明的变量可以在页面中所有的脚本和过程中使用。Private 用来声明私有变量，私有变量只能在声明它的"<script>…</script>"标识对中使用。

另一种是直接在 VBScript 程序中使用变量名来隐式地声明变量。例如：

```
sum=0
mystring="this is a test"
```

但这种方式尽量要少用，因为有时会由于拼错变量名而导致在运行 VBScript 时出现意外的结果。因此，最好使用 Option Explicit 语句来强制显式声明。如果在程序中使用该语句，则所有的变量必须先声明，然后才能使用，否则就出错，并且该语句必须作为脚本的第一条语句。

2）变量的命名规则

变量命名必须遵循 VBScript 的标准命名规则。主要包括以下一些规定：

- 变量名只能由字母、数字和下划线组成；
- 变量名的第一个字符必须是字母；
- 不能使用 VBScript 的关键字作变量名；
- 长度不能超过 255 个字符；
- 名字在被声明的作用域内必须唯一。

注意：VBScript 不区分大小写。

3）变量的作用域与存活期

变量的作用域（又叫作用范围）是由声明它的位置决定。如果在过程中声明变量，则只有该过程中的代码可以访问或更改变量值，这类变量具有局部作用域，称为局部变量（或过程级变量）。如果在过程之外声明变量，则该变量可以被 VBScript 中所有过程所识别，称为全局变量（或脚本级变量）。变量存在的时间称为存活期或生命期。全局变量的存活期从被声明的一刻起，直到 VBScript 程序运行结束。对于局部变量，其存活期仅是该过程运行的时间，该过程结束后，变量随之消失。

变量的作用域和存活期的特征，使得可以在不同的程序中或者在程序的不同部分使用相同的变量名而不相互干扰。

```
< script language="vbscript">
<!--
 Option Explicit
dim myvar      '全局变量
sub procedure1
```

```
    ...
     dim var1    '局部变量
    ...
    end sub
    ...
    -->
    </script>
```

在这段程序中，在过程 procedure1 中声明了变量 var1，所以它是一个局部变量，只能在该过程中被使用。而变量 myvar 是在过程之外声明的，故是一个全局变量，可以在所有过程中被使用。

例 6-6

```
<%
 dim a,b
  a=4
b=6
sub vary()
  dim a,num
    a=8
    num=b
    b=a+num
end sub
vary
response.write "a 的值为: " & a & "b 的值为: " & b
response.write "num 的值为:" & num
%>
```

a 输出为 4，b 输出为 14，输出 num 时出现错误即变量未定义。变量 a 既是全局变量又是局部变量，但在过程里起作用的是局部变量，此时全局变量 a 被屏蔽。当过程调用结束，局部变量 a 被释放，此时输出的是全局变量 a。同样由于 num 是一个局部变量，在过程外不存在，因而出现未定义错误。

4) 给变量赋值

给变量赋值的方法如下：

变量名=变量值

例如：

```
sex="girl"
var= 200
```

5) 标量变量和数组变量

只包含一个值的变量被称为标量变量，而数组变量是包含一系列值的变量，故将具有相同名字不同下标值的一组变量称为数组变量。数组变量和标量变量以相同的方式声明，唯一的区别是声明数组变量时变量名后面带有括号"( )"。下例声明了一个包含 20 个元素的一维数组：

```
Dim array(20)
```

VBScript 中所有数组的下标都是从 0 开始，数组声明提供的是该数组的最大下标，这里是 20，故这个数组实际上包含 21 个元素。其中每个数组元素像标量变量一样被赋值和引用。

例如，给上面定义的数组里的各个元素逐一赋值：

```
array(0)=25
array(1)=32
array(2)=10
…
array(20)=50
```

其实，数组并不仅限于一维。数组的维数最大可以为 60，声明多维数组时，各维数之间用逗号隔开。例如声明一个 5 行 4 列的二维数组，数组名为 sum：

```
Dim sum(4, 3)
```

在二维数组中，括号中第一个数字表示行下标的最大数目，第二个数字表示列下标的最大数目。以上所声明的数组均是固定长度的，称为静态数组。对于静态数组而言，数组元素的个数在声明时就已经确定，程序运行过程中不能改变数组的大小。VBScript 也允许声明动态数组，即程序在运行过程中，数组的大小可以改变。

动态数组的声明方法是：对数组的最初声明使用 Dim 语句或 ReDim 语句，括号中不包含任何数字。例如：

```
Dim Array1()
ReDim Array2()
```

要使用动态数组，必须随后使用 ReDim 确定维数和每一维的大小。如：

```
ReDim MyArray(14)
ReDim Preserve MyArray(33)   '调整数组大小为 34，保留数组原有的 15 个元素值
```

ReDim 将动态数组的初始大小设置为 15，而后面的 ReDim 语句将数组的大小重新设置为 34，同时使用 Preserve 关键字在重新调整大小时保留原先数组的内容。

使用 Preserve 关键字不能改变数组的维数，而重新调整动态数组大小的次数是没有任何限制的，但是应注意：将数组的大小由大调小时，将会删除部分数据。如：

```
ReDim Preserve MyArray(20)   '将动态数组的上界减少到 20，此时原来数组中只有下标
                              为 0～20 的元素值被保留下来，而下标为 21～33 的
                              元素值将被永远丢失
```

2. 常量

VBScript 常量是具有一定含义的名称，用于代替数字或字符串，其值是固定不变的。常量可像变量一样被说明、被赋值，只是该值不能改变。不同子类型的常量，表达方式略有不同，如：字符常量必须用双引号括起来，日期常量必须用#号括起来，如 #2004-8-26#；数值型常量直接用数值表达，逻辑型常量只有 True 和 False 两种值。

在 VBScript 中可以使用 const 语句创建用户自定义常数，并给它们赋值。例如：

```
Const MyString = "这是一个常量。"
Const MyAge = 49
```

VBScript 定义了一批常量保留字，如 vbString,vbByte 等，它们是系统的预定义常量，都用前缀 vb 加以标识。

6.3.3 运算符和表达式

1. VBScript 运算符

VBScript 有三大类运算符：算术运算符、关系运算符和逻辑运算符。表 6-2 列出了所有的运算符。

表 6-2 各种运算符优先级序列表

算术运算符		关系运算符		逻辑运算符		连接运算符	
描述	符号	描述	符号	描述	符号	描述	符号
求幂	^	等于	=	逻辑非	Not	字符串连接	&或+
负号	-	不等于	<>	逻辑与	And		
乘、除	*、/	小于	<	逻辑或	Or		
整除	\	大于	>	逻辑异或	Xor		
求余	Mod	小于等于	<=	逻辑等价	Eqv		
加、减	+、-	大于等于	>=	逻辑蕴涵	Imp		
		对象引用比较	Is				

当一个表达式包含多个运算符时，将按一定顺序计算每一部分，这个顺序被称为运算符的优先级。利用括号可以改变这种优先级顺序，运算时，总是先执行括号中的运算符，然后再执行括号外的运算符。在括号中仍遵循标准运算符优先级。

VBScript 的运算符的优先级是：算术运算符的优先级最高，然后是连接运算符，再是关系运算符，最后是逻辑运算符。所有关系运算符的优先级相同，则按照从左到右的顺序计算。

所有算术运算符和逻辑运算符的优先级别关系如表 6-2 所示，表中自上而下按照运算符优先级由高到低列出了优先级顺序。表中的所有关系运算符优先级相同。

在 VBScript 中算术和连接运算符最常用。使用连接运算符时要注意：当连接符用"+"

号时，其操作数必须为字符型数据，即将两个字符串连接生成一个新的字符串，否则当作算术运算符处理。如：一个表达式是数值，另一个表达式是字符串，此时用+做加法运算；而用&时，对操作数没有限制并且变量与符号&间应加一个空格。如："abc" & 123。

2．表达式

变量、常量或字符串和数值通过合法的操作符连接起来构成了表达式，概念和大多数程序设计语言一样。

根据表达式值的类型，VBScript 的表达式分为算术表达式、字符串表达式、逻辑表达式 3 种。如：

```
(y*16)+34                        '算术表达式
x>=20 or x<7                     '逻辑表达式
"字符串 str 的值是: " & string1  '字符串表达式
```

6.4 VBScript 程序流程控制

VBScript 语言同 Visual Basic 类似，提供了相同的程序流程控制语句，包括选择语句和循环语句两种。

6.4.1 选择语句

在 VBScript 中选择语句（也称条件语句）可分为两种：If 语句和 Select Case 语句。

1．If 语句

VBScript 中的 If 语句有 3 种主要形式：
1）If…Then 语句
一般形式为：

```
If  条件表达式  then
  语句或语句组
End if
```

语句的执行过程：判断条件表达式的值，若为真，则执行语句或语句组，然后执行放在 End if 之后的后继语句；若为假，则系统直接执行放在 End if 之后的后继语句。

若条件成立时，需要执行的语句只有一条，则省去 End if 子句，见例 6-7。

例 6-7 第一种选择语句的例子。

```
<html>
```

```
<body>
<script Language="vbscript">
<!--
dim mydate
mydate=#1-9-05#
if mydate<date then mydate=date
msgbox "今天的日期为:" & mydate
-->
</script>
</body>
</html>
```

注意：当省略 End if 时，需要执行的一条语句必须放在 then 后面即同一行。这一点与 C 语言不同。上例不可写成以下形式：

```
...
if mydate<date then
    mydate=date
msgbox "今天的日期为: " & mydate
...
```

当然，改正该程序也可采用加 End if 子句的形式，改为：

```
...
if mydate<date then
    mydate=date
End if
msgbox "今天的日期为: " & mydate
```

2）If…then…else 语句

If…then…else 语句的格式为：

```
If  条件表达式   then
    语句1或语句组1
else
    语句2或语句组2
End if
```

语句的执行过程：判断条件表达式的值，若为真，则执行语句组 1，否则执行语句组 2；然后执行 If…then…else 语句的后继语句。这种格式的语句只有两种选择，即两个分支。

例 6-8 已知两个整数，输出其中的最大数。

```
<script language="vbscript">
<!--
```

```
    Option Explicit
    Dim x, y, max
    x=34
    y=89
 if ( x>y) then
    max=x
    msgbox "最大数为: " &max
 else
       max=y
       msgbox "最大数为: " &max
 end if
-->
</script>
```

程序的运行结果如图 6-5 所示。

3) If 语句的嵌套格式

如果对多个条件进行判断,可以通过添加 else…if 子句来扩充 If…then…else 语句的功能,实现控制基于多种可能的程序流程,即多路选择语句(多分支结构)。

图 6-5　If 语句示例

语句格式:

```
 If   条件表达式 1   then
      语句块 1
 elseif 条件表达式 2   then
      语句块 2
 …
 elseif 条件表达式 n   then
      语句块 n
 else
      语句块
 End if
```

执行过程:在这种阶梯嵌套结构中,是自上而下进行条件判断。一旦哪个条件为真,就执行它后面的语句,然后跳过其他内容,结束整个阶梯判断。若没有表达式为真,则执行最后 else 之后的语句;若没有 else 子句,则流程直接转到 End…if 后,继续执行后继语句。

例 6-9　If 语句的嵌套格式示例。

```
<HTML>
 <head>
  <title>例 6-13</title>
 </head>
<body>
<script Language="vbscript">
```

```
<!--
  timevar=cint(hour(now()))
  if timevar<6 then
      msgbox "凌晨好!"
  elseif timevar<9 then
      document.write("早上好!")
  elseif timevar<14 then
      msgbox "中午好!"
  elseif timevar<17 then
      document.write("下午好!")
  else
      document.write("晚上好!")
  End if
-->
</script>
</body>
</HTML>
```

2．Select Case 语句

在 If…then…else 语句中添加任意多个 else…if 子句可以提供多种选择，但使用多个 Elseif 子句经常让程序变得很累赘。在多个条件中 Select Case 语句可以使代码更加简练易读。将 Select Case 语句称为多分支选择语句，一般格式为：

```
select case 表达式
    case 表达式列表1
        语句组1
    case 表达式列表2
        语句组2
    ...
    [case else
        语句组n]
End select
```

语句的执行过程：先计算表达式的值，将表达式的结果与结构中每个 Case 后面的值比较。如果匹配，则执行该 Case 后面的语句块，执行完毕后，跳出该多分支结构，继续执行 End Select 之后的其他语句；若在所有表达式列表中均没有与"表达式"值相匹配的，则执行 Case Else 之后的语句组 n，执行完后，继续执行 End Select 后的语句。

注意：Case Else 部分是可缺省的。

例 6-10　采用 Select Case 语句来判断学生成绩的等级，成绩等级如下：

90～100 分：优。

80～89 分：良。

70～79 分：中。

60~69 分：及格。

60 分以下：不及格。

```
<html>
<head>
<title> Select Case 语句用法举例 </title>
</head>
<body>
<script language="vbscript">
<!--
  Option Explicit
  Dim score
  score=inputbox("请输入学生成绩")
  if (score>100 )or (score<0) then
     msgbox "输入有误！"
  else
    select case  score\10
     case  10,9
         msgbox "该学生的成绩为" & score & "优"
     case  8
         msgbox "该学生的成绩为" & score & "良"
     case  7
         msgbox "该学生的成绩为" & score & "中"
     case  6
         msgbox "该学生的成绩为" & score & "及格"
     case  else
         msgbox "该学生的成绩为" & score & "不及格"
 End select
End if
-->
</script>
</body>
</html>
```

程序执行结果如图 6-6 和图 6-7 所示。

注意：Select Case 结构只计算开始处的一个表达式（只计算一次），而 If…Then…Else If 多分支结构计算每个 Elseif 语句的表达式，这些表达式可以各不相同。仅当每个 Elseif 语句计算的表达式都相同时，才可以使用 Select Case 结构来代替 If…Then…Elseif 多分支结构。

6.4.2 循环语句

实际应用中，常遇到一些需反复执行的代码，用循环语句可方便地处理这样的问题。

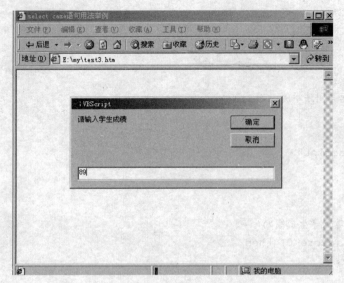

图 6-6　Select Case 语句示例（1）　　　图 6-7　Select Case 语句示例（2）

在 VBScript 中的循环语句有以下 4 种形式：

- Do…Loop 语句：使用 Do…Loop 循环可以不指定循环次数，当条件为 True 时或条件变为 True 之前，循环一直继续下去。
- While…Wend：与 Do 语句相似，仅当条件为 True 时进行循环。
- For…Next：可以指定循环次数，当到达循环次数后，退出循环。
- For Each…Next：不同于以上 3 种，它是对于数组和集合中的每个元素重复执行一组语句，多用于对数据库的操作。

1. Do…Loop 语句

它有以下两种语法格式。

1）

```
Do while|Until　条件表达式
语句块
Loop
```

说明：该格式是在循环开始时检查条件表达式，若用 While 关键字，则当条件表达式的值为真时，执行循环体的语句块；若用 Until 关键字，则当条件表达式的值为假时，执行循环体，而当条件表达式值为真时，跳出循环。

例 6-11　求 1+2+3+…+100=?

```
<html>
<head>
<title> Do Loop 语句用法举例 </title>
</head>
<body>
```

```
<script language="vbscript">
<!--
  Option Explicit
  Dim k,sum
  sum=0
  k=1
  Do  While(k<=100)
     sum=sum+k
     k=k+1
  Loop
Msgbox "1+2+…+100=" & sum
 -->
</script>
</body>
</html>
```

程序运行结果如图 6-8 所示。

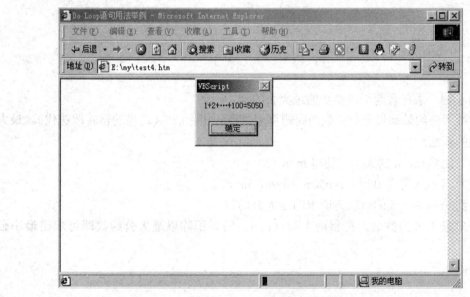

图 6-8 Do…Loop 语句示例

上例若改为 Until，则只需将程序代码改为：

```
…
Do  Until k>100
    sum=sum+k
k=k+1
Loop
…
```

2）

```
Do
语句块
Loop While|Until 条件表达式
```

说明：该格式是先执行一次循环体，然后才检查循环条件即求条件表达式的值。若是关键字 While，则当条件表达式值为真时，继续执行循环体；若是 Until，则当条件表达式值为假时继续执行循环体，为真时跳出循环。

若想中途退出循环可用 Exit Do 语句，通常用在某些特殊情况下（例如避免死循环）。Exit Do 语句也可使程序流程无条件跳出这一层循环。当有多层循环嵌套时，该语句使得程序流程跳转到当前循环的上一层循环中，例如例 6-12。

例 6-12

```
  Dim x
  x=3
Do
  x=x+2
  if(x>10)  then
      exit do
Loop Until x=20
```

例 6-13　求任意两个正整数的最大公约数。

求最大公约数和最小公倍数的问题可用"辗转相除法"（这里的辗转即迭代）。最大公约数的算法：

（1）比较 m，n 的大小，使得 m<n。

（2）当 m 不等于 0 时，r=n%m，n=m，m=r。

直到 m=0 时，n 的值就为所求的最大公约数。

求出最大公约数后，再将两个数（m,n）的乘积除以最大公约数即可求出最小公倍数。

代码如下：

```
<HTML>
 <head>
  <title>求最大公约数</title>
 </head>
<body>
<script Language="vbscript">
<!--
 Option Explicit
 Dim m,n,p,r
 m=InputBox("请输入一个正整数: ")
 n=inputbox("请输入另一个正整数: ")
```

```
    if not(IsNumeric(m) and IsNumeric(n)) then
      msgbox "输入有误!"
    else
     if m>n then p=m:m=n:n=p
     do
       r=n MOD m
       n=m
       m=r
     Loop while m<>0
    end if
    msgbox "最大公约数是: " & n
-->
</script>
</body>
</HTML>
```

执行 VBScript 程序，浏览器显示如图 6-9、图 6-10、图 6-11 所示。

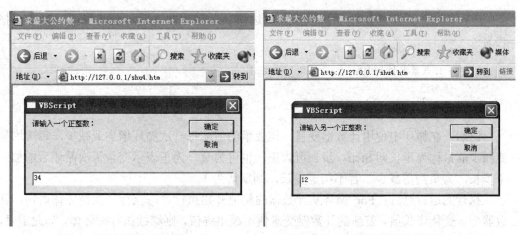

图 6-9　输入整数对话框（1）　　　　　图 6-10　输入整数对话框（2）

图 6-11　求最大公约数

请求出对应的最小公倍数。

2．While…Wend 语句

它的语法格式如下：

```
While 条件表达式
    语句组
Wend
```

说明：先检验条件表达式的值是否为真，若为真，则执行循环体语句；否则退出循环。

注意：该语句与 Do 语句很相似，但它只有 While 关键字的单一形式。另外它没有任何可跳离循环的语句，即不支持 Exit 语句，当然也就没有 Exit While 的表达形式。

While…Wend 语句也支持嵌套，每个 Wend 与离它最近的 While 对应。但是由于 While…Wend 缺少灵活性，所以建议最好使用 Do…Loop 语句。

3．For…Next 语句

For…Next 语句指定循环次数，当到达循环运行次数之后，退出循环。其语法格式为：

```
For   计数器变量=初值  to  终值 [step]
    语句组
Next
```

说明：在循环中使用计数器变量，该变量的值随每一次循环增加或减少，每次增加或减少的量称为步长即 Step。步长可为正，也可为负，为正表示变量每次循环后增加一个步长，为负则是减少。若不指定步长，则默认为 1。

执行的运行过程：For 循环从计数器的初值开始执行，每执行一次循环体语句，计数器变量变化步长值，若新的计数器变量值不超出终值，则继续执行循环体，如此重复，直到计数器变量值超过终值，则循环结束。

将例 6-11 用 For 循环改写如下：

```
<html>
<head>
<title> For Next语句用法举例 </title>
</head>
<body>
<Script language="vbscript">
<!--
   Option Explicit
   Dim k,sum
   sum=0
 for k=1 to 100
   sum=sum+k
```

```
   next
msgbox "1+2+…+100=" & sum
 -->
</script>
</body>
</html>
```

要想中断循环，可用 Exit For 语句，它主要用于在计数器到达终值之前强制退出循环的情况。如：

```
Dim m,sum
    sum=0
for m=30 to 6 step -2
  sum=sum+m
  if(sum>40) then
    exit for
End if
next
```

从上例可看出，要使计数器变量递减，可将 Step 设为负值，但此时计数器变量的终止值必小于起始值。

例 6-14 求 sum=d+dd+ddd+…+dd…d（d 为 1～9 的数字），n 个 d。例如，3+33+333+3333（此时 d=3，n=4）。

代码如下：

```
<html>
 <head>
  <title>for 循环例子</title>
 </head>
<body>
请输入正整数 n 和正整数 d: <p>
<input name=text1 type=text ><p>
<input name=text2 type=text ><p>
<input type=button name=button1 value="求和">
<Script language="VBScript" FOR="button1" EVENT="onClick">
   n=text1.value
   d=text2.value
   d1=d
   sum=0
  for i=1 to n
    sum=sum+d
    d=d*10+d1
  next
msgbox "sum 值为:" & sum
</script>
```

</body>
</html>

运行结果见图6-12。

图6-12 For…Next语句的使用

通常在不知道循环要执行多少次时，用 Do 循环；若知道执行的次数，最好用 For 循环。

4．For Each…Next 语句

For Each…Next 循环与 For…Next 循环类似。For Each…Next 不是指定语句运行的次数，而是对于数组中的每个元素或对象集合中的每个元素重复相同的语句组。这在不知道集合中元素的数目时非常有用。语法格式如下：

```
For Each element In group
    语句或语句组
Next element
```

例 6-15 对数组求和。

```
<html>
<head>
<title> For Each…Next 语句用法举例 </title>
</head>
<body>
 <SCRIPT LANGUAGE="VBScript">
 <!--
 Option Explicit
Dim intnum(4),k,j,sum,m
j=0
sum=0
for k=3 to 7
   intnum(j)=k
```

```
    j=j+1
  next
  for Each m in intnum
    sum=sum+intnum(m)
  Next
  Msgbox " 数组 intnum 的和为: " & sum
   -->
</script>
</body>
</html>
```

6.5 With 语句

With 语句用于对某个对象执行一系列操作，不用重复指出该对象的名字，例如例 6-16。

例 6-16

```
<% With Response
        .write    "这是例子。<BR>"
        .write    "这是例子。"
End With
%>
```

With 语句可以嵌套，但不能用一个 With 来设置多个不同的对象。

6.6 Sub 过程和 Function 函数

在实际的编程过程中，有时会将一些用于实现某一特定功能而且相对集中的语句放在一个子程序中，这样的子程序也称为过程。在使用 VBScript 进行编程时，主要工作就是编写过程。通常把独立的功能模块封装成一个过程。在 VBScript 中有两种过程：Sub 过程（又称子过程）和 Function 过程（又称函数），两者的主要区别在于函数可以有返回值，而子过程没有返回值。

6.6.1 Sub 过程

1. 过程的定义

Sub 过程是包含在 Sub 和 End Sub 语句之间的一组 VBScript 语句，执行操作不返回值。语法如下：

```
Sub 过程名（[参数列表]）
    语句块
  [Exit Sub]
    [语句块]
End Sub
```

说明：

（1）Sub 过程可以使用参数，参数用于在调用过程和被调用过程之间传递信息，它是由调用过程传递的常数、变量或表达式，各参数之间用逗号隔开；若 Sub 过程无任何参数，则 Sub 语句必须包含空括号（ ）。

（2）Exit Sub 语句用于强制退出该过程，通常与条件语句结合使用。

例 6-17

```
Sub triangle (bian1,bian2,bian3)
  If bian1+bian2<bian3 or bian2+bian3<bian1 or bian1+bian3<bian2 then
      Response.write  "输入数据有误!"
      Exit Sub          '强行退出
  End if
      Perimeter=bian1+bian2+bian3
End Sub
```

2．过程的调用

过程的调用有两种方法，分别是：

方法 1：

```
Call 过程名([参数 1，参数 2，…])
```

方法 2：

```
过程名  [参数 1，参数 2，…]
```

说明：用方法 2 时只需输入过程名及所有参数值，参数值之间用逗号隔开，同时要去掉括号。若使用了 Call 语句，则必须将所有参数包含在括号之中。

6.6.2 Function 函数

1．函数的定义

Function 函数是包含在 Function 和 End Function 语句之间的一组 VBScript 语句。Function 过程可以返回值，可以使用参数，若没有参数，则 Function 语句必须包含空括号（ ）。语法如下：

```
Function 函数名([参数列表])
  语句块
  [Exit Function]
  [语句块]
  函数名=函数的返回值
End Function
```

说明：

（1）Function 通过函数名返回一个值，这个值是在过程的语句中赋给函数名的。返回值的类型总是 Variant。

（2）类似于子过程，Exit Function 语句用于提前退出函数，但执行前必须为函数名赋值，否则会出错。

2．函数的调用

调用方法：

变量=函数名（参数）

如：

```
<% wendu=Celsius(48)
   response.write wendu  %>
```

例 6-18 利用 Sub 过程和 Function 函数来进行华氏温度到摄氏温度的转换。

分析：设 C 为摄氏温度，F 为华氏温度，则有 C=5/9（F-32）。其中 Sub 过程将华氏温度值传给 Function 函数，并调用该函数，而 Function 函数完成具体的转换工作，最后 Sub 过程将转换的结果值输出。代码如下：

```
<html>
 <head>
  <title>华氏温度转换为摄氏温度</title>
<script language="vbscript">
 Sub Converttemp(temp1)
     MsgBox "温度为" & celsius(temp1) & "摄氏度。"
 End Sub
 Function celsius(fDegrees)
   celsius=(fDegrees-32)*5/9
 End Function
</script>
</head>
<body>
请输入华氏温度：
<input name=text1 type=text><p>
<input type=button name=button1 value="转换">
```

```
<script for=button1 event=onclick language="vbscript">
 temp=text1.value
 call Converttemp(temp)
</script>
</body>
</HTML>
```

代码执行的结果如图 6-13 所示。

总之，要从过程中获取数据，就必须使用 Function 函数。调用 Function 函数时，Function 函数名必须用在变量赋值语句的右端或表达式中。

图 6-13 华氏与摄氏温度的转换

6.6.3 参数传递

在 Sub 过程与 Function 函数的调用中，均要涉及参数的传递问题。通常，将声明时使用的参数称为形式参数(简称形参)；而调用时传给过程或函数的参数称为实际参数(简称实参)。在传递参数时要求实参的类型、个数必须与形参一一对应。在 VBScript 脚本中，有两种参数传递方法：一种按值传递，另一种是按引用传递。

1．按值传递

按值传递参数时，传递的只是变量的副本。如果过程改变了这个值，则所做变动只影响副本而不会影响变量本身。通过在形参中用 ByVal 关键字指出参数是按值来传递的。例如：

```
Sub PostAccounts(ByVal intAcctNum as Integer)
…
End Sub
```

2. 按引用传递

按引用传递又可称为按地址传递。简单地说,引用其实就像是一个对象的名字或者别名(alias),一个对象在内存中会请求一块空间来保存数据,根据对象的大小,它可能需要占用的空间大小也不等。访问对象的时候,不是直接访问对象在内存中的数据,而是通过引用去访问。引用也是一种数据类型,类似于 C 语言中的指针,它指示了对象在内存中的地址。

如果定义了不止一个引用指向同一个对象,那么这些引用是不相同的,因为引用也是一种数据类型,需要一定的内存空间来保存。但是它们的值是相同的,都指示同一个对象在内存中的位置。通过在过程形参中使用 ByRef 关键字来指定参数是按引用传递的。

总之,从代码的调试和维护角度出发,按值传递是优于按引用传递的。但按值传递要在内存复制实参的副本,当实参较大时,这需要占据较大的存储空间,会降低系统的效率。

6.7 内部函数

VBScript 提供了大量的内部函数供编程者使用,这些函数大致可分为输入输出函数、转换函数、字符串处理函数、数学函数、日期和时间函数及随机函数等。通常 VB 支持的函数,VBScript 一般也支持。

1. 输入输出函数

通过浏览器完成各种数据的输入和输出。

1)输入框函数:InputBox

功能:输入框用来接收来自用户的输入,在屏幕上显示一个对话框,用户可在其中输入,并返回文本框内容。

格式为:

InputBox (prompt[,title][,default][,xpos][,ypos][,helpfile,context])

除第一个参数外,其余均可缺省。

参数描述:

prompt:用来提示用户输入什么内容,最大长度大约是 1024 个字符。

title:显示在对话框标题栏中的字符串,若省略则应用程序的名称将显示在标题栏中。

default:显示在文本框中的字符串表达式,如果缺省,则文本框为空。

xpos 和 ypos:对话框在屏幕上显示的位置。

helpfile:当用户按 F1 键时,打开的 Windows 帮助文档。

context：数值表达式，用于标识由帮助文件的作者指定给某个帮助主题的上下文编号。如果已提供 context，则必须提供 helpfile。同时提供了 helpfile 和 context，就会在对话框中自动添加"帮助"按钮。

2）消息框函数：MsgBox

功能：消息框用来把警告、错误或者提示信息显示给用户，等待用户单击按钮。可通过提供的参数来指定对话框中显示的按钮，函数的返回值指出用户选择了对话框中的哪个按钮。

格式为：

MsgBox(prompt[,buttons][,title][,helpfile,context])

参数描述：

prompt：显示在对话框中的字符串，最大长度为 1024 个字符。

buttons：决定在对话框中显示哪个按钮，表 6-3 说明了 buttons 参数中可以包含的值。

表 6-3 buttons 的可取值

常数	值	显示的按钮
VbOKOnly	0	仅显示确定按钮
vbOKCancel	1	显示确定和取消按钮
vbAbortRetryIgnore	2	显示放弃、重试和忽略按钮
vbYesNoCancel	3	显示是、否和取消按钮
VbYesNo	4	显示是、否按钮
VbRetryCancel	5	显示重试、取消按钮
VbCritical	16	显示临界信息图标
VbQuestion	32	显示警告查询图标
VbExclamation	48	显示警告消息图标
VbInformation	64	显示信息消息图标
VbDefaultButton1	0	第一个按钮为默认按钮
VbDefaultButton2	256	第二个按钮为默认按钮
VbDefaultButton3	512	第三个按钮为默认按钮
VbDefaultButton4	768	第四个按钮为默认按钮
VbApplicationModal	0	应用程序模式：用户必须响应消息框才能继续在当前应用程序中工作
VbSystemModal	4096	系统模式：在用户响应消息框前，所有应用程序都被挂起

说明：第一组值（0～5）用于描述对话框中显示的按钮类型与数目；第二组值（16、32、48、64）用于描述图标的样式；第三组值（0、256、512、768）用于确定默认按钮；第四组值（0、4096）决定消息框的模式。只能从每组值中取用一个数字，再将这些数字相加便生成了 buttons 参数值。

2. 字符串函数

VBScript 提供了丰富的字符串处理函数，用于处理用户输入的字符串。

1）Lcase/Ucase 函数

功能：把字符串中的所有字母转换成对应的小写字母（或大写字母）。

格式：

```
Lcase/Ucase（字符串）
```

2）Len 函数

功能：计算指定字符串的长度或是存储一个变量所需的字节数。

格式：

```
Len（字符串 | 变量）
```

3）StrComp 函数

功能：用于比较两个字符串是否相同。

格式：

```
StrComp（串1，串2[, compare]）
```

其中，可选参数 compare 如果取值为 0（默认情况），则按二进制方式比较且区分大小写；若取值为 1，则按文本方式比较，不区分大小写。

4）Left/Right 函数（字符串左右截取函数）

功能：从字符串的左边或右边开始，截取出指定个数的字符串。其中 left() 从串的左边开始截取，Right() 则从串的右边截取。

格式：

```
Left/Right(字符串，截取的个数)
```

说明：当截取的个数大于字符串长度时返回整个字符串。

5）Ltrim/Rtrim/Trim（字符串）（删除空格函数）

功能：删除字符串左边或右边的空白字符。其中 Ltrim() 删除字符串左边的所有空格字符，Rtrim() 删除右边的空格，Trim() 同时删除字符串左边和右边的所有空格。

格式：

```
Ltrim/Rtrim/Trim（字符串）
```

6）Mid 函数

功能：从字符串中指定的位置起取出指定数目的子字符串。

格式：

```
Mid（字符串, start, length）
```

说明：返回字符串从 start 开始长度为 length 的子串。

7）Instr 函数（字符串匹配函数）

功能：查找某字符串在另一个字符串中第一次出现的位置。

格式：

Instr([开始位置,]源字符串,待查找的字符串[,比较方式])

说明："开始位置"用于指定在"源字符串"中搜索的开始位置。若设置了比较方式，则该参数必须指定；若未指定比较方式，则该参数可不写出。比较方式为 0 时，以二进制方式进行比较，区分大小写；为 1 时，不区分大小写，以文本方式进行比较。若缺省该参数，则默认按二进制方式进行比较。利用该函数可在文本中查找字符串。

例 6-19　Instr 函数的应用。

代码如下：

```
<html>
 <head>
  <title>Instr 函数的应用</title>
  <script language=vbs>
   searchstring="xxjXXjxxJxxJ"
   searchchar="J"
  mypos1=Instr(4,searchstring,searchchar,1)
  mypos2=Instr(1,searchstring,searchchar,0)
  mypos3=Instr(searchstring,searchchar)
  mypos4=Instr(1,searchstring,"W")
  Document.write mypos1 & mypos2 & mypos3 & mypos4
  </script>
 </head>
<body>
</body>
</html>
```

运行结果如图 6-14 所示。

图 6-14　Instr 函数的应用

3. 数学函数

VBScript 除了提供数学运算外，还提供了数学函数，包括绝对值函数、平方根函数、指数函数和三角函数等。

1）Sqr 函数

功能：求指定数的平方根。

格式：

```
Sqr(x)
```

说明：自变量 x 必须大于或等于 0。

2）Abs 函数

功能：返回指定参数的绝对值。

格式：

```
Abs(x)
```

3）Cos/Sin 函数

功能：计算指定参数的余弦或正弦值。

格式：

```
Sin/Cos(x)
```

其中，x 以弧度为单位。

4）Exp 函数和 Log 函数（指数函数和对数函数）

格式：

```
Exp(x)
```

或

```
Log(x)
```

说明：Exp(x) 返回以 e 为底，以 x 为指数的值；Log(x) 返回 x 的自然对数。

5）Int 与 Fix 函数

功能：Int 和 Fix 都是直接删除小数部分，返回剩下的整数。不同之处在于：若 x 是负数，Int 返回小于或等于 x 的第一个负整数；而 Fix 则会返回大于或等于 x 的第一个负整数。当 x 为正数时，二者返回的值一样。如：Int(−6.7)=−7，而 Fix(−6.7)=−6。

格式：

```
Int(x)
```

或

```
Fix(x)
```

6）Rnd 函数

功能：该函数返回一个小于 1 但大于或等于 0 的随机数。

格式：

Rnd(number)

说明：number 决定了 Rnd 生成随机数的方式。若 number 小于 0，每次产生的随机数均相同；若 number 大于 0 或默认该参数，则产生与上次不同的新随机数；若 number 等于 0，则本次产生的随机数与上次产生的随机数相同。由于该函数产生的是 0～1 间的随机数，若要产生指定范围内的随机数，可使用以下公式来实现：

Int((upperbound-lowerbound+1)*Rnd+lowerbound)

其中，upperbound 表示范围的上界，lowerbound 表示范围的下界。如要产生 2～8 间的随机数，可表示为：num=Int(7*Rnd+2)。

为了使每次产生的随机数序列不重复，在使用 Rnd 函数之前，要调用一次随机数的初始化语句 Randomize，它的作用是初始化随机数生成器。

随机函数在实际的应用中主要用来实现考试系统的随机抽题等。

例 6-20　产生 20 以内的 10 个不重复的随机数。

```
<script language=vbs>
function yzl(up,low)
dim y(9)
for i=0 to 9                        '产生10个随机数
 do
   flag=false
   randomize                        '初始化随机数生成器
   y(i)=int(rnd*(up-low+1)+low)     '产生指定范围的随机数
   for j=0 to i-1
     if y(j)=y(i) then
       flag=true
     end if
   next
  loop while(flag=true)
next                                '外层for循环结束
yzl=y                               '将值赋给函数名
End function
t=yzl(20,0)
for i=0 to 9
  document.write t(i)
  document.write "<br>"
next
</script>
```

程序运行结果如图 6-15 所示。

7）Round 函数

功能：返回表达式按指定的小数位数进行四舍五入的运算结果。

格式：

Round(表达式[，小数位数])

说明：若默认小数位数，则四舍五入为整数。如：Round(3.1415,2) 结果为 3.14。

图 6-15　产生 20 以内的 10 个不重复的随机数

4．时间和日期函数

VBScript 有许多函数，可以得到各种格式的日期和时间。

1）Date 函数

功能：返回系统当前的日期。

格式：

Date()

2）Day 函数

功能：返回给定日期中的日。

格式：

Day(date)

说明：如 document.Write "现在是" & Day(now) & "<br>"，执行该语句可以给出当前系统的日期中的日。

3）WeekDay 函数

功能：返回给定日期中的星期数，默认是以星期日为第一天。

格式：

WeekDay(date)

说明：如 WeekDay(#2016-05-04#)的返回值为 4，表示该日是星期三。如果想把星期一作为一周的第一天，可以使用如下格式：WeekDay(date,2)。也可把任何一天作为一周的第一天。要指定一周的第一天是星期几，只要用 vbSunday,vbMonday,vbTuesday,vbWednesday,vbThurday,vbFriday,vbSaturday 代替函数 WeekDay()的第二个参数即可。当然除了用一个具体日期常量或字符串作为函数的参数，也可用函数 Date 作为 WeekDay

函数的参数。如返回当前日期是星期几：

```
<% = WeekDay(Date) %>
```

4）Month 函数
功能：返回给定日期的月份。
格式：

```
Month(date)
```

5）Year 函数
功能：返回给定日期的年份。
格式：

```
Year(date)
```

说明：下面是一个如何使用上面所列日期函数的例子。

例 6-21　日期函数的使用。

```
本月是：<% = Month(Date) %>
<BR>
今天是：<% =Day(Date) %>
<BR>
星期是：<% =WeekDay(Date) %>
<BR>
今年是：<% =Year(Date) %>
```

显示结果如图 6-16 所示。

图 6-16　日期函数的示例

6）Now 函数
功能：返回当前系统的日期和时间。
格式：

```
Now
```

说明：返回的日期和时间是 Web 服务器系统时钟的日期和时间。查看身处纽约的某个人的网页时，所看到的日期和时间与你所在地的日期和时间可能是不一致的。函数 Now 同时返回日期和时间。如果只想返回当前日期，可以使用函数 Date；如果只想返回当前时间，可以使用函数 Time。如：当前系统的日期和时间是：<% =Now %>。

7）Time 函数

功能：返回当前系统的时间。

格式：

```
Time
```

如：

```
<% =Time %>
```

输出结果为：15:32:17。

8）Hour 函数

功能：返回给定时间的小时。

格式：

```
Hour(time)
```

说明：函数 Hour 返回一个 0～23 之间的整数。

9）Minute 函数

功能：返回给定时间的分钟。

格式：

```
Minute(time)
```

说明：函数 Minute 返回一个 0～59 之间的整数。

10）Second 函数

功能：返回给定时间的秒数。

格式：

```
Second(time)
```

说明：函数 Second 返回一个 0～59 之间的整数。

通过函数 Hour()、Minute()、Second()可返回时间的不同部分，如：

```
时: <% =Hour(Time) %>
分: <% =Minute(Time) %>
秒: <% =Second(Time) %>
```

上述这 3 个表示时间的函数不仅可用函数 Time 作为参数，也可提供一个时间常数或时间字符串作为参数。如：

```
分: <% =Minute(#20:26:34#) %>
分: <% =Minute("20:26:34") %>
```

均是从时间中抽取分钟数 26。

11）DateAdd 函数

功能：返回添加了指定时间间隔后的日期。

格式：

```
DateAdd(interval,num, inidate)
```

说明：第 1 个参数指定一个时间间隔（见表 6-4），第 2 个参数代表添加多少个时间间隔，第 3 个参数是一个日期或时间的变量或常量。

表 6-4　interval 参数的可取值及其描述

interval 设置值（间隔）	描　　述	interval 设置值（间隔）	描　　述
yyyy	年	w	天（工作日）
q	季度	ww	星期
m	月	h	小时
y	天（某年的某一天）	n	分钟
d	天	s	秒

下面是使用函数 DateAdd 的例子：

你的密码将于<% =DateAdd("ww",3,Date) %>过期

结果将返回比当前日期晚 3 个星期的日期。其中 Date 参数也可用一个日期常量来表示，如例 6-22。

例 6-22　要获得 2016-09-07 之后 16 天的日期，实现的代码为：

```
<% inidate=#2016-09-07#
  newdate=DateAdd("d",16,inidate)
  Response.write newdate %>
```

12）DateDiff 函数

功能：用于计算两个日期或时间之间的间隔。

格式：

```
DateDiff(interval,date1,date2)
```

说明：第一个参数与 DateAdd 函数的第一个参数相同。为了避免出现负数，第一个日期参数应该比第二个日期参数的时间早。

例 6-23　要计算 2016-12-21 距离现在的天数，实现的语句为：

<% =DateDiff("d",Date,#2016-12-21#) %>

其中 #2016-12-21# 也可写为"21/12/2016"。

该函数在处理按时间计费的系统时十分有用。

5．转换函数

1）进制转换函数 Hex 和 Oct 函数

功能：Hex 函数把十进制数转换为十六进制数，Oct 函数把十进制数转换为八进

制数。

格式：

```
Hex(number)
```

或

```
Oct(number)
```

2）ASC 函数

功能：将字符或字符串的首字符转换为相应的 ASCII 码。

格式：

```
ASC（字符或字符串）
```

说明：对于英文字符，返回值为 0～255；对于中文字符，返回值为–32 768～32 767。

3）Val 函数

功能：将字符表达式的值转换为数值。

格式：

```
Val（字符表达式）
```

说明：转换时从左开始将数字字符转换成十进制数的数值，若遇到非数字字符，则结束转换。如：Val("5A")值为 5，Val("VB4c")结果为 0。

4）CStr 函数

功能：将数值表达式的值转换为字符串。

格式：

```
CStr(数值表达式)
```

另外，VBScript 还提供了 8 个强制类型转换函数，分别是 CBool 、CByte、CCur、CDate、CDbl、CInt、CLng、CSng，它们均是以 C 开头，后面的字母代表要转换成的数据类型。如 CCur 函数将指定的参数转换为 Currency（货币）数据类型。CInt 与 Fix 和 Int 函数不同，Fix 函数与 Int 函数均直接删除参数的小数部分，而不是四舍五入；而 CInt 函数通常将其四舍五入。

5）Chr 函数

功能：将数值表达式的值当作 ASCII 码，函数返回该 ASCII 码对应的字符。

格式：

```
Chr(数值表达式)
```

6．与数组相关的函数

与数组相关的函数主要有两个：Ubound 和 Lbound 函数。

功能：Ubound 函数返回数组在指定维数上数组下标的上界值，而 Lbound 函数则返回下界值。

格式：

```
Ubound(数组名[，维数序号])或Lbound(数组名[，维数序号])
```

如：

```
Dim sum(3,6)
```

函数 Ubound(sum,2)的值为 6，Lbound(sum,2)的值为 0。

7. 测试函数

1）IsNull 函数
功能：测试表达式的值是否为空（NULL），若为空返回 True，否则返回 False。
格式：

```
IsNull（表达式）
```

2）IsEmpty 函数
功能：判断一个变量是否已初始化，若未初始化则返回 True，否则返回 False。
格式：

```
IsEmpty（变量名）
```

3）IsNumeric 函数
功能：测试表达式是否由数字组成，若是则返回 True，否则返回 False。
格式：

```
IsNumeric（表达式）
```

6.8　VBScript 内部函数编程实例

例 6-24　抛硬币游戏（使用 VBScript 的过程来编写）。

```
<html>
<head><title>投硬币</title></head>
<body>
<H1> 猜硬币的正反面？</H1>
<input type="submit" name="btn1" value="告诉我是正面还是反面？">
<script language="vbscript">
<!--
sub btn1_onclick()
  dim guess,toss
  mess="猜猜硬币是国徽（反面），还是稻穗（正面）! "
```

```
        guess=inputbox(mess)
        randomize
        toss=int(2*rnd+1)
        if toss=1 then
            msgbox "正面"
        else
            msgbox "反面"
        end if
        if(guess="正" and toss=1) or (guess="反" and toss=2) then
            msgbox "你赢了"
        else
            msgbox "你输了"
        end if
end sub
-->
</script>
</body>
</html>
```

程序的运行结果如图 6-17、图 6-18 所示。

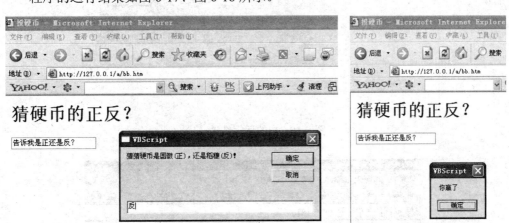

图 6-17　随机函数的应用（1）　　　　图 6-18　随机函数的应用（2）

例 6-25　求 n!。

```
<html>
<head><title>For Next 循环实例</title>
<script language="VBScript">
<!--
Option Explicit
dim num,temp
document.write "求整数 1~100 的阶乘"
num=inputbox("请输入一个该范围的整数: ")
```

```
dim i,j
j=1
for i=1 to num
 j=j*i
next
document.write "<br>" & num & "!=" & j
-->
</script>
</head>
<body></body>
</html>
```

程序的运行结果如图 6-19、图 6-20 所示。

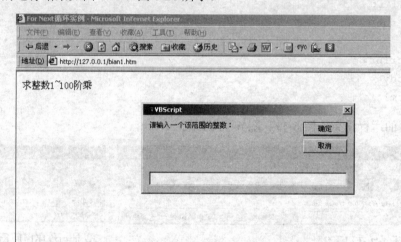

图 6-19　n!的运行结果（1）

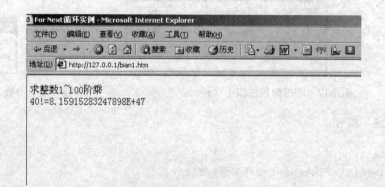

图 6-20　n!的运行结果（2）

6.9 VBScript 的对象和事件

VBScript 是基于对象的程序设计语言，但它并不是真正面向对象的程序设计语言，因为它不具有面向对象的程序设计语言的全部特征（封装、继承和多态性等），但有面向对象的编程必须要有事件的驱动，才能执行程序的特点。故 VBScript 采用的是面向对象、事件驱动的编程机制。

6.9.1 VBScript 的对象

现实生活中，任何一个实体都可视为一个对象（object）。在面向对象的程序设计语言中，对象是具有属性和方法的实体。属性用来描述对象的一组特征，方法是对象实施的动作，对象的动作则常常要触发事件。一个对象建立以后，其操作就通过与该对象有关的属性、事件和方法来描述。在 VBscript 中使用对象的格式为：对象.属性|方法|事件。

浏览器对象是由浏览器提供给脚本程序访问的，VBScript 是基于对象的程序设计语言，故 VBScript 可以访问浏览器提供的对象。浏览器根据当前的配置和所装载的网页，可向 VBScript 提供一些对象，VBScript 通过访问这些对象，便可得到当前网页及浏览器本身的一些信息。浏览器本身的对象主要有 3 个：window 对象、document 对象、location 对象。

浏览器对象的层次结构如图 6-21 所示（该图给出部分对象的关系）。

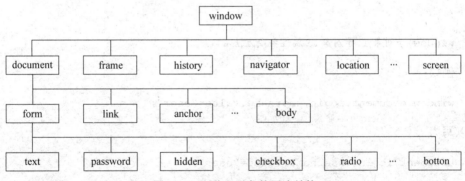

图 6-21 浏览器对象的层次结构

在该层次结构中，最高层的对象是窗口对象（window），它代表当前的浏览器窗口；之下是文档（document）、框架（frame）、历史（history）、地址（location）、浏览器（navigator）和屏幕（screen）对象；在文档对象之下包括表单（form）、图像（image）和链接（1ink）等多种对象；在浏览器对象之下包括 MIME 类型对象（mimeType）和插件（plugin）对象；在表单对象之下还包括按钮（button）、复选框（checkbox）、文本框（text）等多种对象。

了解了浏览器对象的层次结构之后，就可以用特定的方法引用这些对象，以便在脚本中正确地使用它们。图 6-22 以 IE 打开的 Google 网页为例说明浏览器对象的具体示例。

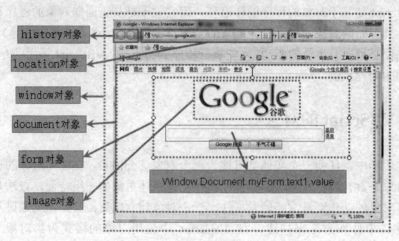

图 6-22　网页的对象模型

1．window 对象

window 对象是最高层，表示一个浏览器窗口或一个框架，只要打开浏览器窗口，不管该窗口中是否有打开的网页，当遇到 body、frameset 或 frame 元素时，都会自动建立 window 对象的实例，另外，该对象的实例也可由 window.open()方法创建。由于 window 对象是其他浏览器对象的共同祖先，访问其内部的其他对象时，window 可以省略。格式如下：

window.子对象1.子对象2.属性名或方法名

例如：

window.document.login.username.value="user";

可以写为：

document.login. username.value="user";

window.document.write()

简写成：

document.write()

由于不同的浏览器定义的窗口对象的属性和方法有差异，表 6-5、表 6-6、表 6-7 仅列出各种浏览器最常用的窗口对象的属性、方法和事件。

表 6-5 window 对象常用的属性

属性	描述
document	提供窗口的文档对象引用（文档对象）
location	提供文档的 URL（网址）（位置对象）
navigator	提供窗口的浏览器对象引用（浏览器信息对象）
history	提供窗口的历史对象引用（历史对象）
screen	提供窗口的屏幕对象引用（屏幕对象）
frames	提供窗口的框架对象引用（框架对象）
status	设置或给出浏览器窗口中底部状态栏的显示信息
defaultStatus	浏览器窗口中底部状态栏中的默认信息
name	指定窗口或帧的名称
event	提供窗口的事件对象引用
parent	返回父窗口，即当前窗口的上一级窗口对象
top	返回最上层窗口对象，即最顶层对象
self	提供引用当前窗口或帧的办法，即表示窗口本身的对象
closed	判断窗口是否关闭，返回布尔值。True 表示窗口关闭，否则为 False
opener	open 方法打开的窗口的源窗口

表 6-6 window 对象常用的方法

方法	描述
alert（信息字符串）	显示带消息和 OK 按钮的对话框
confirm（信息字串）	显示带消息和 OK 按钮及 Cancel 按钮的确认对话框
prompt（提示字串[,默认值]）	显示带消息和输入字段的提示对话框
focus()	使控件取得焦点并执行由 onFocus 事件指定的代码
blur()	使对象失去焦点并激活 onBlur 事件
open（URL,窗口名[,窗口规格]）	打开新窗口并装入指定 URL 文档
scroll（x 坐标，y 坐标）	窗口滚动到指定的坐标位置
setInterval（函数，毫秒）	每隔指定毫秒时间调用一次函数
setTimeout（函数，毫秒）	指定毫秒时间后调用函数
clearTimeout（定时器对象）	取消由 setTimeout 设置的超时
close()	关闭当前浏览器窗口
stop()	停止加载网页
moveTo（x 坐标，y 坐标）	将窗口移动到设置的位置
moveBy（水平像素值，垂直像素值）	按设置的值相对移动窗口
resizeTo（宽度像素值，高度像素值）	把窗口的大小调整到指定的宽度和高度
resizeBy（宽度像素值，高度像素值）	相对调整窗口大小

表 6-7 window 对象常用的事件

事件	描述（即事件何时被激活）
onLoad	加载页面时调用相应的事件
onUnload	卸载页面时调用相应的事件

续表

事件	描述（即事件何时被激活）
onResize	用户调整窗口尺寸时发生
onScroll	用户滚动窗口时发生
onBlur	窗口对象失去焦点时发生
onError	装入文档或图形发生错误时发生
onFocus	窗口对象取得焦点时发生
onHelp	用户按 F1 键或单击浏览器 Help 按钮时发生

说明：window 对象提供了一些方法，可分为以下几类：

1）与用户交互的方法

提供三种对话框的方法，分别如下：

（1）alert 方法：用于显示信息框或警告框。警告框用来把警告、错误或者提示信息显示给用户，警告框通常只有一个"确定"按钮。显示警告框的格式为：

```
window.alert(string);
```

string 参数是警告框显示的内容。

例如，弹出一个欢迎信息框可以写成：

```
<body onload="alert('欢迎光临!')">
</body>
```

（2）confirm 方法：window 对象的 confirm 方法可以显示一个确认框，把提示信息显示给用户，确认框有"确定"按钮和"取消"按钮。如果用户选择"确定"按钮，那么 confirm 方法返回 True，否则返回 False。

显示确认框的格式为：

```
window.confirm(string);
```

其中，string 参数是确认框显示的内容。

例如，在访问某个网站前要求用户确认：

```
<a href="http://www.sina.com.cn" onclick="vbscript:return confirm('你确定访问新浪网吗')">新浪网</a>
```

（3）prompt 方法：用来产生输入框。输入框用来接收来自用户的输入。显示输入框的格式为：

```
window.prompt([message],[defstr]);
```

其中，message 参数显示输入框中提示信息，defstr 参数设置显示在输入框的默认信息。作用类似 InputBox 函数。

2）与窗口有关的方法

（1）window.open(URL,窗口名称,窗口风格)：open 方法用于打开一个新的浏览器窗口，并在新窗口中装入一个指定的 URL 地址；URL：需在新窗口中打开的页面 URL 地址；窗口风格：这个参数有很多选项，如果多选，各选项之间用逗号隔开。

（2）Close()：该方法用于关闭一个窗口。

（3）Blur()：该方法用于将焦点移出所在窗口。

（4）Focus()：该方法用于使所在窗口获得焦点。

（5）moveTo(x,y)：将窗口移动到指定的坐标（x，y）处。

（6）moveBy(x,y)：按照给定像素参数移动指定窗口，第一个参数是水平移动的参数，第二个参数是垂直移动的参数。

（7）resizeTo(x,y)：将当前窗口改变成（x，y）大小，x、y 分别为宽度和高度。

（8）resizeBy(x,y)：将当前窗口改变指定的大小（x，y）。x、y 的值大于 0 时为扩大，小于 0 时为缩小。

3）与时间有关的方法

（1）setTimeout（代码字符表达式或函数，毫秒数）：定时设置，即用来设置一个计时器，当到了指定的毫秒数后，自动执行代码字符表达式。例如，打开窗口 3s 后调用 MyProc 过程：

```
TID=Window.SetTimout("MyProc", 3000)
```

（2）setInterval（代码字符表达式或函数，毫秒数）：设定一个时间间隔后，反复执行"代码字符表达式"的内容。

（3）clearTimeout（定时器对象）：用于将指定的计时器复位。

例 6-26 利用 setTimeout 方法创建定时闹钟程序。代码如下：

```
<html>
<head>
<title>时钟</title>
<script language=VBS>
dim timer
sub begin()
  window.document.frmclock.ttime.value=time         //给当前时间的文本框赋值
  if window.document.frmclock.settime.value=window.document.
  frmclock.ttime.value  then
      alert("起床啦!")
  end if
  timer=setTimeout("begin()",1000)                  //设置定时器
end sub
sub stopit()
  clearTimeout(timer)                               //清除定时器
end sub
</script>
</head>
<body>
```

```html
<form action="" method="post" name="frmclock">
  <p>
    当前时间:
    <input name="ttime" type="text">
  </p>
  <p>设定闹钟:
    <input name="settime" type="text">
  </p>
  <p>
    <input type="button" name="start" value="启动时钟" onclick="begin()">
    <input type="button" name="stop" value="停止时钟" onclick="stopit()">
  </p>
</form>
</body>
</html>
```

程序运行结果如图 6-23 所示。

图 6-23　设置闹钟的显示效果

2．document 对象

document（文档）对象是 window 对象的子对象，代表当前网页，即当前显示的文档。每个 HTML 文档会自动建立一个文档对象，使用它可以访问文档中的所有其他对象（例如图像、表单等），因此该对象是实现各种文档功能的最基本的对象。

表 6-8、表 6-9、表 6-10 列出了 document 对象常用的属性、方法及事件。

表 6-8　document 对象常用的属性

属性	描述
fgcolor	设置或返回文档中文本的颜色
bgcolor	表示文档的背景颜色
linkcolor	设置或返回文档中超链接的颜色
alinkcolor	设置或返回文档中活动链接的颜色
vlinkcolor	设置或返回已经访问过的超链接的颜色
title	表示文档的标题
lastModified	文件最后修改时间

续表

属　　性	描　　述
location	用来设置或返回文档的 URL
referrer	用于返回链接到当前页面的那个页面的 URL
fileCreatedDate	文件的建立日期
fileModifiedDate	文件最近被修改的日期
fileSize	文件的大小
all	所有标记和对象
form Name	以表单名称表示所有表单
forms	表示文档中所有表单的数组或以数组索引值表示所有表单
links	以数组索引值表示所有超链接
images	以数组索引值表示所有图像
layers	以数组索引值表示所有 layer
applets	以数组索引值表示所有 applet
anchors	以数组索引值表示文档中的锚点，即用来表示文档中的锚点，每个锚都被存储在 Anchors 数组中
stylesheets	所有样式属性对象
domain	指定网页（服务器）的域名
cookie	可以设置用户的 Cookie，即记录用户操作状态的信息

表 6-9　document 对象常用的方法

方　　法	描　　述
write()	向网页中输出 HTML 内容
writeLn()	与 write()类似，不同的是 writeLn 在内容末尾添加一个换行符
open()	打开用于 write 的输出流
close()	关闭用于 write 的输出流
clear()	用来清除当前文档的内容
getElementsByName(name)	获得指定 name 值的对象
getElementById(id)	获得指定 id 值的对象
createElement(tag)	创建一个 HTML 标记对象

表 6-10　document 对象常用的事件

事件	描述（即事件何时被激活）
onClick	单击鼠标
onDbClick	双击鼠标
onMouseDown	按下鼠标左键
onMouseUp	放开鼠标左键
onMouseOver	鼠标移到对象上
onMouseOut	鼠标离开对象
onMouseMove	移动鼠标
onSelectStart	开始选取对象内容
onDragStart	开始以拖动方式移动选取对象内容
onKeyDown	按下键盘按键
onKeyPress	用户按下任意键时，先产生 KeyDown 事件；若用户一直按住按键，则产生连续的 KeyPress 事件

说明：document 对象的属性较多，可分为以下几类：

序号为 1～5 是与颜色有关的属性；6～12 是与 HTML 文件有关的属性；13～21 是对象属性；22～23 是其他属性。其中的对象属性是指属性的值是对象，而这个对象本身又可以有自己的属性。如常用的表单对象：

form 对象：表单对象，即网页中出现的表单，其名称为定义时设置的表单名。一个页面上可以有多个表单，这些表单通过表单名予以区分。form 对象的 length 属性值为该表单中元素的个数。

forms 集合：网页上所有表单的集合。网页上的表单既可以通过表单名来访问，也可以通过 document 中的 forms 集合来访问，即通过数组索引值（下标值）表示表单。如网页中的第一个表单为 document.forms[0]。

例 6-27 依次显示 HTML 文件中的各个标记。

```
<HTML>
<HEAD><TITLE>显示文件中的各个标记</TITLE>
<STYLE>
BODY {font-size:18px}
</STYLE>
</HEAD>
<BODY topmargin=20>
<H2>依次显示文件中的各个标记</H2><HR>
<SCRIPT LANGUAGE="VBScript">
document.Write "<BR>"
for i=0 To document.all.Length-1
    document.Write "  " & document.all(i).tagName & "<BR>"
next
</SCRIPT>
</BODY>
</HTML>
```

程序的运行结果如图 6-24 所示。

说明：例 6-27 中阴影部分的<style>标签对里定义了一个 CSS 样式，即页面主体部分的文字大小为 18 像素。其中 document.all.Length、document.all(i).tagName 中的 length、tagName 均为 document 的对象属性 ALL 对象的属性。

3．location 对象

location（网址）对象是 window 对象的子对象，是浏览器内置的一个静态的对象。它包含了窗口对象当前网页的 URL（统一资源定位器，即网址）。常用的属性和方法见表 6-11、表 6-12 所示。

说明：

一个完整的 URL 如下：

http://www.bigc.edu.cn:8080/netlab/index.asp?username=admin&pass=123#

topic

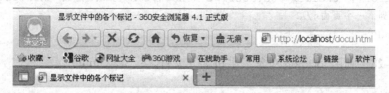

图 6-24 document 对象的应用显示

表 6-11 location 对象常用的属性

属　性	描　述
href	提供整个 URL，用于指定导航到的网页
hash	返回 href 中#号后面的字符串、锚点名称
host	提供 URL 的 hostname 和 port 部分
hostname	提供 URL 的 hostname 部分
pathname	提供 URL 中第三个斜杠后面的文件名或路径名
port	返回 URL 的端口号
protocol	返回表示 URL 访问方法的首字母子串即表示通信协议的字符串
search	提供完整 URL 中？号后面的查询字符串

表 6-12 location 对象常用的方法

方　法	描　述
reload()	重新加载即刷新前网页
replace(url)	用 URL 指定的网址取代当前的网页

其中包括以下几个部分：
- 协议 http：URL 的起始部分，直到包含到第一个冒号。
- 主机 www.bigc.edu.cn：本例是用域名表示主机。
- 端口 8080：描述了服务器用于通信的通信端口。
- 路径及文件名/netlab/index.asp。
- 哈希标识#topic：描述了 URL 的锚点名称，即#后面的字符串。
- 查询字符串："?"后面的字符串，即：username=admin&pass=123#topic。

如：

```
<body>
<a href=# onClick="Javascript:window.location.href='nextpage.asp'">按
此处到下一个页面</a>
</body>
```

例 6-28 利用 location 对象求主机名（文件名：5-22.html）。

```
<html>
<head>
<title>location 对象</title>
</head>
<body >
  <script language="VBS">
  document.write "地址主机名:"
  document.write location.hostname
  </script>
</body>
</html>
```

程序运行结果如图 6-25 所示。

说明：该代码若要正常运行，需安装 IIS，并将该文件放置在主目录下，如图 6-26 所示。单击"浏览"后才能显示如图 6-25 所示的网页效果。在地址栏输入网页文件的绝对路径即：d:\web\5-22.html 时，不能显示出所需的结果。

图 6-25　location 对象的应用效果

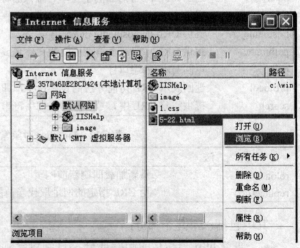

图 6-26　5-22.html 文件的运行

4．navigator 对象

navigator（浏览器信息）对象是 window 对象的子对象，保存浏览器厂家、版本和功能的信息，这些信息只能被读取而不可以被设置。该对象包括两个子对象：外挂对象（plugin）和 MIME 类型对象。常用的属性和方法见表 6-13 和表 6-14 所示。

表 6-13 navigator 对象常用的属性

属 性	描 述
appName	提供浏览器名称
appCodeName	提供浏览器的代码名即内码名称
appVersion	提供浏览器的版本号
plugins	以数组表示已安装的外挂程序
mimeType	以数组表示所支持的 MIME 类型
userAgent	作为 HTTP 协议的一部分发送的浏览器名
platform	客户端的操作系统
online	浏览器是否在线

表 6-14 navigator 对象常用的方法

方 法	描 述
JavaEnabled()	该方法的返回值是布尔值,可判断浏览器是否支持 Java
plugins.refresh	使新安装的插件有效,并可选重新装入已打开的包含插件的文档
preference	允许一个已标识的脚本获取并设置特定的 navigator 参数
taintEnabled	指定是否允许数据污点

Plugin 对象是一个安装在客户端的插件,外挂对象(navigator.plugin)的属性如表 6-15 所示。

表 6-15 外挂对象(navigator.plugin)的属性

属 性	描 述
description	外挂程序模块的描述
filename	外挂程序模块的文件名
length	外挂程序模块的个数
name	外挂程序模块的名称

例 6-29 Navigator 对象的应用。

```
<html>
<head>
<title>Navigator 对象</title>
</head>
<body >
    <html>
<head>
<title>Navigator 对象</title>
</head>
<body >
    <script language=vbs>
    document.write "浏览器名称:"
    document.write navigator.appName & "<br>"
    document.write "浏览器版本:"
    document.write navigator.appVersion & "<br>"
```

```
        document.write "操作系统: "
        document.write navigator.platform & "<br>"
        document.write "在线情况: "
        document.write navigator.onLine & "<br>"
        document.write "是否java启用:"
        document.write navigator.javaEnabled() & "<br>"
    </script>
</body>
</html>
```

运行结果见图 6-27 所示。

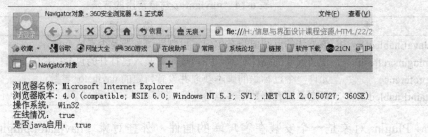

图 6-27　navigator 对象的效果显示

5．history 对象

history（历史）对象是 window 对象的子对象，保存当前对话中用户访问的 URL 信息，可以控制浏览器保存已经访问过的网页。常用的属性和方法见表 6-16、表 6-17 所示。

表 6-16　history 对象常用的属性

属　　性	描　　述
length	提供浏览器历史清单中的项目个数即浏览器历史列表中访问过的地址个数
current	当前历史记录的网址
next	下一个历史记录的网址
previous	上一个历史记录的网址

表 6-17　history 对象常用的方法

方　　法	描　　述
back()	回到上一个历史记录中的网址
forward()	回到下一个历史记录中的网址
go(n)或 go（网址）	显示浏览器的历史列表中第 n 个网址的网页（n>0 表示前进，n<0 表示后退）或前往历史记录中的网址

其中，go(−1)表示载入前一条历史记录，功能等同 back()方法；go(1)表示载入后一条历史记录，功能等同 forward()方法。

例 6-30　显示历史列表中的第一个网址的网页。

```
<html>
```

```
<head>
<title>history 对象的应用</title>
</head>
<body>
<a href="vbscript:history.go(1-history.length)">历史列表中的第一个网址</a>
</body>
</html>
```

说明：该例中的链接总是指向历史列表中的第一个网址，通过 history.length 算出历史列表的网址个数，1-history.length 计算出历史列表中的第一个网址项。

例 6-31 history 对象的示例。

```
<html>
<head><title>history 对象示例</title></head>
<script language="vbs">
sub back_onclick
    history.back      '等价于 history.go(-1)
end sub
sub go_onclick
    history.go(0)
end sub
sub forward_onclick
    history.forward    '等价于 history.go(1)
end sub
</script>
<body>
<center><h2>页面内容</h2>
</center><br>
<form>
<input type=button value="前页" name="back">
<input type=button value="重载" name="go">
<input type=button value="后页" name="forward">
</form>
</body>
</html>
```

6. screen 对象

screen（屏幕）对象是 window 对象的子对象，包含有关客户端显示屏幕的信息。所有浏览器都支持该对象。这个对象在设置浏览器窗口的特征时很有用。表 6-18 列出了 screen 对象的属性。

同 navigator 对象一样，screen 对象所涉及的信息只能读取不可以被设置，使用时直接引用 screen 对象即可。

表 6-18　screen 对象常用的属性

属　　性	描　　述
colorDepth	返回用户系统支持的最大颜色个数信息（8b/16b/24b/32b）
height	显示用户屏幕的总高度
width	显示用户屏幕的总宽度
availHeight	屏幕区域的可用高度
availWidth	屏幕区域的可用宽度
pixelDepth	提供系统每个像素占用的位数
updateInterval	保持用户机器上屏幕更新的间隔

例 6-32　screen 对象的应用。

```
<html>
<head>
<title>screen 对象的应用</title>
<script language="vbs">
<!--
  with document
   .write "您的屏幕显示设定值如下：<p>"
   .write "屏幕的实际高度为" & screen.availHeight & "<br>"
   .write "屏幕的实际宽度为" & screen.availWidth & "<br>"
   .write "屏幕的色盘深度为" & screen.colorDepth & "<br>"
   .write "屏幕区域的高度为" & screen.height & "<br>"
   .write "屏幕区域的宽度为" & screen.width
  end with
</script>
</head>
<body>
</body>
</html>
```

程序运行结果如图 6-28 所示。

图 6-28　屏幕 screen 对象的应用

程序运行后将当前屏幕设置的有关参数显示出来，网页开发者利用这个对象获取客户端的设置，进而控制网页以恰当的方式显示。

6.9.2 VBScript 的常用事件

在客户端脚本中，VBScript 通过对事件进行响应来获得与用户的交互。例如，当用户单击一个按钮或者在某段文字上移动鼠标时，就触发了一个单击事件或鼠标移动事件，通过对这些事件的响应，可以完成特定的功能（例如，单击按钮弹出对话框，鼠标移动到文本上后文本变色等）。实际上，事件（event）在此的含义就是用户与 Web 页面交互时产生的操作。

当用户进行单击按钮等操作时，即产生了一个事件，需要浏览器进行处理。浏览器响应事件并进行处理的过程称为事件处理，进行这种处理的代码称为事件响应函数。

1．VBScript 支持的事件种类

VBScript 提供了较多事件，例如在前面已经使用过的 onClick 事件，它表示鼠标单击时产生的事件。表 6-19 简单描述了网页中的主要事件。

表 6-19　网页中的主要事件

事　件	描述（即事件何时被激活）	通常应用的对象
onclick	鼠标单击事件	button、checkbox、image、link、radio、reset、submit 等对象
onmousedown	用户把鼠标放在对象上按下鼠标键时	button 和 link 对象
onmouseup	松开鼠标键时，参考 onmousedown 事件	button 和 link 对象
onmouseover	鼠标移动到某个对象上	link 对象
onmouseout	鼠标离开对象的时候	link 对象
onkeydown	按下一个键	form、image、link 等对象
onkeyup	松开一个键	form、image、link 等对象
onkeypress	按下然后松开一个键	form、image、link 等对象
onfocus	焦点放到一个对象上	window、form 对象
onblur	从一个对象上失去焦点时	window、form 对象
onchange	文本框内容改变事件	text、textarea、select、password 等对象
onselect	文本框内容被选中事件	text、textarea、password 等对象
onerror	错误发生时，它的事件处理程序就叫做"错误处理程序"	window 对象
onload	载入网页文档，在 HTML 中指定事件处理程序的时候，将它写在<body>中	window 对象
onunload	卸载网页文档或关闭窗口，与 onload 一样，需要写在<body>中	window 对象
onresize	窗口被调整大小时	window 对象
onscroll	滚动条移动事件	window 对象
onhelp	打开帮助文件触发的事件	window 对象
onsubmit	表单的"提交"按钮被单击时	form 对象
onreset	表单的"重置"按钮被单击时	form 对象

在实际的网页编程中，有的事件可以作用在网页的不同对象上，有的则只能作用在一些固定的对象上；另外在网页编程中还会用到很多脚本事件，在此不再一一列举。

2．事件处理

实际上编写脚本的目的就是处理事件。VBScript 的事件过程都以 On 开头，如 Click 事件要写成 onClick。有前缀 On 的事件是 VBScript 事件与 VB 事件的主要区别。

在 VBScript 中，指定事件的处理程序通常有以下四种写法。

1）用"对象名_事件"作为过程的命名

当该对象发生事件时，系统就去寻找相应的处理过程来处理它。

例 6-33 将一个按钮命名为 button，编写它的 onClick 事件处理过程。

```
<html>
<head>
<title> 一个简单例子 </title>
<Script language="vbscript">
<!--
  sub button1_onclick
    msgbox "喂！你好！"
  end sub
-- >
</script>
</head>
<body>
<h1> 我的第一个 VBScript 程序 </h1>
<input type="button" name="button1" value="单击此处">
</body>
</html>
```

运行结果如图 6-29 所示。

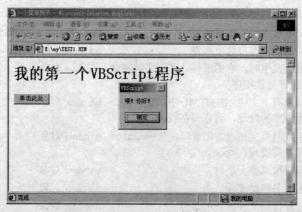

图 6-29　例 6-33 运行结果

说明：表单输入标记<input>中的 type 决定了输入数据的类型，类型为 button 时表示普通命令按钮，它不具有内建的行为，但可通过指定事件（onClick）处理函数为命令钮指定具体的操作。这种普通命令按钮可用在表单（<form>）中，也可脱离表单而直接使用。

2）利用<script>标记的 for/event 属性

此属性允许把脚本与 HTML 文档中的任何对象和该对象的事件联系起来。

例 6-34　将例 6-33 改为 for/event 属性的形式。

```
<html>
<head>
<title> 一个简单例子 </title>
<script language="vbscript" for="button1" event="onclick">
   msgbox "喂！你好！"
</script>
</head>
<body>
<h1> 我的第一个 VBScript 程序</h1>
<input type="button" name="button1" value="单击此处">
</body>
</html>
```

上述方法在 script 标记中指明调用的对象和事件，for 后面是对象名，event 后面是事件名称。当定义的对象发生定义的事件时，调用 script 中的程序。

3）利用内联事件处理

它不用专门书写事件过程，只需在事件处理中直接写入 VBScript 代码，通常在事件处理的代码较少时使用该方法。

例 6-35　用内联事件形式处理例 6-33。

```
<html>
<head>
<title> 一个简单例子 </title>
</head>
<body>
<h1> 我的第一个 VBScript 程序</h1>
<input type="button" name="button1" value="单击此处"
onClick=' msgbox "喂!你好!" ' language="VBScript">
</body>
</html>
```

注意：上例 onClick 对应的事件处理部分必须用单引号（''），因为 msgbox 函数内用了双引号作为分界符。

4）利用事件调用过程

该方法首先定义一个过程，过程名可任意，在按钮的标记中添加：onClick=过程名。这样当按钮被单击时，就会调用定义的过程。

例 6-36 用该方法改写例 6-33。

```html
<html>
<head>
<title> 一个简单例子 </title>
<Script language="VBScript">
<!--
  sub test()
   msgbox "喂！你好！"
  end sub
-- >
</script>
</head>
<body>
<h1> 我的第一个 VBScript 程序</h1>
<input type="button" name="button1" value="单击此处" onClick="test()">
</body>
</html>
```

下面以常用的 onLoad 事件与 onUnload 事件为例，简要说明 VBScript 是如何利用浏览器对象的常用事件来完成相应工作的。onLoad 和 onUnload 分别发生于网页的加载或卸载时，它们界定了一个 HTML 文档的生命期。

onLoad 事件在 IE 加载给定对象后立刻发生。该事件过程应在<body>标记中声明。在网页的 Load 事件处理函数中可以对网页做一些初始化工作，或者显示一些信息。

onUnload 事件是在 IE 关闭该网页时触发。可以在该事件过程中添加代码，保存有用的用户信息。比如，在进行网上购物时，可以在网页的 onUnload 事件过程中，统计购物的种类和数目等。

例 6-37 设计一个页面，当打开或关闭此页面时，用消息框显示相关信息。

```html
<html>
<head><title>欢迎画面</title>
<script language="vbscript">
<!--
const inmsg="欢迎光临此网页！"
const outmsg="再见!欢迎再次光临本网站！"
sub comein()
   msgbox inmsg
end sub
sub out()
   msgbox outmsg
end sub
-->
</script>
</head>
```

```
<body onload="comein" onunload="out">
</body>
</html>
```

程序运行结果如图 6-30 所示。

图 6-30 基于浏览器对象的事件处理

习题 6

1. 利用 VBScript 编程，计算并输出 100～999 之间的水仙花数。（水仙花数是指该数各数位的立方和与该数值相等。）

2. 编写程序，在浏览器中随机产生 20 个数，求出它们的最大值、最小值、平均值。

3. 编写程序，在浏览器中输出 1～999 中能被 3 整除，且至少有一位数字是 5 的所有整数。

4. 设计一个页面，实现页面交互功能的应用——通过用户的输入显示用户的信息及当天是星期几。

5. 有 100 个和尚吃 100 个馒头，大和尚 1 人吃 4 个，小和尚 4 人吃 1 个，问有多少个大和尚和多少个小和尚？

6. 用 VBScript 实现冒泡排序（尤其注意值的传递）。

7. 某超市在五一节进行促销，具体方法是对每位顾客一次购物累计：

（1）在 500 元以上者，按九五折优惠；

（2）在 1000 元以上者，按八五折优惠；

（3）在 1500 元以上者，按七折优惠；

（4）在 3000 元以上者，按五折优惠。

8. 设计一个页面，当打开或关闭此页面时，用消息框显示相关信息。（例如：打开页面时，显示"欢迎你光临！"；关闭该页面时，显示"再见！"。）

第 7 章　ASP 程序设计

前面已经了解了 HTML、VBScript 和 JavaScript 脚本语言的编程，本章将开始学习 ASP 技术的基础知识，包括 ASP 文件的特点及工作原理，并详细介绍 ASP 中 5 个常用的内置对象的属性、方法和事件，学会利用 ASP 技术开发 Web 应用程序。

7.1　ASP 概述

7.1.1　ASP 基础知识

ASP（Active Server Pages，活动服务器页面）是微软公司于 1996 年 11 月推出的 Web 应用程序开发技术。它提供了一个在服务器端执行脚本指令的环境，使用它可以创建动态 Web 页面，或者生成功能强大的、交互的 Web 应用程序。它的源代码均在服务器端运行，运行的结果以 HTML 代码的形式输出到客户端。利用 ASP 不仅能够产生动态的、交互的、高性能的 Web 应用程序，而且可以进行复杂的数据库操作。

ASP 页面是包括 HTML 标记、文本和脚本命令的文件。ASP 页面可以调用 ActiveX 组件来执行任务，如连接到数据库。ASP 是目前开发动态网页的一种常用技术，主要运行于 Windows 平台，其 Web 服务器为 IIS。

7.1.2　ASP 文件

ASP 文件是以 asp 为扩展名的文本文件，该文件可以包含以下内容：HTML 标记、文本、VBScript 或 JavaScript 语言的程序代码以及 ASP 语法。

1．纯文本

文本是直接显示给用户的信息，主要在用户浏览器中显示这些信息，是简单的 ASCII 文本。

2．HTML 标记

HTML 使用定界符小于号"<"和大于号">"来区别于其他内容。

3. ASP 语句

ASP 语句包括 Web 服务器上运行 ASP 的一些指令，通过 Web 服务器上的动态库 asp.dll 执行各种 ASP 命令。每条 ASP 语句都在"<%"和"%>"限定符号中。

4. 脚本语言

ASP 内嵌了 VBScript 脚本和 JavaScript 脚本，通常，ASP 默认的脚本语言是 VBScript。若想在 ASP 文件中为特定的网页指定脚本语言，可采用以下三种声明方法：

（1）通过 IIS 管理器设定 ASP 的默认脚本语言。

（2）直接在 ASP 文件中加以声明。一般只需将这种语言声明放在 ASP 文件的第一行，如：<% @ Language=JavaScript %>。

（3）在 ASP 文件中使用<Script> 和</Script>标记，利用<Script>的 Language 属性来设置，如：<% Script Language=JavaScript %>。另外，对于服务器端的脚本程序，必须在<Script>标记内指定 RUNAT=Server，RUNAT 属性指定脚本在服务器端还是在客户端执行，默认情况是由客户端浏览器来执行。客户端脚本由<Script> </Script>嵌入到 HTML 页面中，由浏览器执行。该方法比较灵活，它可以在同一个应用程序中使用多种脚本语言。

下面的例 7-1 ASP 应用示例显示了客户登录站点的日期和时间。通过该例可见，ASP 的服务器端脚本和发送到浏览器的客户端脚本是截然不同的。

例 7-1

```
<% @Language="VBScript"%>
<html>
<head><title> asp 测试例题 </title></head>
<body>
<p>您登录网站的时间是:
<%=Date %>日的<%=Time %>
 欢迎您的光临。
</body>
</html>
```

该程序是 ASP 的服务器端脚本应用程序。通过浏览器"查看源文件"，看到的只是 HTML 文本，是发送到浏览器的客户端脚本程序。下面是相应的源文件代码。

```
<html>
<head>
<TITLE> ASP 测试例题</title>
</head>
<body>
您登录网站的时间是:
2016-4-20 日的 13:59:37
欢迎您的光临。
```

</body></html>

例 7-1 中的 ASP 文件内只有一种脚本语言，也可在同一个 ASP 文件中使用多种脚本语言，如例 7-2。

例 7-2

```
<% @ Language="VBScript" %>
<html>
<head><title> ASP file </title></head>
<body>
<p> 现在几点了？
<% response.write "<P> 现在是" & Time & ". "%>
<Script Language="Jscript" RUNAT="Server">
 function world()
 { response.write("<P>hello, boy!")
 }
</Script>
<% world() %>
</body>
</html>
```

这个程序上半部分用的是 VBScript 脚本语言，而后用<script>标记定义了一个用 Jscript 脚本语言（JavaScript 的微软版）写的 world()函数。<script>标记必须使用 RUNAT 属性来指示该脚本应当在服务器端还是在客户端实现。

总之，ASP 文件不需要编译就可以在服务器端执行，且必须放在 Web 服务器上有可执行权限的目录下，可以用任何文字编辑器编写。

7.1.3 ASP 的工作原理

当浏览器向 Web 服务器请求调用 ASP 文件时，就启动了 ASP。浏览器将这个 ASP 的请求（HTTP 请求）发送到 IIS，Web 服务器接受这个请求并调入正确的 ASP 文件，Web 服务器将这个文件发送到一个称为 asp.dll 的文件中。该文件负责获得一个 ASP 文件并对该文件内所有服务器端的代码进行解析，它会在该文件中查找所有的脚本代码，将这些脚本代码发送到合适的脚本引擎（即脚本解释器），然后使用如 VBScript 等脚本语言进行解释。脚本代码的运行结果将重新结合该 ASP 文件中原有的其他文件如文本内容及 HTML 代码，Web 服务器将最终生成的页面发送到客户端的浏览器中显示。如果没有查找到任何脚本代码，则会通知 IIS 直接将这些文件发送到客户端。若脚本指令中含有访问数据库的请求，就通过 ODBC 与后台数据库相连，由数据库访问组件 ADO 执行访问数据库的操作，如图 7-1 所示。

图 7-1　ASP 的工作原理

7.1.4　ASP 的内建对象

在网络程序的访问过程中，浏览器的操作者需要与服务器之间交换各种数据。ASP 通过其提供的一些内建对象，使用户更容易收集通过浏览器请求发送的信息、响应浏览器以及存储用户信息。在 ASP 2.0 中（IIS 4.0），提供了 6 个内建对象，分别是：Response、Request、Application、Session、Server 和 ObjectContext 对象，在 ASP 3.0（IIS 5.0）中新增了一个 ASPError 对象。

这些对象都有其特别的任务与工作，在详细说明之前，先简单说明每个内置对象的功能（见表 7-1），然后再对几个主要内置对象分别进行介绍。

表 7-1　ASP 主要内置对象的功能

对象名称	对象功能
Request 对象	从浏览器（用户端）接收信息
Response 对象	传送信息给浏览器
Server 对象	控制 ASP 的运行环境，提供对服务器上的方法和属性进行的访问。最常用的方法是创建 ActiveX 组件的实例
Session 对象	存储个别用户的信息，以便重复使用
Application 对象	存储数据以供给定应用程序的多个用户共享
ObjectContext 对象	提供分布式事务处理，使用该对象可提交或撤销由 ASP 脚本初始化的事务
ASPError 对象	显示在 ASP 文件的脚本中发生的任何错误的详细信息

7.1.5　ASP 的外挂对象

ASP 的外挂对象亦称服务器组件。ASP 在存取数据库时，经常结合使用 ADO（ActiveX Data Object）技术，以实现存取数据库的功能。这样就允许在网页上不但可以建立数据库的网页内容，还可以执行 SQL 操作，即用户可以在网页上对数据库进行查询、删除及新增等操作。ADO 的 3 个主要对象为：Connection、Command、Recordset。

组件是基于 ActiveX 技术的代码片段，通过指定接口提供指定的一组服务。组件可以理解为一种程序，通过调用这种程序，实现在 ASP 程序中无法实现或者很难实现的功能。组件是一种很好的代码重用方法，可以执行公用任务，这样就不必自己去创建执行这些任务的代码。对于 Web 应用程序的开发者，可以通过编写组件封装商务逻辑，例如：可编写组件来计算产品的销售税，然后可以在处理销售订单的脚本中调用这个组件。

开发者可使用任何支持组件对象模型（COM）的语言来编写组件，如 C++、Java

或 VB。组件可以重复使用。

服务器组件（即外挂对象）和 ASP 的内置（或内建）对象这两个概念既有相同点又有不同点，具体说明如下：

相同点：都有集合、属性或方法；

不同点：组件无法直接访问，必须先建立一个对象实例，然后再通过此对象实例去访问其集合、属性或方法。例如：

```
Set Conn=Server.CreateObject("ADODB.Connection")
```

建立 Connection 对象实例后，可通过这个对象实例（实例名为 Conn）访问 Connection 对象提供的方法和属性。

总之，ASP 的服务器组件（或外挂对象）大致上可分以下 3 种：

（1）伴随 IIS Web 服务器而来，专门为了加强 ASP 的功能，如 Ad Rotator 组件、MSWC.Counter 等。

（2）存放在 Web 服务器上但不是专门针对 ASP 所设计的组件，如 ADO、图形生成器或数学运算程序等。

（3）用户自行编写的组件。

7.2 Request 对象

7.2.1 Request 对象概述

Request 对象用于获取客户的请求数据，可以使用 Request 对象访问任何基于 HTTP 请求传递的所有信息。Request 对象把客户信息保存在几个集合中，供 ASP 应用使用。

Request 对象的语法描述如下：

```
Request[.collection|property|method](variable)
```

其中，collection 表示 Request 对象的集合，property 表示 Request 对象的属性，method 表示 Request 对象的方法。

Request 对象将客户端数据保存到内置的几个集合中，通过访问这些集合，便可获取表单所提交的数据、Cookie 的值及服务器环境变量的值。

Request 对象所提供的数据集合有：QueryString 数据集合、Form 数据集合、Cookies 数据集合、ClientCertificate 数据集合、ServerVariable 数据集合。

可用下面的方法取得某个特定数据集合的一个成员的内容值：

```
Request.Collection("成员名称")
```

如果不指定集合名，ASP 按 QueryString、Form、Cookies、ServerVariables、ClientCertificate 数据集合的顺序来搜索集合，当发现第一个匹配的变量时，就认定它是要访问的成员。

当然，为了提高效率，最好显式指定要匹配的是哪个集合中的成员。

例如：

`Request.Form("Username")`

Form 是集合，Username 是成员名（或变量名）。Request 将在 Form 集合中搜索名为 Username 的成员（变量）。

7.2.2 Request 对象的数据集合

HTML 表格中的信息是从浏览器传递给 Request 对象的，传递的方式有两种：
- Get 方法。
- Post 方法。

Get 方法传递过来的信息保存在 QueryString 集合中，Post 方法传递过来的信息保存在 Form 集合中。

1. Form 数据集合

Form 是 Request 对象中最常使用的数据集合，用于获得 Post 方法所提交的表单数据。其语法如下：

`Request.Form(Element)[(Index)|.Count]`

参数描述：

Element：集合要检索的表单元素的名称。
Index：使用该参数可以访问某参数多个值中的一个。
Count：集合中元素的个数。

下面例子将示范如何利用 Form 数据集合来取得用户在表单中所填写的内容。

例 7-3 建立一个 HTML 的表单输入程序，其文件名为 person.htm。

```
<html>
<body>
<form method="post" action="per.asp" >
    姓名: <input type="text" name="name" size="10"><br>
5:  性别: <select name="sex">
6:  <option>男</option>
7:  <option>女</option>
8:  </select><br>
    爱好（可多选）: <br>
10: <input type="checkbox" name="hobby" value="电脑">电脑
11: <input type="checkbox" name="hobby" value="游戏">游戏
12: <input type="checkbox" name="hobby" value="阅读">阅读
<br>
```

```
14: 留言:<textarea name="message">
15: </textarea><br>
<input type="submit" name="submit" value="提交">
<input type="reset" name="reset" value="清除">
</form>
</body>
</html>
```

第5～8行：在浏览器上显示一个下拉式菜单。
第10～12行：是一个复选框，设置类型为 checkbox。
第14～15行：显示一个文本框，以便用户输入留言。
运行程序 person.htm，填入相应信息后，浏览器显示如图 7-2 所示。

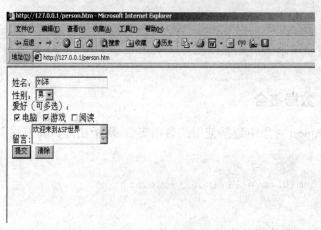

图 7-2 表单的建立

按"提交"按钮后，表单数据交给程序 per.asp 处理。per.asp 源程序如下：

```
<% @ Language="VBScript" %>
<html>
<body>
<%
  response.expires=0
  sname=request.form("name")
  ssex=request.form("sex")
  sm=request.form("message")
%>
姓名：<%=sname%><br>
性别：<%=ssex%><br>
<%
response.write "爱好: <br>"
for i=1 to request.form("hobby").count
  response.write request.form("hobby")(i) & "<br>"
next
```

```
%>
<br>
留言: <br>
<%= sm %><br>
</body>
</html>
```

程序运行的结果如图 7-3 所示。

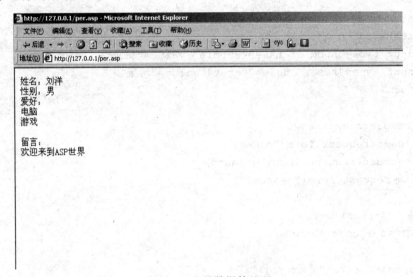

图 7-3 表单数据的处理

例 7-3 中的 For 循环也可改用 For Each…In 循环:

```
for each item in request.form("hobby")
response.write item & "<br>"
next
```

程序段:

```
for each item in …
response.write item
```

输出一个集合中的所有内容,这是 ASP 输出集合内容的常用方法。

也可将表单网页与表单处理程序合并为一个 ASP 程序。如将例 7-3 的两个文件合为一个文件,文件名为 per.asp,代码如下:

```
<% @ Language="VBScript" %>
<html>
<body>
<form method="post" action="" >    '也可写成 action="per.asp"
姓名: <input type="text" name="name"><br>
性别: <select name="gender">
```

第 7 章 ASP 程序设计 — 191

```
<option>男</option>
<option>女</option>
</select><br>
爱好（可多选）: <br>
<input type="checkbox" name="hobby" value="电脑">电脑
<input type="checkbox" name="hobby" value="游戏">游戏
<input type="checkbox" name="hobby" value="阅读">阅读
<br>
留言:<textarea name="message">
</textarea><br>
<input type="submit" name="submit" value="提交">
<input type="reset" name="reset" value="清除">
</form>
<%
  response.expires=0
  sname=request.form("name")
  sgender=request.form("gender")
  sm=request.form("message")
%>
姓名: <%=sname%><br>
性别: <%=sgender%><br>
<%
response.write "爱好: <br>"
for i=1 to request.form("hobby").count
  response.write request.form("hobby")(i) & "<br>"
next
%>
<br>
留言: <br>
<%= sm %><br>
</body>
</html>
```

2. QueryString 数据集合

QueryString 集合是 Request 对象中常用的另外一个集合，与 Form 集合不同，表单使用 Get 方法向 ASP 文件传送数据时，所提交的数据不是被单独发送，而是以查询字符串的形式被保存在集合 QueryString 中。集合能从查询字符串中读取客户端提交的数据，HTTP 查询字符串是由问号"?"后给定的值来确定。如:

http://www.myweb.com/test/login.asp?name=abc&pwd=789

QueryString 集合的语法格式如下:

Request.QueryString(Variable)[(index)|.Count]

其中，通过调用 Request.QueryString(Parameter).Count 可以确定参数有多少个值。

QueryString 数据集合中获取的信息可来自以下 3 种方法：

方法 1：取得在表单中通过 Get 方式提交的数据。

方法 2：利用超级链接标记<A>传递参数。

方法 3：通过浏览器的 URL 请求读取用户递交的信息。

下面通过例子说明上述三种方法的使用。

例 7-4 test2.html 页面用来生成表单，用 Get 方法将密码校验表单的数据提交给 test2.asp 页面，然后在 test2.asp 页面中输出所提交的用户名、密码和性别。（方法 1：取得在表单中通过 Get 方式提交的数据。）

test2.html 的源代码如下：

```html
<html>
<body>
<form method="get" action="test2.asp">
姓名：<input type="text" name="name"><br>
密码：<input type="password" name="pwd"><br>
性别：<select name="gender">
<option>男</option>
<option>女</option>
</select><br>
<input type="submit" name="submit" value="提交">
<input type="reset" name="submit2" value="重置">
</form>
</body>
</html>
```

运行 test2.html 的结果如图 7-4 所示。

图 7-4 test2.html 运行界面

程序 test2.asp 的源代码如下所示：

```
1: < % @ Language=VBScript %>
2:     dim sname,spwd,ssex
3:     sname=request.querystring("name")
```

```
4:  spwd=request.querystring("pwd")
5:  ssex=request.querystring("gender")
6:  %>
7:  <html>
8:  <body>
9:  姓名：<%=sname%><Br><br>
10: 密码：<%=spwd %><br><br>
11: 性别： <%=ssex %><br><br>
12: URL 后面的字符串：<br>
13: <% =request.servervariables("query_string")%>
14: </body>
15: <html>
```

说明：

第 3～5 行：将从客户端得到的 QueryString 集合中的变量赋给三个变量。

第 13 行：用来得到服务器变量 Query_String，这里只是用于把 URL 中"？"后的字符串显示给用户。

运行程序 test2.html，填写相应信息后，浏览器显示结果如图 7-4 所示。按下"提交"按钮后，表单数据交给程序 test2.asp 处理，浏览器显示结果图 7-5 所示。

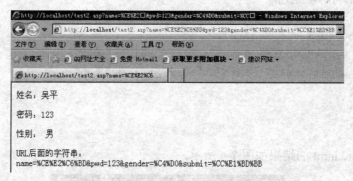

图 7-5　test.asp 运行结果

上面的例子使用了表单的 Get 方法，此时输入到表单的数据要送给 URL 串指定的 Web 服务器上的相应文件来处理，可以看到刚提交的信息在浏览器地址栏中显示出来了，密码也在其中，均加在 URL 后面，利用一个"？"隔开。Get 方法虽然不太安全，但传递信息较为方便，故经常用在对安全性要求不太高的场合。另外，Get 方法不能传递太长的信息。

例 7-5　用方法 2 实现例 7-4 的功能（方法 2：在 HTML 中使用超链接）。

test.html 代码如下：

```
<html>
<head>
 <title>QueryString用法示例</title>
</head>
```

```
<body>
    请单击下面的超链接<p>
    <a href="test2.asp?name=吴平&pwd=123&gender=男">显示</a>
<body>
</html>
```

test2.asp 代码如下:

```
<html>
<head>
    <title>QueryString用法示例</title>
</head>
<body>
    <% dim name,pwd,gender
       name=Request.QueryString("name")
       pwd=Request.QueryString("pwd")
       gender=Request.QueryString("gender")
       Response.write "姓名:" & name & "<br>" & "密码是:" & pwd & "<br>" & "性别: " & gender
    %>
</body>
</html>
```

test.html 的运行结果见图 7-6 所示。test2.asp 的运行结果见图 7-7 所示。

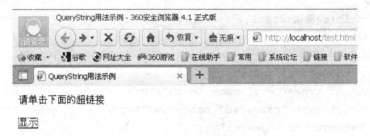

图 7-6 test.htm 的运行结果

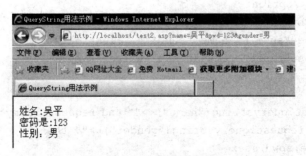

图 7-7 test2.asp 的运行结果

例 7-6 用方法 3 实现例 7-4 的功能（方法 3：通过浏览器的 URL 请求读取用户递交的信息）。

利用方法 3 就是直接在浏览器地址栏里输入：

`http://localhost/test2.asp?name=吴平&pwd=123&gender=男`

其中，test2.asp 文件的内容同例 7-5。在地址栏输入这行信息后，按回车键，显示如图 7-7 所示的结果。

可见在运行以上三种方式时，浏览器都将在地址栏中显示：

`http://localhost/test2.asp?name=吴平&pwd=123&gender=男`

这时，用户的 name 和 password 便暴露无遗，显然，这种做法是不安全的。

总之，Get 方法仅适合于提交较少的数据量且安全性要求不高的场合。当使用 HTTP Get 方法向 Web 服务器传递长而复杂的表单值时，将可能丢失信息。大多数 Web 服务器倾向于严格控制 URL 查询字符串的长度，以便截断 GET 方法传送的冗长的表单值。而 Post 方式是将表单数据作为一个独立的数据块，按照 HTTP 协议的规定直接发送给服务器，长度不受限制，并且在浏览器的请求地址内也看不到用户的输入信息。如果编程者需要从表单中发送大量信息到 Web 服务器中，通常采用 Post 方法。

也可将表单网页与表单处理程序合并为一个 ASP 程序，将例 7-4 的两个文件合为一个文件，见下例 7-7。

例 7-7 将产生表单的程序与处理表单程序合二为一，文件名为 **hh.asp**。

代码如下：

```
<html>
<head><title>测试</title>
</head>
<body>
<form method="get" action="">
姓名: <input type="text" name="name"><br>
密码: <input type="password" name="pwd"><br>
性别:  <select name="gender">
<option>男</option>
<option>女</option>
</select><br>
<input type="submit" name="submit" value="提交">
<input type="reset" name="reset" value="重置">
</form>
<%
  if request.querystring("name")<>"" and request.querystring("pwd")<>""
      and request.querystring("gender")<>"" then
  dim sname,spwd,ssex
  sname=request.querystring("name")
  spwd=request.querystring("pwd")
  sgender=request.querystring("gender")   %>
```

```
姓名：<%=sname%><br><br>
密码：<%=spwd %><br><br>
性别：<%=sgender %><br><br>
<%
 else
     response.write "请输入信息后按确定按钮!"
 end if
%>
</body>
</html>
```

hh.asp 的运行结果如图 7-8 所示。

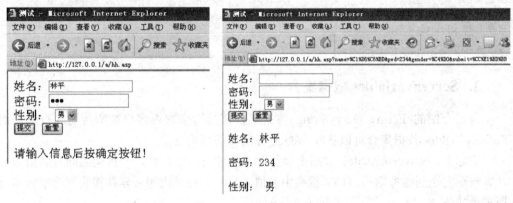

图 7-8 hh.asp 的运行结果

由例 7-7 的运行结果可见，当表单网页与表单处理程序合并为一个 ASP 程序（hh.asp）时，表单信息一旦提交，在显示所提交的表单信息的同时，页面上还显示一个多余的空白表单（见图 7-8 的右图所示）。为解决此现象，通过在表单中添加一个隐藏字段来优化该程序：在表单内插入一个名为 send 的隐藏字段，这个字段是用来判断用户究竟有没有按下表单的"提交"按钮，如果按下的话，send 的值将被设为 true。具体代码如下：

```
<html>
<head><title>测试</title>
</head>
<body>
<% if request("send")=false then %>
<form method="get" action="hh.asp">
    <input type="HIDDEN" name="send" value="TRUE">
姓名：<input type="text" name="name"><br>
密码：<input type="password" name="pwd"><br>
性别： <select name="gender">
<option>男</option>
<option>女</option>
</select><br>
```

```
<input type="submit" name="submit" value="提交">
<input type="reset" name="reset" value="重置">
</form>
<% else %>
<%
  dim sname,spwd,ssex
  sname=request.querystring("name")
  spwd=request.querystring("pwd")
  sgender=request.querystring("gender") %>
  姓名: <%=sname%><Br><br>
  密码: <%=spwd %><br><br>
  性别: <%=sgender %><br><br>
<% end if %>
</body>
</html>
```

3. ServerVariables 数据集合

前面介绍的 Form、QueryString 数据集合都是用来取得客户端所传递的数据，而 ServerVariables 数据集合可以获取 Web 服务器端的环境变量。

实际上，ServerVariables 数据集合包含了两种值的结合体，一种是随同页面请求而从客户端发送到服务器的 HTTP 报头中的值，另外一种是由服务器在接收到请求时本身所提供的值。

浏览器浏览网页时使用的传输协议是 HTTP，在 HTTP 的标题文件中会记录一些客户端的信息，如客户的 IP 地址等，有时服务器端需要根据不同的客户端信息作出不同的反应，这时就需用 ServerVariables 集合获取所需信息。

语法格式：

request.ServerVariables("环境变量的名称")

表 7-2 列出了一些主要的服务器环境变量，这些变量是只读变量，只能查阅，不能设置。

表 7-2 主要的服务器环境变量

变量名	说　明
ALL_HTTP	客户端发送的所有 HTTP 标题文件
CONTENT_LENGTH	客户端发送内容的长度
CONTENT_TYPE	内容的数据类型
LOCAL_ADDR	返回接受请求的服务器地址。在绑定多个 IP 地址的多宿主机器上查找请求所使用的地址时，这个变量非常重要
LOGON_USER	用户登录 Windows NT 的账号
QUERY_STRING	查询 HTTP 请求中问号（?）后的信息
REMOTE_ADDR	发出请求的远程主机（client）的 IP 地址

续表

变量名	说明
REMOTE_HOST	发出请求的主机（client）名称。如果服务器无此信息，它将设置为空的 REMOTE_ADDR 变量
SERVER_NAME	来自请求的 URL 中的服务器主机名、DNS 域名或 IP 地址
SERVER_PORT	发送请求的端口号

一个典型实际应用就是通过 Request.servervariables("REMOTE_ADDR")取得远端用户的 IP 地址，这样就可限制某些用户访问 Web 页面。

例 7-8 使用以下脚本显示部分服务器环境变量。

```
<html>
<title>
用 Request 对象读取服务器环境变量</title>
<P>脚本文件的虚拟路径：<%=request.servervariables("script_name")%></p>
<p>发送请求的端口号：
<%=request.servervariables("server_port")%></p>
<p>服务器端的 IP 地址：
<%=request.servervariables("server_name")%></p>
<p>发出 HTTP 请求的客户端主机的 IP 地址:
<%=request.servervariables("remote_addr")%></p>
</html>
```

若要显示所有的服务器环境变量，代码改动如下：

```
<TABLE>
<TR><TD>Server Variable </TD>
    <TD>Value</TD></TR>
    <% For each item in Request.ServerVariables %>
<TR><TD><%=item%></TD>
    <TD><%=Request.ServerVariables(item) %> </TD>
    </TR> <%next%>
</TABLE>
```

7.2.3　Request 对象属性

Request 对象只有一个名为 TotalBytes 的属性，这是一个只读属性，表示从客户端所接收数据的字节的大小。语法如下：

字节大小=Request.TotalBytes

本属性一般与 BinaryRead 方法配合使用。

7.2.4　Request 对象方法

Request 对象只有一个名为 BinaryRead 的方法，该方法是以二进制方式来读取客户端使用 Post 方法所传递的数据。语法如下：

```
getdata=Request.BinaryRead(count)
```

其中，count 表示每次读取的数据字节大小，其值应小于或等于 Request.TotalBytes。利用该方法可获得客户端提交的图形或声音等二进制数据，从而实现有关图形或声音文件的上传功能。

一般来说，如果使用 BinaryRead 方法来读取客户端所传递的数据，就不能使用 Request 对象的各种数据集合，否则会造成执行上的错误，反之也一样。实际上 BinaryRead 方法不常使用。

7.3　Response 对象

Response 对象的功能与 Request 对象的功能正好相反，它用于将服务器端的信息发送到浏览器，包括将服务器端的数据用超文本的格式发送到浏览器上，重定向浏览器到另一个 URL 地址或设置浏览器端的 Cookie 值。例如：用户在一个 Form 表单中输入查询条件，通过 Request.form 集合将查询数据提交到服务器端，服务器按照查询条件访问数据库查找相关的信息，通过 response.write 方法将查询结果返回到客户端，从而形成动态的交互式应用。可见，使用该对象可以动态创建 Web 页面。

Response 对象的语法为：

```
Response.collection|property|method
```

其中，collection 表示 Response 对象的集合，property 表示 Response 对象的属性，method 表示 Response 对象的方法。

Response 对象只有 Cookies 一个数据集合。其功能是设置 Cookies 的值。关于 Cookies 数据集合将在 7.3.3 节详细介绍。

7.3.1　Response 对象的属性

Response 对象的属性见表 7-3。

1．Buffer 属性

Buffer 属性用来设置是否把 Web 页面输出到缓冲区。若 Buffer 属性为 True，则 Web 服务器对脚本处理的所有结果进行缓冲，即将内容写入缓冲区，直到当前页面的所有服

表 7-3 Response 对象的属性

属　性	功　能　说　明
Buffer	用来设置是否把 WEB 页面输出到缓冲区
CacheControl	决定代理服务器是否能缓存 ASP 生成的输出
Charset	将字符集的名称添加到 Response 对象中标题的后面
ContentType	控制送出的文件类型
Expires	控制页面在缓存中的有效时间
ExpiresAbsolute	指定缓存于浏览器中的页面确切的到期日期和时间
IsClientConnected	表明客户端是否与服务器断开
Pics	将 Pics 标记值添加到响应标题的 Pics 标记字段中
Status	服务器返回的状态行的值

务器脚本都处理完毕或者调用了 Flush 或 End 方法为止，服务器才将响应发送给客户端浏览器；若 Buffer 属性为 False，则服务器一边处理页面，一边将处理的结果送往浏览器，而不是一直等到当前页的所有脚本处理完才发送，此时如果调用 Response 对象的 Clear、End 或 Flush 方法都会出现运行时的错误。

Buffer 属性的默认值为 False，对 Buffer 属性的设置或修改应放在 ASP 文件输出之前，通常放在文件的第一行，放在其他位置会造成执行时的错误。服务器将输出发送给客户端浏览器后，就不能再设置 Buffer 属性了。

其设置方法如下：

```
Response.Buffer=True/False
```

2. Expires 属性

Expires 属性指定了在浏览器上缓冲存储的页面距过期还有多少时间。这里的时间是以分钟为单位。语法为：

```
Response.expires=intnum
```

其中，参数 intnum 用来设置保留的时间长度。若 Response.expires=5，则表明当前页面的存活时间为 5 分钟，即缓冲存储的页面 5 分钟后过期。在网页未过期前，若用户再次返回该页面，就会显示缓冲区中的页面。如果设置 Response.expires=0，则可使缓存的页面立即过期，这样客户端用户每次都必须从服务器上得到最新的网页。这是一个较实用的属性，特别适用于要求信息即时传递的网页如股市行情和气象信息发布，或安全性要求较高的页面。当客户通过 ASP 的登录页面进入 Web 站点后，应该利用该属性使登录页面立即过期，以确保安全。

3. ExpiresAbsolute 属性

与 Expires 属性不同，ExpiresAbsolute 属性指定缓存于浏览器中的页面确切的到期日期和时间。在到期之前，若用户返回到该页，就显示该缓存中的页面。若未指定时间，则该主页在当天午夜到期；若未指定日期，则该主页在脚本运行当天的指定时间到期。

使用语法为：

Response.ExpiresAbsolute=[日期][时间]

例如：

`<% Response.ExpiresAbsolute=#AUG 8,2016 9:30:40# %>`

该设置指定页面在 2016 年 8 月 8 日上午 9 时 30 分 40 秒到期。

`<% Response.ExpiresAbsolute=DateAdd("d",10,Date())%>`

表明页面将在当前日期 10 天后过期。

4．IsClientConnected 属性

该属性用于判断客户端是否与服务器保持连接状态。经常用于以下这种情况：

当用户提出请求时，可能请求执行的程序会运行很长时间。若在这段时间内，用户已离开了该网站，那么被请求的程序就没有必要再执行下去。此时可用该属性来判断客户端是否依然与服务器处于连接状态，来决定下一步执行的动作。典型代码如下：

```
<%  If not Response.IsClientConnected Then
        ……  '失去连接的处理代码
        Response.End   '停止处理.asp 文件并返回当前结果
    End if
%>
```

5．Charset 属性

该属性用来设置网页所采用的字符集。设置该属性后，字符集名称将附加到 Response 对象中 Content-type 标题的后面。对于不包含 Response.Charset 属性的 ASP 页，Content-type 标题为：Content-type: text/html。

可以在 ASP 文件中指定 content-type 标题，如：

`<% Response.Charset="gb2312" %>`

则 Content-type 的标题为：

`Content-type: text/html;Charset=gb2312`

6．ContentType 属性

该属性用来指定服务器响应的 HTTP 内容类型，即告诉浏览器所期望的内容类型是什么。若未指定，则默认为 text/html。

另外，还有一些不太常用的属性，在此不再赘述。

7.3.2 Response 对象的方法

Response 对象的方法见表 7-4。

表 7-4 Response 对象的方法

方法	功能说明
Write	输出信息到客户端
Redirect	使浏览器重新定位到指定的 URL
Flush	立即发送缓冲区中的输出
End	停止处理.asp 文件并返回当前的结果
Clear	清除在缓冲区的内容
BinaryWrite	将给出信息写入到当前 HTTP 输出中，并且不进行任何字符集转换
AppendToLog	将指定的信息添加到 IIS 的日志文件中
AddHeader	将指定的值添加到 HTML 标题中

1. Write 方法

Write 方法是 Response 对象中最常用的一个方法，它可以把信息从服务器端直接送到客户端。输出的内容可以包括文本、HTML 标记符和脚本。使用语法如下：

Response.Write string

其中，参数 string 是变量或字符串，变量可以是所使用的脚本语言中的任意数据类型。

注意：用 Write 方法输出的字符串中不得含有字符"%>"或""", 如果需要，前者可用转义序列"%\>"来显示，后者则必须重复使用"""字符来显示。如果要发送一个回车符或一个引号，也可以使用 chr 函数。

例 7-9 sun5.asp 源代码如下：

```
<% @ language= "VBScript" %>
<html>
<head><title>Response.write 的基本用法</title></head>
<body>
<%response.write "孔子云: " & chr(34) &"三人行，必有我师。"& chr(34) & chr(13)%>
<% word="""欢迎您光临本站。"""
response.write word %><br>
<%=word %>
</body>
</html>
```

注意：chr(34)是引号，chr(13)等价于一个空格。

运行结果见图 7-9。

从例 7-9 可见，除了 Response 对象的 Write 方法，还有一个非常简单的使用方法，即利用"<%=显示的内容 %>"来代替 Write 方法。

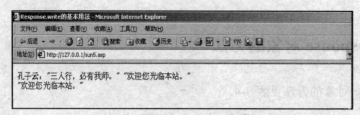

图 7-9 Write 的基本用法

2. Redirect 方法

与 Write 方法将服务器端的信息送到客户端不同，Redirect 方法引导客户端的浏览器立即重新定向到程序指定的 URL 位置，也就是进入另一个 Web 页面，类似于 HTML 中的超链接。语法如下：

```
Response. Redirect String
```

其中，参数 String 为网址变量或 URL 字符串，例如：

```
Response. Redirect http://www.edu.cn
```

利用此方法，程序可以根据客户的不同身份，为不同的客户指定不同的页面或根据不同的情况指定不同的页面。该方法必须在 HTML 标记之前即在任何网页信息传输到浏览器之前，简单地说，就是放在 ASP 文件的开头，否则将会出错；如果希望在 ASP 文件的任意地方使用 Redirect 语句，那就必须在 ASP 文件的开头加上语句：

```
<% Response.Buffer=true %>
```

因为在默认状况下，服务器端直接将页面输出至客户端，所以当输出 HTML 元素后，就不允许将网页引导到另一个页面。令 Buffer 等于 true 后，服务器端将把页面输出到缓冲区，在缓冲区内不存在这个问题，可以随时将网页引导至其他页面。下面看一个具体的例子。

例 7-10 根据客户的不同信息引导至相应的网页。

login.html：

```
<html>
<body>
<form action="t1.asp" method=post>
<select name=status>
<option value="1">管理员</option>
<option value="2">教师</option>
<option value="3">学生</option>
</select>
<br>
<input type=submit value="确定">
</form>
</body>
```

```
</html>
```

t1.asp 程序代码如下所示：

```
<% Response.Buffer=True %>
<html>
<head>
    <title>Response.Redirect用法举例 </title>
</head>
<body>
<% dim address
address=request.form("status")
select case address
case "1"
  response.redirect  "administer.asp"      '将管理员引导至管理员面面
case "2"
 response.redirect  "teacher.asp"          '将教师用户引导至教师网页
case "3"
 response.redirect  "student.asp"          '将学生用户引导至学生网页
end select
%>
</body>
</html>
```

在登录页面，当用户单击"确定"按钮后，执行程序 t1.asp，根据用户登录的身份来指定相应的页。若是管理员将转向管理员页面 administer.asp，若是教师和学生将分别转向页面 teacher.asp 和 student.asp。

在调用 Redirect 方法时，所用的 URL 值可以是一个确定的 URL，或是一个与请求页面存储在同一个文件夹下的文件名，如上例。

从当前网页导向其他网页，除了 Redirect 方法外，<META>标记也可实现类似功能。我们在访问网站时，经常遇到这种现象：在联机到某个网站时，浏览器在显示首页几秒钟之后，便自动导向另一个网页，使用的就是<META>标记。如：

```
<META HTTP-EQUIV=REFRESH CONTENT=2;URL=http://www.happy.com.cn/>
```

表示浏览器会在两秒钟之后自动导向网址 http://www.happy.com.cn/。

Redirect 方法在开发时是比较常用的。例如，在一些电子商务系统或其他管理系统中，一般不希望客户不从首页登录就直接访问其他页面，这时就可以在其他页的开头加几条语句，见例 7-11，保证客户在没有登录的时候，必须重回首页。

例 7-11　判断用户是否已经登录。

```
<% If Session("user_name")="" Then     '表示用户还没有登录
   Response.Redirect "Index.asp"        '引导至首页 index.asp
   End If
%>
```

```
<html>
...
</html>
```

因为 Redirect 语句本身已经在所有的 HTML 元素之前，故开头就不必加语句：

```
<% Response.Buffer=True %>
```

3．Clear 方法

该方法清除缓冲区中的内容。一般来说，它只会清除 HTML 中的 body 部分，而不清除 head 中的数据。语法如下：

```
Response.Clear
```

在使用这一方法时，Response 对象的 Buffer 属性必须设置为 True，否则，会发生运行错误。

4．End 方法

该方法结束服务器对脚本的处理并将已处理的结果传送给浏览器。若 response.buffer 已设置为 True，End 方法会立即把存储在缓冲区中的内容发送到客户端，并清除缓冲区中的所有内容。

若停止脚本处理的时候，还想取消向客户端的输出，可与 clear 方法联合使用。代码形式如下：

```
<% response.clear
   response.end %>
```

5．Flush 方法

使用 Flush 方法，系统立即把缓存区中的内容送到客户端显示。与 Clear 方法一样，Response 对象的 Buffer 属性值也必须设置为 True，否则，同样产生运行错误。

例 7-12

```
<% Response.Buffer=true %>
<html>
<title>response 对象基本方法的使用</title>
<body>
<% for k=1 to 200
      Response.write k
   if k mod 5=0 then
      Response.write "<br>"
        ' Response.Flush
   elseif k>60 then
         Response.write "k 值大于 60 停止输出！"
```

```
                ' Response.Clear
                Response.End
            end if
        next
Response.write "程序停止！"%>
</body>
</html>
```

运行结果见图 7-10。

图 7-10　Response 对象基本方法的使用

从上面的运行结果可看到，由于调用了 Response 对象的 End 方法，语句：response.write "程序停止！"就不会被执行。若将注释符去掉，会出现什么结果？本例中每缓存了 5 个 i 值后才送到浏览器进行输出，若去掉 response.flush 及注释符，会有什么结果？

7.3.3　Cookies 数据集合

Cookies 数据集合是 Request 对象和 Response 对象共有的经常用到的集合。Cookies 数据集合用来记录客户端的信息，允许用户检索在 HTTP 请求中发送的 Cookie 值。

1．什么是 Cookie

Cookie 是一个文本文件，是服务器在浏览器端写入的小文件并保存在客户端的硬盘上，其中包含用户的有关信息，如用户账号、密码、用户访问该站点的次数等。

Cookie 实际上是一个服务器通过浏览器保留下来的一个记录，其实就是一个标签。当访问一个需要唯一标识你的 Web 站点时，它会在硬盘上留下一个标记，下一次访问同一个站点时，站点的页面会查找这个标记。比如访问一个需要密码的网站时，除了第一次需输入账号、密码外，以后就不必再输入密码，使用的就是 Cookie 技术。

每个 Web 站点都有自己的标记，标记的内容可以随时读取，但只能由该站点的页面完成。每个站点的 Cookie 与其他所有站点的 Cookie 存在同一文件夹中的不同文件内。

如果使用的是 Windows 2000/XP 系统，则 Cookies 文件存放在 C:\Documents and Settings 中用户目录下的 Cookie 子目录中。

存放 Cookie 的文件名命名规则为：用户名@网站名.txt，有时也用 IP 地址来描述网站，这些文件都是纯文本文件。

注意：Cookie 信息只对特定的网站有用，一个网站只能存取它保存在客户端浏览器上的 Cookie 信息，无法获取别的网站的 Cookie。

ASP 利用 Response 对象的 Cookie 设置 Cookie 值，利用 Request 对象的 Cookie 来获取 Cookie 的值。

2. 使用 Response 对象设置 Cookies

Response 对象只有一个 Cookies 数据集合，Cookies 数据集合允许将数据设置在客户端的浏览器中，如果指定名称的 Cookie 不存在，系统会自动在客户端的浏览器中建立新的 Cookie；反之，如果指定的 Cookie 已经存在客户端的浏览器中，那么系统会自动更新该 Cookies 中的数据。

Cookie 的语法如下：

```
Response.Cookies("Cookie名称")[(key)].Attribute=cookie值
```

说明：Cookies 的存储场所是浏览器，但并不是每一种浏览器都具有 Cookies 功能。支持 Cookies 功能的浏览器在默认设置下是启动的状态。若以前更改过默认设置，Cookies 功能可以通过浏览器的设置来开启。以 IE 6.0 为例，单击"工具"菜单中的"Internet 选项"，打开该对话框，选择"隐私"选项，单击其中的"高级"按钮，如图 7-11（a）所示。在打开的"高级隐私策略设置"对话框中选择"覆盖自动 Cookie 处理"复选框，然后选择"拒绝"，如图 7-11（b）所示，单击"确定"按钮。此时，已关闭了 Cookie。

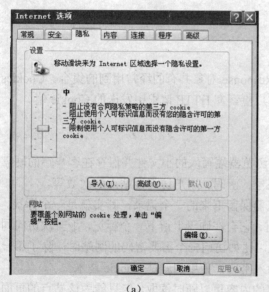
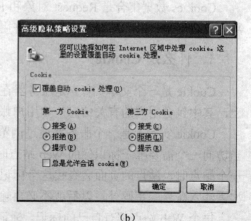

(a)　　　　　　　　　　　　　　(b)

图 7-11　关闭 Cookie

1) Cookies 的参数

`Response.Cookies("cookie名称")[(key)].Attribute=cookie值`

Key：可选参数。如果指定了 key，则该 Cookie 就是一个字典。key 用于从 Cookie 字典（允许多个键值对的存在）中检索子关键字的值，即通过包含一个 key 值来访问 Cookie 字典的子关键字。如：

```
<% response.cookies("user")="renwei" %>   '建立了一个cookie名为user的单值
cookie
'下面的语句建立了一个名为mycookies的Cookies字典
<% response.cookies("mycookies")("name")="刘平"
response.cookies("mycookies")("sex")="男"
%>
```

Attribute：属性参数，指定 Cookie 自身的有关信息。可以是下列之一：

（1）Domain：该属性限定了 Cookie 发送的网站，即 Cookie 将被发送到对该域的请求中去。如：domain=aspsite.com，则 Cookies 只能传到指定的服务器上（如 www.aspsite.com 或*.aspsite.com 等）。默认值是创建该 Cookies 的网站。如：

`Response.Cookies(Cookiename).Domain="happy.com"`

这个语句表示只有 happy.com 网站可以访问名为 Cookiename 的 Cookies。

（2）Expires：指定 Cookie 的过期日期。默认的生命周期起始于它被写入浏览器端的那一刻，结束于浏览器结束执行时；为了在会话结束后将 Cookie 存储在客户端磁盘上，必须设置该日期。利用该属性可设置 Cookies 的存在期限。

（3）HasKeys：确定 Cookie 是否包含多个关键字。若包含多个，则 HasKeys 返回 True，否则为 False，其值为只读。若要确定某个 Cookie 是否是一个 Cookie 字典（即 Cookie 是否有关键字），则要使用该属性。

（4）Path：该属性限定浏览器如何发送 Cookie，如：

`response.cookies("username").Path="/test"`

则浏览器对/test/login.asp 及/test/aa/login.asp 的请求均会带 Cookie 信息，浏览器对/login.asp 的请求就不会带该 Cookie 信息。Path 属性的默认值是创建该 Cookie 的 ASP 页面所在的路径。例如：要设置只有 dir1 目录可以访问名称为 cookiename 的 Cookies，可以表示如下：

`Response.Cookies(cookiename).path="/dir1"`

注意：现在的浏览器在判断 Cookies 的路径时区分大小写，这就意味着如果路径是/test，那么对/TEST 路径下的页面请求就无法进行这个 Cookies 的调用。

（5）Secure：若被设定为 True，则传递中就需使用加密算法。

2) Cookies 的使用

在 ASP 程序中，用 Response 对象的 Cookies 集合可设置两种 Cookie：一种是单值的；另一种是 Cookie 字典类型，即允许多个键值成对存在。

下面介绍如何在用户端计算机建立一个 Cookie，它传送名为 user、值为 renwei 的 Cookie 给浏览器。

例 7-13

```
<% @language="VBScript"%>
<% response.cookies("user")="renwei" %>
<html>
<head><title>cookies</title></head>
<body>
<h3>This is a cookie example
</body>
</html>
```

如果需要创建多个 Cookie，除了使用简单 Cookie 之外，还可创建一个 Cookie 字典。下面这段代码将示例如何在客户端建立"姓名""性别"及"电子邮件"等三个 Cookies，它们会存放在客户端的 Cookies 目录中。

```
<% response.cookies("mycookies")("name")="刘平"
response.cookies("mycookies")("sex")="男"
response.cookies("mycookies")("email")=liuping@163.com
%>
```

以上代码创建了一个名为 mycookies 的 Cookie 字典。

注意：所有写入到客户端硬盘上的 Cookie 都是在该 ASP 程序解释完所生成的 HTML 文件发送给客户端之前完成的。因此，与 Response 对象的 Redirect 方法相似，定义 Cookie 或者写入一个 Cookie 到客户端之前，必须保证已解释的程序中没有任何 HTML 标记及诸如 Response.write 的语句，即没有任何数据已发送到客户端，否则就会发生 HTTP 响应头错误，程序执行终止。

3．使用 Request 对象获取 Cookies

服务器用 Response.Cookies 把"值"放置到客户端的计算机上，当 Web 服务器读取 Cookie 的值时，可以使用 Request.Cookies 的集合来获取。

语法如下：

```
Request.Cookies(cookie)[(key)|.attribute]
```

下面介绍如何在用户端计算机中建立一个名为 user 的 Cookie，其中包含两个关键字 name 和 password，其值分别为 liuping 和 abcdef，然后再将所创建的 Cookie 字典读出。

例 7-14 程序名为 cookies.asp，代码如下：

```
< %
name=request.form("name")
pass=request.form("pwd")
```

```
response.cookies("user")("name")=name
response.cookies("user")("password")=pass %>
<%if request.cookies("user").haskeys then %>
<p>
<% for each key in request.cookies("user") %> 'key用于从cookies字典中检
索子关键字的值。
    <%=key %>的值是: <%=request.cookies("user")(key) %>
</p>
<% next %>
<% end if %>
```

下面为 HTML 程序：

```
<html>
<head>
<title>cookie</title></head>
<body>
<form method="post" action="cookies.asp">
<p><input type="text" name="name">
<input type=""password" name="pwd">
<input type="submit" value="提交" name="B1">
<input type="reset" value="重置" name="B2"></p>
</form>
</body>
</html>
```

例 7-15 使用 Cookies 实现用户自动登录的功能，即利用 Cookies 记住访问者的信息。

分析：这是一个包含 Cookies 读、写的综合实例。文件 11.asp 的代码如下：

```
<%
nn=request.cookies("user")("username")
pp=request.cookies("user")("password")
%>
<html>
<head>
<title>cookies 使用</title></head>
<body>
<form method="post" action="cookies.asp">
<p>用户名:<input type="text" name="username" value=<%=nn%>>
</p>
<p>密  码:<input type="password" name="pwd" value=<%=pp%>>
</p>
<input type="submit" value="提交" name="B1">
<input type="reset" value="重置" name="B2">
```

```
</form>
</body>
</html>
```

cookies.asp 的代码如下：

```
<%
name=request.form("username")
pass=request.form("pwd")
response.cookies("user")("username")=name
response.cookies("user")("password")=pass
response.cookies("user").Expires=Date()+7
%>
```

运行 11.asp 文件，结果如图 7-12（a）所示。用户信息输入并提交后，再次运行 11.asp，结果如图 7-12（b）所示，可见利用 Cookies 记住了访问者的信息。

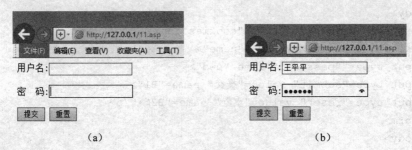

图 7-12　11.asp 文件运行结果

例 7-16　一个综合示例，用来显示是第几次访问本站。

```
<% Response.buffer=true %>
<html>
<head>
  <title>Cookies 综合示例</title>
</head>
<body>
  <%
  dim varnumber
  varnumber=request.cookies("number")
  if varnumber="" then
     varnumber=1
  else
     varnumber=varnumber+1
  end if
  response.write "您是第" & varnumber & "次访问本站"
  response.cookies("number")=varnumber
  response.cookies("number").expires=#2016-5-1#
```

```
         %>
    </body>
    </html>
```

程序的运行结果如图 7-13 所示。

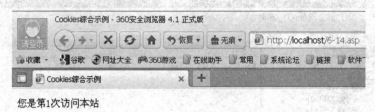

图 7-13　例 7-16 运行结果

7.4　Server 对象

在 ASP 中,当处理 Web 服务器上的特定任务,特别是一些与服务器的环境和处理活动有关的任务时,需要用到 Server 对象。Server 对象提供对服务器上的方法和属性的访问,可用于服务器端的控制和管理。利用它提供的一些方法,可以实现许多高级的功能。例如:利用 Server 对象提供的 CreateObject 方法建立一个 FileSystemObject 服务器组件(即外挂对象)的对象实例,可实现在服务器端读写文件。

Server 对象的使用语法为:

```
Server.property|method
```

其中,property 表示 Server 对象的属性,method 表示 Server 对象的方法。

7.4.1　Server 对象的属性

Server 对象只有一个 ScriptTimeout 属性,用来设置脚本运行的过期时间,表示超时值,即在脚本运行超过这一时间之后即作超时处理。如下代码指定服务器处理脚本在 100 秒后超时:

```
<% Server.ScriptTimeout=100 %>
```

等号后面的值是以秒为单位的,而 Response 的 Expires 属性是以分为单位的。该属性的默认值是 90s。若所设时间低于 90s,则仍以默认值作为脚本文件执行的最长时间。服务器在处理脚本时,如果超过这个时间而未结束,则服务器会强制脚本结束,不再执行未完成的脚本。如果 Response 对象的 Buffer 属性设为 True,且网页的处理时间也超过 Server 对象的 ScriptTimeout 属性值,则该网页将无法传到客户端的浏览器。

注意:时间的设置必须在 ASP 程序之前,否则没有任何效果。

改变脚本超时的设置可由改变 IIS 相关设置来实现，步骤如下：

（1）选择"开始"→"控制面板"→"管理工具"→"Internet 服务管理器"，打开"Internet 信息服务"窗口，如图 7-14 所示。

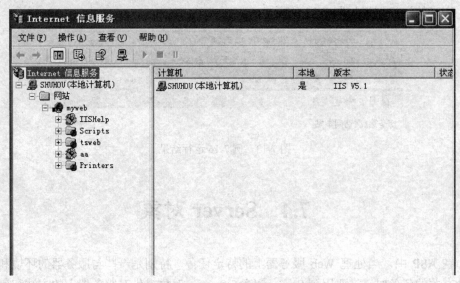

图 7-14 "Internet 信息服务"窗口

（2）右击站点名（myweb），在弹出的快捷菜单中选择"属性"命令，打开"myweb 属性"对话框，选择"主目录"选项卡，如图 7-15 所示。

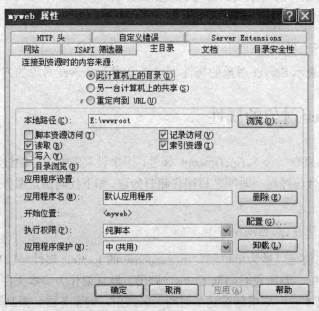

图 7-15 "myweb 属性"对话框

（3）单击"配置"按钮，在打开的对话框中单击"选项"，如图 7-16 所示。
（4）在该对话框中，可以设置"ASP 脚本超时"的具体值。

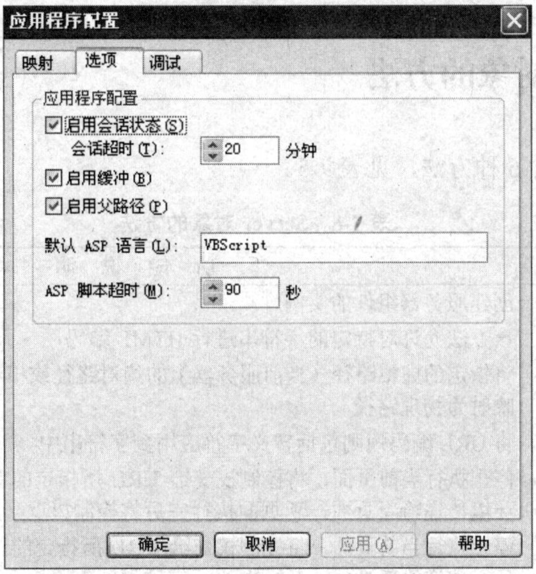

图 7-16 "应用程序配置"对话框

例 7-17 设置 ScriptTimeout 属性为 150s，并在浏览器中显示 ASP 程序允许运行的最长时间，如图 7-17 所示。

```
<% server.scripttimeout=150 %>
<html>
<head><title>显示此页面运行的最长时间</title></head>
<body>
<% Response.write "此页面运行的最长时间是"
    Response.write server.scripttimeout
    Response.write "秒"
%>
</body>
</html>
```

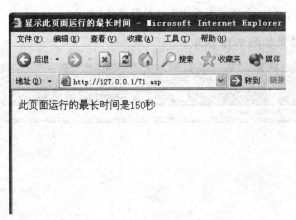

图 7-17 设置脚本运行的最长时间

7.4.2 Server 对象的方法

Server 对象包含 6 种方法，见表 7-5。

表 7-5 Server 对象的方法

方　　法	功　能　说　明
CreateObject	创建服务器组件的实例
HTMLEncode	该方法允许对特定的字符串进行 HTML 编码
MapPath	将指定的虚拟路径（当前服务器上的绝对路径或相对于当前页的相对路径）映射为物理路径
URLEncode	将 URL 编码规则包括转义字符应用到字符串中
Execute	停止执行当前页面，将控制权交给 URL 所指定的新页面，并将用户的当前环境传递给新页面，新页面执行完后将控制权返回原始页面
Transfer	停止执行当前页面，将控制权交给 URL 所指定的新页面，并将用户的当前环境传递给新页面，新页面执行完后便结束原始页面的执行

1．HTMLEncode 方法

HTMLEncode 方法允许对特定的字符串进行 HTML 编码，从而使该字符串以所需的形式显示出来。语法格式为：

```
Server.HTMLEncode(string)
```

其中，参数 string 是指欲编码的字符串，它的功能是将字符串编码为 ASCII 形式的 HTML 文件。在 ASP 编程过程中，有时为了特殊的需要，要向屏幕输出一些 HTML 或 ASP 语言的特殊标记，如<、<%等标记符号，就必须用 Server 对象的 HTMLEncode 方法。这样，当在浏览器中显示 HTML 字符串时，就不会把它解释为文本格式的指令，见例 7-18。

例 7-18

```
<% response.write("现在显示的是<H3>号字体！")%>
```

执行以后的结果如图 7-18 所示。

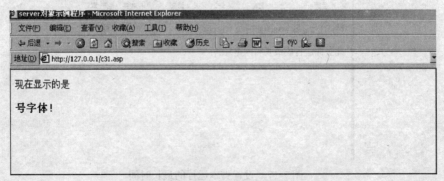

图 7-18　没有使用 HTMLEncode 方法

实际上希望的显示结果为："现在显示的是<H3>号字体！"，之所以出现图 7-18 所示的结果是因为当遇到 HTML 标记字符时，浏览器总是将它解释为格式指令。可将上例改为：

```
<% response.write server.HTMLEncode("现在显示的是<H3>号字体！") %>
```

即可得到正确显示，见图 7-19。

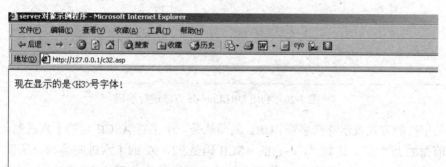

图 7-19 使用 HTMLEncode 方法

由此可见采用 Server 对象的 HTMLEncode 方法，可将 HTML 标记字符由对应的、不由浏览器解释的 HTML 字符编码代替。

2．URLEncode 方法

该方法类似于 HTMLEncode 方法，用来把 URL 地址码转换成字符串，即对 String 进行编码，可以根据 URL 规则对字符串进行正确编码。当字符串数据以 URL 的形式传递到服务器时，在字符串中不允许出现空格，也不允许出现特殊字符或中文。使用方法如下：

```
Server.URLEncode("URL 地址码")
```

例 7-19 将所显示的字符串变成 URLEncode 方法编码的字符串，如图 7-20 所示。

```
<html>
<head><title>URLEncode</title></head>
<body>
<% Response.write("http://www.microsoft.com<br>")    '这是一般的脚本语句
Response.write Server.URLEncode("http://www.microsoft.com")
%>
</body></html>
```

为了避免被服务器拒绝或造成错误，交给服务器的字符串（尤其是中文或特殊字符）最好先经过编码，编码的方式就是使用 URLEncode 方法。用"+"代替空白字符，用"%"、

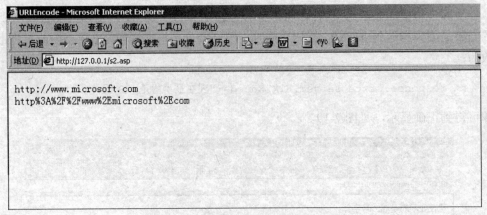

图 7-20　利用 URLEncode 方法进行编码

数值与字符的方式表示特殊字符。URL 编码就是一个字符 ASCII 码的十六进制，不过需要在前面加上"％"。比如"\"，它的 ASCII 码是 92，92 的十六进制是 5c，所以"\"的 URL 编码就是%5c。汉字的 URL 编码是该汉字国标码（或 GB2312 码）的十六进制。如"胡"的 GBK 码（国标码或 GB2313 码）的十六进制是 BAFA，URL 编码是"%BA%FA"。

3．MapPath 方法

在 ASP 页面中，通常用虚拟路径（相对路径或绝对路径）来表示文件的路径，以隐藏文件的真实路径（物理路径），但对文件进行存取操作时，又需要真实路径，此时就可利用 MapPath 方法。

语法格式：

```
Server.MapPath(path)
```

其中 path 指定要映射物理目录的相对或绝对路径。

什么是相对路径和绝对路径呢？凡是以斜杠（/）或反斜杠（\）开头的路径就是绝对路径，表示从根目录开始，而没有以 "\" 或 "/" 开头的路径就是相对路径，表示从当前目录开始，是当前 ASP 文件所在的路径。

总之，MapPath 方法将指定的虚拟路径（即当前服务器上的绝对路径或相对于当前页面的相对路径）映射到物理路径上去。

注意：MapPath 方法不检查返回的路径是否正确或在服务器上是否存在。

例如，要获得当前站点根目录的真实物理路径，实现语句为：

```
<% =server.MapPath("/") %>
```

对于 IIS 服务器，默认情况下，其返回值是：

```
c:\Inetpub\wwwroot
```

例如：文件 data.txt 和 test.asp 文件都位于目录 C:\Inetpub\wwwroot\script 下，并且 C:\Inetpub\wwwroot 目录被设置为服务器的主目录。假设当前正在运行的文件是 test.asp，可利用下列方法来获取当前正在运行的 ASP 页面的真实路径：

（1）已知待运行的具体文件名，直接用 MapPath 方法求其真实路径，例如：

`<%= server.MapPath("test.asp") %>`

（2）利用 Request 对象的服务器变量（即 Servervariables）的 PATH_INFO（返回网页文件的虚拟路径）映射当前文件的物理路径，例如：

`<%= server.Mappath(Request.ServerVariables("PATH_INFO"))%>`

（3）利用 Request 对象的 Servervariables("path_translated")直接获取正在运行的 ASP 页面的真实路径，例如：

  `<%= request.Servervariables("path_translated") %>`

以上三种方法的输出均为：

`c:\inetpub\wwwroot\script\test.asp`

由于下例中的路径参数不是以斜杠字符开始的，所以它们被映射到当前目录下，已知文件所在目录为 C:\Inetpub\wwwroot\script，实现语句为：

`< %= server.mappath("data.txt")%>`
`< %= server.mappath("asp/data.txt")%>`

输出是：

`c:\inetpub\wwwroot\script\data.txt`
`c:\inetpub\wwwroot\script\asp\data.txt`

4．CreateObject 方法

Server.CreateObject 是 ASP 中最常用、最重要的方法。它用于创建已经注册到服务器上的服务器组件（ActiveX 控件）的实例，包括所有的 ASP 内置的组件，也可以是第三方提供的 ActiveX 组件。这样可以在 ASP 程序中调用服务器对象。这是一个非常重要的特性，因为通过使用 ActiveX 组件能够轻松地扩展 ActiveX 的能力，实现一些仅依赖脚本语言无法实现的功能，譬如数据库访问、文件访问、广告显示、E-mail 发送、文件上载等功能。组件只有在创建了实例以后才可以使用。其语法格式如下：

`Server.CreateObject("Component Name")`

默认情况下，由 Server.CreateObject 方法创建的对象具有页作用域。这就是说，在当前 ASP 页处理完成之后，服务器将自动破坏这些对象。若想在其他页面中也可使用该对象实例，可将该对象实例存储在 Session 对象或 Application 对象中。例如：

`<% set session("conn")=server.createobject("ADODB.Connection")%>`

5. Execute 方法

这个方法是 IIS5.0 新增的功能。用途类似于程序语言中的函数调用，即可在 ASP 程序中使用 Server.Execute(path)方法调用 Path 指定的 ASP 程序，待被调用的程序执行完之后再返回原来的程序，继续执行接下来的指令。

例 7-20 Execute 用法示例。

page1.asp：

```
<html>
  <body>
  <p><% response.write "调用 Execute 方法之前"%></p>
    <% server.execute("page2.asp") %>
  <p><% response.write  "调用 execute 方法之后"  %></p>
  </body>
</html>
```

Page2.asp：

```
<html>
  <body>
  <p><% response.write "这是 page2.asp 的执行结果"  %></p>
  </body>
</html>
```

运行结果如图 7-21 所示。

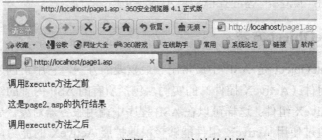

图 7-21　调用 Execute 方法的结果

6. Transfer 方法

这个方法是 IIS5.0 新增的功能，语法格式为：

```
Transfer(path)
```

用途：将目前 ASP 程序的控制权转移至 path 指定的 ASP 程序，即使转移之后的程序已经执行完毕，控制权也不会返回原来的程序。

例 7-21 Transfer 用法示例。

Page1.asp：

```
<html>
  <body>
  <p><% response.write "调用 Transfer 方法之前" %></p>
    <% server.transfer("page2.asp") %>
  <p><% response.write "调用 Transfer 方法之后" %></p>
  </body>
</html>
```

Page2.asp：

```
<html>
  <body>
  <p><% response.write "这是 page2.asp 的执行结果" %></p>
  </body>
</html>
```

运行结果如图 7-22 所示。

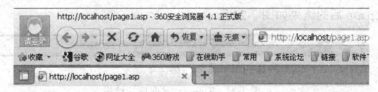

图 7-22 调用 Transfer 方法的结果

Server.Transfer 方法和 Response.Redirect 方法都有网页导向的功能，它们有何区别？

区别在于：使用 Transfer 转移控制权，所有内置对象的值都会保留到重新导向之后的网页，如 Request 对象的集合等；而使用 Redirect 转移控制权则不会保留内置对象的值。

例 7-22 文件 show.asp 的代码如下：

```
<html>
<body>
 <p>
<% response.write "Servervariables 集合中的 URL 值为：" & Request.ServerVariables("URL") %>
</body>
</html>
```

（注：ServerVariables("URL")用来获取当前网页的虚拟路径。）

文件 pp1.asp 的代码如下：

```
<html>
```

```
  <body>
  <p><% response.redirect("show.asp") %>
  </body>
</html>
```

运行 pp1.asp 后的结果如图 7-23 所示。

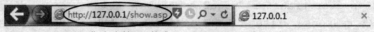

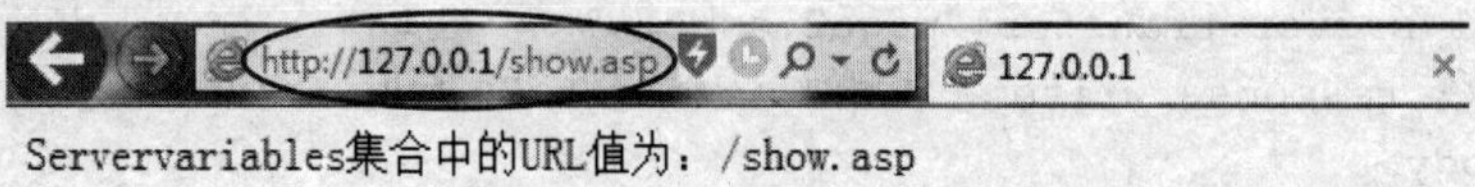

http://127.0.0.1/show.asp
127.0.0.1
Servervariables集合中的URL值为：/show.asp

图 7-23　Redirect 导向后的结果

文件 pp.asp 的代码如下：

```
<html>
  <body>
  <p>
      <% server.transfer("show.asp")  %>
  </body>
</html>
```

运行 pp.asp 后的结果如图 7-24 所示：

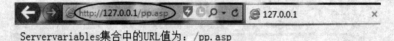

http://127.0.0.1/pp.asp
127.0.0.1
Servervariables集合中的URL值为：/pp.asp

图 7-24　Transfer 导向后的结果

用 Transfer 方法能从页面 A 跳到页面 B 而不会丢失页面 A 中收集的用户提交信息。此外，在转移的过程中，浏览器的 URL 栏不变，如上例。

7.5 Session 对象

7.5.1 Session 对象概述

1. Session 对象简介

当用户浏览 Web 站点时，使用 Session 对象可以为每一个用户保存指定信息。一个 Session 的值对应于一个用户，对不同的用户其值是不同的。使用 Session 对象可存储特定的用户会话所需的信息。当用户在应用程序各 Web 页之间跳转时，存储在 Session 对象中的信息不会丢失，在整个用户会话中一直存在。Session 对象的语法如下：

```
Session.属性|方法|事件
```

Session 对象的创建和使用弥补了 HTTP 协议的局限。HTTP 协议的工作方式是：用户发出请求,服务器端作出响应,这种用户端和服务器端之间的联系是离散的,在 HTTP 协议中没有什么方法能够允许服务器端来跟踪用户请求。在服务器端完成响应用户请求后,服务器端不能持续与该浏览器保持连接。从网站的观点来看,每一个新的请求都是单独存在的,当用户在多个主页间转换时,根本无法确认用户的身份,故将 HTTP 称为无状态协议(state-less)。Session 对象弥补了这个缺陷。利用 Session 对象可以使一个用户在多个主页间切换时也能保存用户的信息。当用户请求来自应用程序的 Web 页时,如果该用户还没有会话,则 Web 服务器将自动创建一个 Session 对象。当会话过期或被放弃后,服务器将终止该会话。

注意:会话状态仅在支持 Cookie 的浏览器中保留,如果客户关闭了 Cookie 选项,Session 也就不能发挥作用了。使用 Session 对象前,必须确认浏览器的 Cookie 功能已启动。

2.利用 Session 存储信息

可以在一个页面中用下面的方法把数据存储到指定的 Session 中:

```
< % Session("myname")="wugang"
      Session("password")="8888" %>
```

在另一个页面用下面的方法取得数据:

```
<% myname=Session("myname")
   password=Session("password")
%>
```

例 7-23 Session 用法示例。文件名为 72.asp。

```
<html>
<head>
<title> Session Example</TITLE>
</head>
<body>
<%
  dim name
  name="王大为"
 Session("user_name")=name
     Session("Greeting")="Welcome!"
     Response.Write "<a href='session2.asp> 单击显示用户</a>"
%>
</body>
</html>
```

用户单击超链接后,把 session2.asp 中有关信息显示出来,下面是 session2.asp 的代码:

```
<html>
<head>
<title> Session Example </title>
</head>
<body>
<%
dim user
user=Session("use_name")
response.write user %><br>
<%=Session("Greeting") %>
</body>
</html>
```

这两段程序的运行结果如图 7-25、图 7-26 所示。

图 7-25 文件 72.asp 的显示结果

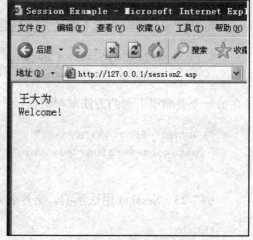
图 7-26 文件 Session2.asp 的显示结果

用户浏览此页面时，同样的问候语"Welcome!"又会显示一次。在此页面上会话变量没有被赋值，变量 Greeting 保留其在前面页面中的赋值，普通变量就实现不了该功能。因为普通变量只存在于一个单独的页面里，而会话变量可以一直保持到用户离开网站。

注意：会话变量只同某个特定用户有关。在一个用户会话中赋予的会话变量值不影响其他用户会话中的变量值。

例 7-24 请编写两个页面。在第一个页面中客户要输入姓名，然后保存到 Session 中；在第二个页面中读取该 Session 信息，并显示欢迎信息。如果客户没有在第一页登录就直接访问第二页，要将客户重定向回第一页。

a1.asp（第一个页面对应的文件）：

```
<html><head></head>
<body>
<% if request.form("send")=false then %>
 <h2 align="center">请填写个人信息</h2>
```

```
<form method="post" action="">
<input type="text" name="name" >
<input type="hidden" name="send" value="true">
<input type="submit" value="提交">
<input type="reset" value="重置">
</form>
<% end if %>
<% if request.form("name")<>"" then
    session("username")=request.form("name")
   end if
%>
</body>
</html>
```

a2.asp（第二个页面对应的文件）：

```
<% if session("username")="" then
     response.Redirect "a1.asp"
   end if
%>
<html>
<body>
<%
response.write "欢迎" & session("username") & "访问网页!<br>"
%>
</body>
</html>
```

该例有实用意义。很多网站为了限制客户必须在首页先登录，然后才能访问别的页面，通常在其他页面的开头加上下面一段程序：

```
<% If session("user_name")="" then
      response.redirect  "index.asp"
   End if
%>
```

7.5.2 Session 和 Cookie 的区别

用 Response 对象可以建立 Cookie 文件，以记录来访客户的各种信息。Session 对象的概念与 Cookie 很相似，也可以用来记录客户的状态信息；不同之处在于 Session 数据存储在服务器上，而 Cookie 数据存储在浏览器本机里。没有人可以通过查看 Cookie 来得到 Session 里的内容，因为每一个 Session 都对应一个由 Web 服务器指定的唯一识别符 SessionID。SessionID 是由一个复杂算法生成的号码，它是每个用户会话的唯一标识。在浏览器中使用 Cookie 来存储这个 SessionID，真正的 Session 数据还是存储在 Web 服务器上。

新会话开始时，服务器将产生的 SessionID 作为 Cookie 存储到用户浏览器中，以此区别各用户的会话，该 Cookie 的名称是 ASPSESSIONID。以后每次用户产生一个新的请求，请求服务器的 ASP 页面时，浏览器会发送该 SessionID 给服务器，服务器都会验证这个用户的 SessionID，以跟踪会话。

我们可以通过向客户程序发送唯一的 Cookie 来管理服务器上的 Session 对象。

Session 的工作原理如下：

在一个应用程序中，当客户端启动一个 Session 时，ASP 会自动产生一个长整数 SessionID，并把这个 SessionID 送给客户端浏览器，浏览器会把这个 SessionID 存放在 Cookies 内。当客户端再次向服务器送出 HTTP 请求时，ASP 会去检查申请表头（即 HTTP 头信息）的 SessionID，并返回该 SessionID 对应的 Session 信息。

Session 对象最常见的作用就是存储用户的惯用选项。例如，如果用户指明不喜欢查看图形，就可以将该信息存储在 Session 对象中。另外，它还经常被用在鉴别客户身份的程序中。要注意的是，会话状态仅在支持 Cookie 的浏览器中保留，如果客户关闭了 Cookie 选项，Session 也就不能发挥作用了。

由于 Session 对象使用了 Cookies，它的兼容性就受到了限制，如有些浏览器提供了屏蔽 Cookie 的选项。

7.5.3 Session 对象的属性

1. SessionID

SessionID 属性返回用户的会话标识。在创建会话时，服务器会为每一个会话生成一个单独的标识。会话标识以长整型数据类型返回，SessionID 的默认值是一行 9 位的数字。SessionID 唯一地标识了一个特定的用户，在新的 Session 开始前，Web 服务器将 SessionID 存储在客户端的浏览器中，以便下次访问服务器时提交给 Web 处理程序，Web 处理程序根据这个 SessionID 找到服务器中以前储存的信息并使用它。

在很多情况下 SessionID 可以用于 Web 页面注册统计，语法如下：

```
Session.SessionID
```

若要输出当前会话的标识符，可使用代码：

```
<%=Session.SessionID %>
```

例 7-25 输出一个 SessionID 的值。

```
<html>
```

```
<head><title>SessionID 的实例演示</title>
</head>
<body>
<br>
<% response.write("系统给你的SessionID编号是" & Session.SessionID)%>
</body>
</html>
```

输出结果如图 7-27 所示。

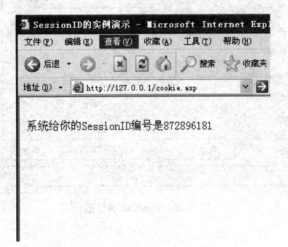

图 7-27　Session 对象的 SessionID 的值

2．TimeOut（过期时间）属性

Session 对象在服务器上保留是有时间限制的，以分钟为单位，默认值为 20 分钟。如果用户在指定时间内没有请求或刷新应用程序中的任何页，会话将自动结束。对于有些网络站点，20 分钟显然有些短，如：网上进行的围棋比赛是需要一定时间来考虑的，若 20 分钟释放了 Session，这个棋手就可能被服务器端轰出局。用户可通过设置 Session 的 Timeout 属性来改变超时时间。

Timeout 属性值的大小直接影响到 Web 服务器上的存储资源的使用。如果浏览每个网页所需的时间较长，可以将该属性值设大一些。由于该属性值对所有的用户都有效，过长的 Timeout 属性值将导致打开的会话过多而耗尽服务器的内存资源，也影响其他访问者的速度。

Server 的属性 ScriptTimeout，单位是秒，用来设置脚本（网页）运行的过期时间，默认值是 90 秒。 Response 的 Expires 属性指定了在浏览器上缓冲存储的页面距过期还有多少时间，以分为单位。

另外，也可利用 IIS 来进行这种控制。在"应用程序配置"对话框中可以限定 Session 的限制时间，如图 7-28 所示。

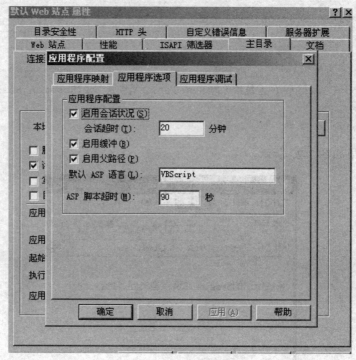

图 7-28　TimeOut 属性的设置

7.5.4　Session 对象的方法

Session 对象仅有一个 Abandon 方法用于释放 Web 服务器为保存某个用户会话信息所占用的存储空间。如果用户未调用 Abandon 方法，那么该会话信息也会在 TimeOut 属性设定的时间之后由服务器自动删除。语法格式为：

Session.Abandon

请看下面代码：

```
<% Session("myname")="liuping"
   Session.Abandon
   Response.write Session("myname")
%>
```

调用 Abandon 方法后，当前的 Session 对象被放到删除队列里，只有在当前页中所有脚本命令都处理完之后，对象才会被真正删除。这便意味着可以在调用 Abandon 方法之后，在同一页存取 Session 对象。故上述代码执行后，仍会输出"liuping"，而在随后的网页文件中如果有上面的第 3 行代码，则输出为空，因为 Session 内的信息已被删除。

7.5.5 Session 对象的事件

Session 对象有两个事件：Session_OnEnd 事件和 Session_OnStart 事件。

1. Session_OnStart 事件

Session_OnStart 事件在服务器创建新会话时发生（当一个 Session 开始时被触发）。服务器在执行请求的页之前先处理该脚本。Session 对象的 OnStart 事件中的代码（如果有的话）保存在 Global.asa 文件中。这是一个特殊的文件，其后缀名 asa 代表 Active Server Application（活动服务器应用），使用任何一个普通的文本编辑器都可以编辑它。它被放在每一个应用程序的根目录下，有关该文件的详细信息参见 7.7 节。

使用 Session_OnStart 的格式如下：

```
<script language="VBScript" RUNAT=Server>
  Sub Session_OnStart
    ...
  End Sub
</script>
```

注意：Global.asa 文件使用了微软的 HTML 拓展<script>标识语法来限制脚本，也就是说，必须用<script>标识来引用这两个事件，而不能用<% 和 %>符号引用。

Global.asa 文件中不能含有任何输出语句，如 HTML 的标记和 Response.write()之类的代码都不能出现在该文件中。

在 Global.asa 文件中添加要运行的脚本程序后，只要创建 Session 对象，这些脚本程序就会自动运行。例如：

```
<script language="VBScript" RUNAT=Server>
Sub Session_OnStart
Session("name")="Unknow"
Session("password")="Unknow"
End Sub
</script>
```

这个脚本程序将值 Unknow 赋给了 name 和 password 变量。

Session_OnStart 脚本程序可以用于多种目的。例如，希望访问者必须浏览某一个主页时，可在用户进程开始时进行引导，在 Session_OnStart 事件中调用 Redirect 方法。程序如下：

```
<script RUNAT=Server Language="VBScript">
Sub Session_OnStart
startPage = "/MyApp/StartHere.asp"
currentPage = Request.ServerVariables("SCRIPT_NAME")
```

```
if strcomp(currentPage,startPage,1) then
    Response.Redirect(startPage)
end if
End Sub
</script>
```

服务器环境变量 SCRPIT_NAME 是获得脚本文件的虚拟路径；而 Server 对象的 MapPath 方法是将指定的虚拟路径映射到物理路径上去。在这个脚本程序中，将用户请求和主页路径进行比较，如果结果不相同，用户就被自动引导到该主页。下面简单说明 Strcomp 函数的用法，格式如下：

Strcomp(string1,string2,type)

作用：比较两个字符串。
Strcomp 函数的返回值有不同的意义，如表 7-6 所示。

表 7-6　Strcomp 函数返回值的意义

返回值	意　　义	返回值	意　　义
−1	string1<string2	1	string1>string2
0	string1=string2	NULL	string1 或 string2 为 NULL

2．Session_OnEnd 事件

对应 Session 对象的结束事件，当 Session 对象被终止或失效时，该事件所对应的代码被激活。Session_OnEnd 事件过程同样保存在 Global.asa 文件里。

7.6　Application 对象

7.6.1　Application 对象概述

Application 对象是应用程序级的对象，用来在所有用户间共享信息，并可以在 Web 应用程序运行期间持久地保持数据。如果不加限制，所有的用户都可以访问这个对象。

Application 对象和 Session 对象有很多相似之处，它们的功能都是在不同的 ASP 页面之间共享信息，最大的不同在于其应用的范围。Application 对象是对所有用户，Session 对象是对单一用户。比如对于同一个网页，不同的访问者会创建不同的 Session。例如 Session("name")，若是张三访问某页，将这个值设置为"张三"，而李四访问时，则将该值设为"李四"。对于 Application 对象就不同了，如果存在 Application("name")，张三将其设为"张三"，李四读取这个 Application("name")时，值还是"张三"。这很像程序语言中的全局变量，任何访问这个网站的人都可以设置和取得这个值。Application 对象最典型的应用是聊天室，大家的发言都存到一个 Application 对象中，彼此都可以看到发

言内容。

由于网页在同一时间里可能同时会有许多使用者,所以在修改 Application 对象的内容时,必须将 Application 对象用 Lock 方法锁起来。该方法可以确保这个变量在同一时间只有一个使用者更改其内容。

Application 对象的使用语法为:

```
Application.collection|method
```

其中,collection 表示 Application 对象的集合,method 表示 Application 对象的方法。Application 对象对应两个事件:Application_ OnStart 事件及 Application_OnEnd 事件。

7.6.2 Application 对象的设置和变量读取

Application 对象没有内置的属性,但可以由用户定义。使用以下语法设置用户定义的属性,也可称为集合:

```
Application("属性 / 集合名称")= 值
```

Application 对象的设置和变量读取过程与 Session 对象有区别。可以使用如下脚本声明并建立 Application 对象的属性,将值存入到 Application 对象的集合中:

```
<%
Application.lock
Application("name") = John
Application("Greeting")="Welcome to my Web"
Application.unlock
%>
```

通过下面的语句,即可读取 Application 对象中的变量:

```
<%=Application("name")%>
```

运行后将在屏幕上显示变量的值。

如果需要将一个对象存入 Application 对象集合中,可用 Set 方式,如:

```
<%
Set Application("MyObj") = Server.CreateObject("MyComponent")
%>
```

可以按下面的方法引用这个对象的属性和方法:

```
<%
 Application("MyObj").MyObjMethod
%>
```

一旦分配了 Application 对象的属性,它就会永远存在,直到关闭 Web 服务器使

Application 终止。由于存储在 Application 对象中的数值可以被应用程序的所有用户读取，所以 Application 对象的属性特别适合在应用程序的用户之间传递信息。

由于 Application 变量创建后不会自己消亡，故要小心使用。Application 变量的创建是需要占用内存的。

注意：Application 变量终止的情况有 3 种：服务器被关闭，Global.asa 文件被改变或者该 Application 应用程序（在同一虚拟目录及其子目录下的所有.asp 文件构成了 ASP 应用程序）被卸载。

7.6.3 Application 对象的方法

Application 变量对所有用户均有效，每个用户均可设置或修改其值。在这种多用户环境中，为防止修改时出现共享冲突，Application 对象提供了加锁和解锁方法，即 Lock 和 Unlock 方法。

1．Lock 方法

该方法用于锁定对象，禁止其他用户修改 Application 对象的属性，以确保在同一时刻仅有一个用户可修改和存取 Application 变量，以保证数据的一致性和完整性。如果用户没有明确调用 Unlock 方法，则服务器将在 .asp 文件结束或超时后解除对 Application 对象的锁定。

Lock 方法的使用语法为：

```
Application.Lock
```

2．Unlock 方法

和 Lock 方法相反，它用于解除 Application 对象的锁定，允许其他客户修改 Application 对象的属性。

下面举一个最简单的用 Application 对象实现的计数器的例子。

例 7-26 用 Application 对象来记录页面访问次数。

```
<%
Dim NumVisits
Application("NumVisits")=0          '初始化为 0
Application.Lock                    '先锁定
Application("NumVisits") = Application("NumVisits") + 1
Application.Unlock                  '再解锁
%>
<html>
<head>
  <title>Application 实例</title>
<body>
```

欢迎光临本网页，你是本页的第 < %= Application("NumVisits") %> 位访客！
</body> </html>

当然，一旦服务器重新启动 Application 就会丢失数据，访客人数就为零了。

7.6.4 Application 对象的事件

Application 对象有两个事件：
- Application_OnStart：在应用程序启动时调用。
- Application_OnEnd：在应用程序终止时调用。

这两个事件和 Session 的两个事件的处理程序都放在文件 Global.asa 中。

1. Application_OnStart 事件

Application_OnStart 事件在首次创建新的会话（即 Session_OnStart 事件）之前发生，而不是像 Session 对象的事件那样在一个新用户请求后就触发。Application 对象的事件只触发一次，即在网站的第一个用户首次打开应用程序的 Web 页时启动。

当 Web 服务器启动并允许对应用程序所包含的文件进行请求时就触发 Application_OnStart 事件。该事件仅在第一个用户请求时发生，如果随后还有第二、第三个用户访问该站点，该事件都不会再发生，因为应用已处于运行状态。Application_OnStart 事件的处理过程必须写在 Global.asa 文件之中。

Application_OnStart 事件的语法如下：

```
< SCRIPT LANGUAGE="VBScript" RUNAT=Server>
Sub Application_OnStart
…
End Sub
< /SCRIPT>
```

Application 事件的代码和 Session 事件代码一样有限制，即不能使用 HTML 标志，不能进行任何输出。通常我们会利用这一事件来初始化一些具有应用程序作用域的变量，在应用程序结束之前，这些变量将一直保存在服务器内存之中。

Application_OnStart 事件就好像是一个应用程序的初始化事件，但它同一般的视窗应用程序最大的不同在于 Application_OnStart 事件是针对多用户。若在 Application_OnStart 事件中载入一个数据库存取组件或文件存取组件，那么就只有第一个用户浏览时才会进行下载的动作，往后其他用户浏览网页时，系统就不需要重复进行下载，这样可大大节省运行时间。

2. Application_OnEnd 事件

Application_OnEnd 事件在应用程序退出或 Web 服务器被关闭时在 Session_OnEnd 事件之后发生，同样对每个应用来说，Application_OnEnd 事件也仅被触发一次，

Application_OnEnd 事件的处理过程也必须写在 Global.asa 文件之中。

7.6.5 Session 对象和 Application 对象的比较

通过对 Session 对象和 Application 对象的讨论可知，它们之间有许多相似之处：它们都可在不同的 ASP 页面之间共享信息，都允许用户自定义属性，对象中的变量都可以进行存取，都有生命周期和作用域。它们最大的不同在于其应用的范围：Application 对象是对所有用户，Session 对象是对单一用户。具体地说，Session 对象是每位连接者自己所拥有的，每有一个连接就为它单独产生一个 Session 对象，有多少个连接就有多少个对象，结束一个连接就终止一个 Session 对象。而 Application 对象是所有该网页的连接者共有一个对象，当有第一个连接时产生，直至所有连接都断开或 IIS 服务器被关闭而终止。

Session 对象通常被用来记录单个用户的信息，如身份密码、个人喜好等；Application 对象则被用来记录所有用户的公共信息，如主页访问记数器、广告单击的次数、公共讨论区的信息等。

7.7 Global.asa 文件

Global.asa 文件对于 ASP 应用程序是一个可选文件，使用任何一个普通的文本编辑器都可以编辑它。该文件的内容不是用来给用户显示的，主要用来追踪 Session 和 Application 对象的 OnStart 和 OnEnd 事件，并实现对事件的响应。

在这个文件中，用户可以指定 Application 和 Session 对象的事件脚本，并声明具有会话和应用程序作用域的对象。这个文件的名称必须是 Global.asa，必须存放在 Web 站点的根目录中，而且每个 Web 站点只能有一个 Global.asa 文件。

Global.asa 文件中的内容由 Application 和 Session 对象的 OnStart 和 OnEnd 事件激活，在以下两种情况下被调用：

（1）当 Application_OnStart 或 Application_OnEnd 事件被触发。

（2）当 Session_OnStart 或 Session_OnEnd 事件被触发。

ASP 为 Application 和 Session 对象提供 OnStart 和 OnEnd 事件，使这两个对象的功能更加强大。OnStart 和 OnEnd 事件的程序代码必须存在于 <Script> 标识之中，并将该标记的 RunAt 属性设置为 Server。下面是 Global.asa 文件的文件结构。

```
<Script Language="VBScript" RUNAT=Server>
sub Application_OnStart
…
END Sub
Sub Application_OnEnd
…
```

```
END Sub
SUB Session_OnStart
...
END SUB
SUB Session_OnEnd
...
END SUB
</Script>
```

注意：在 Global.asa 文件中，所有的代码必须用<Script>和</Script>标记来界定，而不能用符号<%和%>标记。在 Global.asa 文件中不能有任何输出语句，比如 Response.Write。因为该文件只是被调用，根本不会显示在页面上，所以不能输出任何显示内容。

例 7-27 编写一个统计在线人数和访问总人数的小程序，下面是 Global.asa 文件的源代码：

```
<script language="VBScript" RUNAT=Server>
Sub Application_OnStart
   Application.lock
   Application("all")=0
   Application("online")=0
application.unlock
End Sub
Sub Session_OnStart
Application.lock
Application("online")=Application("online")+1
Application("all")=Application("all")+1
Application.unlock
End Sub
Sub Session_OnEnd
  Application.lock
  Application("online")=Application("online")-1
Application.unlock
End Sub
</script>
```

下面是显示页面的源程序：

```
<% @ language="VBScript"%>
<html>
<head>
<title>显示网站在线人数与总人数</title>
</head>
<body>
<% session.timeout=5 %>      //设置 Session 过期时间为 5 分钟
```

```
<p>在线人数: <%=Application("online") %><p>
<p>访问总人数: <%=Application("all") %><p>
</body>
</html>
```

通常为了使所显示的计数器更美观，可以设计成图形显示的主页计数器，即用图形化的数码来代替数字输出。因此需要准备由 0 到 9 的数字图片，这些图片可以依次命名为 1.gif、2.gif 等。假设文件存放在/images/digit 目录中，则实现代码为：

```
<% @ Language="VBScript"%>
<html>
<head>
<title>
  图形访问计数器
</title>
</head>
<body>
<% strtotal=CStr(Application("all")+10^8) )     '把访问计数转换为字符串，设计
                                                 为8位计数器，不足前缀补0
 For k=1 to 8
  num=mid(strtotal,k,1)                          '获得所要显示的数字符
Response.write "<br>访问总人数为:
<img src=images/digit/" + num+".gif Align=Left>"  '输出该字符对应的数字图片
Next %>
<% Response.write "在线人数为: " & Application("online") %>
</body>
</html>
```

函数 mid（s,k,1）的意思是从字符串 s 的第 k 个字符开始取 1 个字符，这样执行完了以后就将原先的字符数字转化成以图形显示的图形计数器。

7.8　ASP 程序设计举例

通过前面各节的学习，大家对 ASP 技术有了一定的了解。本节通过一个应用实例，帮助大家进一步掌握和理解 ASP 内置对象的使用方法。

聊天室是目前网上应用非常广泛的一种在线即时交流方式。在聊天室网页中，综合运用了 ASP 的多个内置对象，尤其是 Session 对象和 Application 对象，这两个对象的使用是聊天室的核心。Response 对象和 Request 对象与之相比，在程序里只是扮演配角，用以完成一些基本的功能。

本聊天室网页由 6 个文件组成，它们分别是：

（1）Login.htm：实现登录界面，在本例中，为简单起见，采取直接登录进入，未要

求用户注册。

（2）Chat.asp：聊天室的主工作页面，采用框架结构，分别显示聊天内容、聊天者信息和输入聊天内容。该页面读取用户名字，并初始化一个问候字符串，然后进入框架页面。

（3）Say.asp：上方框架的来源网页，实现聊天信息的输入界面，用以输入聊天内容，包含一个单文本输入框和一个提交按钮。

（4）Display.asp：实现聊天内容的显示。它依次显示各个用户输入的信息，每隔5秒钟更新一次。

（5）Userlist.asp：在线名单，用来显示在线用户的名单。

（6）Logout.asp：退出聊天室。

下面具体介绍聊天室网页的创建过程。

1. Login.htm 源程序

```
<html>
    <head><title> 一个简单聊天室实例 </title>
        <script for=frm1 event=onsubmit language="vbscript">
    If frm1.Name.Value="" Then
         Msgbox "名字不能为空"
    End If
    </script>
  </head>
<body>
  <form method="POST" ACTION="Chat.asp" name=frm1>
    <p>请输入您的名字： <input type="text" name="Name" ></P>
       <input type=submit value="登录">
    <input type=reset value="重新输入">
   </form>
 </body>
</html>
```

说明：将文件以 Login.htm 为名存盘，当用户按"登录"按钮后，将打开聊天页面文件 Chat.asp。

2. Chat.asp 源程序

聊天页面有两个任务：

（1）接受并处理登录页面所提供的用户名，将用户名存放在 Session("user")中。

（2）声明构成聊天室的框架网页，上方框架的高度为 100 像素点，来源网页为 Say.asp。下方框架又分为左右两个页面：左下方显示聊天内容，其来源网页为 Display.asp；右下方显示在线名单，其来源网页为 Userlist.asp。

```
<%
```

```
        Session("name")= Request("Name")
        userme=Session("name") & "在"&time &"进入"      '显示聊天者昵称和进入时间
        Application.lock   '下面将聊天者信息保存到Application中,先锁定
        Application("online")=Application("online")+1  '在线人员加1
        Application("show") = userme & "<br>" & Application("show")
        Application.Unlock
    %>
    <html>
      <head><title> 一个简单的聊天室 </TITLE></HEAD>
      <frameset rows=100,*>
        <frame src="say.asp">
        <frameset cols=75%,*>      '增加框架
          <frame src="Display.asp">
          <frame src="Userlist.asp" name=f3>      '增加框架列表项
        </frameset>
      </frameset>
    </html>
```

将文件以 Chat.asp 为名存盘。

说明:

(1) <%…%>中的代码为 ASP 代码,用于处理登录页面提交的数据。

(2) 登录页面提交的名字信息 Request("Name")被存放于 Session 对象的 Session("name")数组变量中。

(3) Userlist.asp 文件显示当前在线名单,并且定期刷新。

(4) Lock 方法用来暂时阻止其他用户改变应用程序变量,变量被锁住后,直到解锁,其他用户无法访问或改变它们。

(5) 数组 Application("show")用于存放用户的登录与退出信息。

(6) 函数 time 返回用户进入聊天室的时间。

3. Say.asp 源程序

发送信息页面(Say.asp)是一个包括文本输入框和提交键的 HTML 表单。该页面可以输入并发送新的聊天信息。在记事本中输入如下代码:

```
<html>
    <head><title> Message Page </title></head>
<%
    If Not Request.Form("message")="" Then
    name=session("name")
    Say=Request("message")
    Sayinfo="" & name & ": " & Say &" "
      Application.Lock
    Application("talk")=Sayinfo & "<br>" & Application("talk")
    Application.Unlock
```

```
End If
%>
    <BODY bgcolor=LightBlue>
      <FORM method=post action="say.asp" name=form1>
        <% =Session("Name") & "," %>
        请输入谈话内容:或
        <A href="Logout.asp" target=f3>退出聊天室</A><BR>
        <INPUT type=text name=message size=40>
        <INPUT type=submit value=发送>
    </form>
  </body>
</html>
```

将文件以 say.asp 为名存盘。

说明：

（1）首先判断表单元素 message（文本输入框）的内容是否为空，如不为空，则将提交的谈话内容 Request.Form("message") 存放于 Application("Talk") 中。数组 Application("Talk")用于存放用户提交的聊天内容。
的作用是将发言内容换行显示。

（2）代码：<FORM method=post action="Say.asp"> 表示表单"提交（post）"后激活的网页是 Say.asp，这样单击"发送"键时此页面重新被载入，从而清空表单元素 message 中的输入内容。

4．Display.asp 源程序

显示页面是用户信息的实际显示处。在记事本中输入如下代码：

```
<html>
  <head>
    <meta http-equiv=refresh content="5">
    <title>Display Page</TITLE>
  </head>
  <body>
  <table border=0 width=600 color=#E7EED1>
    <tr><tb>
  </table>
<%
Response.Write Application("talk")  '读出 Application 中的信息，显示聊天内容
%>
  </body>
</html>
```

将文件以 Display.asp 为名存盘。

说明：

代码：<meta http-equiv=refresh content="5"> 表示网页每隔 5 秒钟自动更新一次，

通过这种刷新显示最新的聊天内容。如果没有这句代码，则必须在用户输入聊天内容并发送后才能刷新。

5. Userlist.asp 源程序

显示在线名单的页面由 Userlist.asp 文件完成，其代码为：

```
<html>
  <head>
    <meta http-equiv=refresh content="5">
    <title>List</title>
  </head>
  <body>
<p>在线名单
  共有<% =Application("online")%>人<BR>\</p>
<%
response.write Application("show")   '读出 Application 中的信息，显示成员信息
%>
  </body>
</html>
```

说明：显示数组变量 Application("show") 中保存的用户列表，并且 5 秒刷新一次。

6. Logout.asp 源程序

当用户离开聊天室的时候，应给出提示，并将在线人数减 1。在 Say.asp 页面中将"退出聊天室"的链接项链接到文件 Logout.asp 上。

在记事本中输入如下代码：

```
<%
a=Session("name")
a=a & "于" & time & "退出"
Application.Lock
Application("online")=Application("online")-1   '在线人数减 1
Application("show") = a & "<br>" & Application("show")
Application.Unlock
Response.redirect "login.htm"    '重定向到首页
%>
```

将文件以 Logout.asp 为名存盘。

说明：在线人数减 1 后，将重新切换到登录页面。

该聊天室设计中，使用 Application 和 Session 对象存放用户名和聊天内容，服务器关机后信息将消失。可以将这两个对象定义在专门的 Global.asa 文件中，以获得更强的功能。另外该实例所实现的聊天室没有采用数据库技术，功能比较弱，是一个简单的聊天室，但可实现基本的聊天功能。

习题 7

1. 简述 ASP 的工作原理。
2. ASP 有哪些内置对象？这些内置对象的功能分别是什么？
3. 简述 global.asa 文件的作用。
4. 用 Form 集合 POST 方法提交一份个人资料，并返回输入的相应信息。

姓名：
性别：○男　○女
年龄：
兴趣（多选）：
　　□体育　□音乐
　　□读书　□旅游

学历：

生活格言：

5. 试编写一个 ASP 页面，显示接受请求的服务器的 IP 地址、服务器的端口号、当前网页的真实物理路径、当前网页的虚拟路径和发出请求的客户方 IP 地址，并根据客户方的 IP 地址判断：如果 IP 地址以 162.105 开头，则显示欢迎信息；否则显示为非法用法，并终止程序。

提示：

```
ip=request.servervariables("remote_addr")
Mid(ip,1,7)
```

6. 开发一个页面，当客户第一次访问时，需在线注册姓名、性别等信息，然后把信息保存到 Cookies 中。下一次如该客户再访问，则显示："某某，您好，您是第几次光临本站"的欢迎信息。

7. 开发一个简单的在线考试程序，可以包括若干道单选题、多选题，单击交卷按钮后就可以根据标准答案在线评分。

提示：

```
If Request.Form("q2")="A, B, C, D" Then
      Grade=Grade+50
```

多选项的值用逗号和空格隔开。

8. 建立一个课堂讨论区，登录到这个讨论区的用户可以发言，也可看到别人的发言，还可以看到目前的在线人数及各用户登录及退出讨论区的时间。

第 8 章 Web 数据库访问

随着 Internet 技术与 Web 技术的飞速发展，人们不再满足只在 Web 浏览器上获取静态信息，需要通过 Web 站点进行发布最新信息、查询信息及网上直接购物等活动，于是基于 Web 方式的数据库技术应运而生。因此，将 Web 技术与数据库相结合，开发动态的 Web 数据库应用已成为当今 Web 技术应用的热点。本章将着重介绍一种有效的 Web 数据库访问技术，即利用 ASP 服务器端的组件 ActiveX Data Objects（ADO）访问数据库。首先对几种常用的 Web 数据库访问技术进行简单介绍。

8.1 常用的 Web 数据库访问技术

1. CGI 技术

CGI（Common Gateway Interface）即通用（或公用）网关接口，是最早的动态网页的解决方案。可以使用不同的程序设计语言来编写 CGI 程序，如 Visual Basic、Delphi 或 C/C++等。CGI 程序放在 Web 服务器的计算机上运行，再将其运行结果通过 Web 服务器传输到客户端的浏览器上。通过 CGI 程序建立 Web 页面与脚本程序之间的联系，利用脚本程序来处理访问者输入的信息并据此做出响应，如常用的访问数据库。

CGI 程序可以建立网页与数据库之间的连接，将用户的查询要求转换成数据库的查询命令，然后将查询结果通过网页返回给用户。CGI 工作的基本原理如图 8-1 所示。

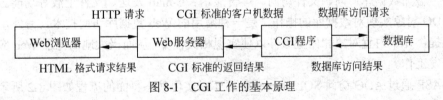

图 8-1 CGI 工作的基本原理

CGI 的主要工作流程：

(1) 一个用户请求激活一个 CGI 应用程序。
(2) CGI 应用程序将用户在交互主页里输入的信息提取出来。
(3) CGI 根据用户的信息调用服务器上的应用程序（如数据库查询）。
(4) 服务器将 CGI 的处理结果以 HTML 文件的形式返回给用户。
(5) CGI 进程结束。

可见，CGI 可以作为 Web 服务器与其他应用程序、信息资源和数据库之间的中介器。

通过 CGI 接口标准，Web 服务器可以调用一个 CGI 程序，同时将用户指定的数据传给它。随后，该 CGI 程序根据传入的数据做相应的处理，最后 Web 服务器再将程序的处理结果返回到 Web 浏览器。为了使用各种数据库系统，CGI 程序支持 ODBC 方式，CGI 程序通过 ODBC 接口访问数据库。

CGI 一般都是一个独立的可执行程序，本质上 CGI 是 Web 服务器端的一个进程。一个 CGI 程序只能处理一个用户请求，每当客户端输入一个请求时，就必须激活一个 CGI 程序。当用户请求很多时，会挤占大量的系统资源，从而使效率低下；而且每一次修改程序都必须重新将 CGI 程序编译成可执行文件。

总之，CGI 技术最为成熟，历史最为悠久，也得到了广泛应用（尤其在 UNIX 平台上）。但 CGI 程序的开发难度较大，且用户数量的增加必然大大降低 Web 服务器的运行效率。

2．ASP

ASP（Active Server Pages）是 Microsoft 开发的动态网页技术，利用它可以产生和执行动态的、互动的、高性能的 Web 服务应用程序。它的源代码均在服务器端运行，运行的结果以 HTML 代码的形式输出到客户端的浏览器。因此 ASP 比一般的脚本语言要安全，主要应用于 Window NT（2000、XP）+IIS 平台。

严格地说 ASP 不是一种语言，而是 Web 服务器端的开发环境（或开发平台）。ASP 支持多种脚本语言，除了 VBScript 和 JavaScript，也支持 Perl 语言，并且可以在同一 ASP 文件中使用多种脚本语言以发挥各种脚本语言的最大优势。ASP 默认只支持 VBScript 和 JavaScript，若要使用其他脚本语言，必须安装相应的脚本引擎。

ASP 是一种发展较为成熟的网络应用程序开发技术，其核心技术是对组件和对象技术的充分支持。通过使用 ASP 的组件和对象技术，用户可以直接使用 ActiveX 控件，调用对象方法和属性，以简单的方式实现强大的功能。

ASP 通过调用 ActiveX 组件扩充功能，可以实现一些仅依赖脚本语言所无法完成的任务，譬如数据库访问、文件访问、广告显示、E-mail 发送、文件上载等功能。例如利用 ADO 对象实现对数据库的操作，是一种常用的 Web 数据库访问技术。另外，ASP 本身也提供几个内置对象和内置组件以便实现相关任务，从而极大地简化了 Web 应用程序的开发工作。

ASP 通过 ADO 访问 SQL Server 数据库以实现动态页面的流程如图 8-2 所示，具体执行步骤如下：

（1）浏览器首先向 Web 服务器发出要访问一个页面的请求（*asp），这里的 Web 服务器是微软的 IIS，这个 Web 服务器对 ASP 页面程序提供了最佳支持。

（2）Web 服务器接到 HTTP 请求之后，调用 ASP 引擎，解释被申请的文件。当遇到任何与 ActiveX Scripting 兼容的脚本（如 VBScript 和 JavaScript）时，ASP 引擎会调用相应的脚本引擎进行处理。

（3）若脚本指令中含有访问数据库的请求，就通过 ODBC 与后台数据库相连，由数据库访问组件 ADO 执行访问数据库的操作。

（4）数据库接到命令之后，进行相应的操作，然后将运行结果再通过 ODBC 接口返回 ADO 对象。

（5）ADO 对象获得数据库结果之后，利用 ASP 控制程序产生相应的页面内容，由 Web 服务器输出给浏览器，浏览器解释相应的 HTML 文件并显示。可见所有的发布工作都是由 Web 服务器负责。

ASP 脚本是在服务器端解释执行的，ADO 组件是 ASP 页面程序访问数据库的关键部分。

图 8-2　ASP 访问数据库的流程

最后简要地总结 ASP 技术的优、缺点。

- 优点：ASP 的最大优点是简单易学，这个优点再加上微软的强大技术支持，使目前 ASP 的使用非常广泛。
- 缺点：它基本上局限于微软的操作系统平台。ASP 的主要工作环境是微软的 IIS 应用程序结构，因为 Activex 对象具有平台特性，所以 ASP 技术不能很容易地实现跨平台的 Web 服务器的工作。

3. JSP

JSP（Java Server Pages）是由 Sun 公司于 1999 年 6 推出的技术，是将纯 Java 代码嵌入 HTML 中实现动态功能的 Web 开发技术，已成为 ASP 的有力竞争者。

JSP 和 ASP 在技术方面有许多相似之处。它们都是在 HTML 代码中嵌入某种程序代码并由语言引擎解释执行代码，都是面向服务器的技术。ASP 文件是在普通的 HTML 文件中嵌入 VBScript 或 JavaScript 脚本语言，JSP 是将 Java 程序片段和 JSP 标记嵌入 HTML 文档中。可见两者之间最明显的区别是 ASP 的编程语言是 VBScript 之类的脚本语言，JSP 使用的是 Java。

这两种不同的编程语言带来了本质的区别：两种语言引擎用完全不同的方式处理页面中嵌入的程序代码。在 ASP 下，VBScript 代码被 ASP 引擎解释执行，即每访问一个 ASP 文件，服务器都要将该文件解释一遍，然后将标准的 HTML 文档发送到客户端。在 JSP 下，当第一次请求 JSP 文件时，该文件被编译成 Servlet（服务器小程序）并由 Java 虚拟机执行，以后就不用再编译了，编译后运行能够提高执行效率。

ASP 一般只应用于 Windows NT/2000、XP 等微软平台，而 JSP 则可以不加修改地在 85%以上的 Web Server 上运行，其中包括 NT 的系统，符合"write once, run anywhere"（一次编写，多平台运行）的 Java 标准，可实现平台和服务器的独立性。JSP 的最大优点是开放的、跨平台的结构，即运行平台更为广泛，几乎可以在所有的操作系统上运行。

Java 中连接数据库的技术是 JDBC（Java Database Connectivity）。很多数据库系统带

有 JDBC 驱动程序。JDBC 不需要在服务器上创建数据源，通过 JDBC、JSP 就可以实现与数据库相连，执行查询、提取数据等操作。Sun 公司还开发了 JDBC-ODBC bridge，用此技术 Java 程序就可以访问带有 ODBC 驱动程序的数据库。目前大多数数据库系统都带有 ODBC 驱动程序，所以 Java 程序能访问 Oracle、Sybase、MS SQL Server 和 MS Access 等数据库。

最后简要地总结 JSP 技术的优、缺点。

- 优点：多平台支持、编译后运行，大大提高了执行效率。由于采用 Java 技术，而 Java 是一个成熟的跨平台的程序设计语言，因此几乎可实现所有功能。
- 缺点：安装配置管理较为复杂；相对于 ASP 的 VBScript 来说，Java 语言学习的难度较大，建议开发大型网络数据库应用系统时采用 JSP。

4．PHP

PHP 是 Rasmus Lerdorf 于 1994 年推出的一种跨平台的嵌入式脚本语言，它与 ASP 相似，是一种服务器端 HTML 嵌入式的脚本语言，可以在 Windows、UNIX\Linux 等流行的操作系统和 IIS、Apache 等 Web 服务器上运行，用户更换平台时，无须变换 PHP 代码。

PHP 是通过 Internet 合作开发的开放源代码软件，除了自己的语法，它还借用了 C、Java、Perl 语言的语法，能够快速写出动态生成页面。

PHP 可以通过 ODBC 访问各种数据库，但主要通过函数直接访问数据库，PHP 支持目前绝大多数的数据库，提供与各类数据库直接互连的函数，包括 Sybase、Oracle 、MySQL 等，其中与 MySQL 数据库互连是最佳组合。PHP 技术的优、缺点如下。

- 优点：PHP 是完全免费的，开放源代码，运行成本低。
- 缺点：PHP+Apache Web 服务器+MySQL 数据库是最佳组合，运行环境配置稍复杂；另外作为自由软件，缺乏正规的商业支持；相对于 ASP 来说，PHP 技术学习起来可能要稍微复杂些。

5．四种常用技术的比较

前面已分别介绍了 CGI、ASP、JSP 及 PHP 四种常用动态网页技术的各自特点，下面就从稳定性、开始运行及维护时间、与网页的结合能力、系统安全性等多个方面，对四种技术进行对比。

- 稳定性：ASP 比 JSP、PHP 稍差一点，最稳定的还是传统的 CGI 程序，因为它由操作系统负责控制，不会因 CGI 程序的错误导致 Web 服务器的不稳定。
- 开始运行及维护时间：PHP 与 ASP 都有不错的表现，传统的 CGI 程序则要视开发工具的语言而定。用 Perl 或 Shell script 不需要编译的过程，直接就可执行；若用 Delphi 或 VC、VB 等都要经过编译才能执行；JSP 程序第一次运行需要编译，以后不再需要编译。
- 与网页结合的能力：ASP、PHP 与 JSP 并驾齐驱，其他方式如 CGI 就不能内嵌 HTML 语法了，这也是影响开发时间的因素之一。

- 系统安全性：ASP 曾存在较为严重的漏洞（IIS4.0 的一个漏洞），微软现在已推出了针对该问题的补丁。ASP 使用组件也导致大量的安全问题。传统的 CGI 程序是由操作系统直接管理，黑客必须由操作系统入手，而不能由 Web 服务器入手，故破解的难度最高。通过许多商业网站的使用，有关 PHP 的安全问题还比较少见。
- 新增功能及改版方面：传统的 CGI 由于不受任何语言限制，故没有这方面的问题。PHP 是最有活力的，数天至数周就有一个新版本出现，每次新版的发布，都会加入更多的功能并修正更多的错误。ASP 的更新则要视它的 Web 服务器改版速度了，如 ASP 等到 IIS5.0 出现时才有了 ASP3.0。JSP 的更新也比较慢。

总之，ASP、JSP 及 PHP 都提供在 HTML 代码中混合某种程序代码、由语言引擎解释执行程序代码的能力。但 JSP 代码被编译成 Servlet 并由 Java 虚拟机解释执行，这种编译操作仅在对 JSP 页面的第一次请求时发生。在 ASP、PHP、JSP 环境下，HTML 代码主要负责描述信息的显示样式，而程序代码则用来描述处理逻辑。普通的 HTML 页面仅由浏览器解释运行，而 ASP、PHP、JSP 页面需要附加的语言引擎分析和执行程序代码。程序代码的执行结果被重新嵌入到 HTML 代码中，然后一起发送给浏览器。ASP、PHP、JSP 三者都是面向 Web 服务器的技术，客户端浏览器不需要任何附加的软件支持。CGI 有很多优点，但 CGI 的程序开发、修改均不易，当用户数量增加时也会降低系统的运行效率。

鉴于这几种常用的动态网页技术各有优点和不足，在 Web 后端的开发语言中，没有效率既高，开发又简单、方便的选择，这就是权衡的问题。使用 ASP 来访问 SQL Server 数据库建立 Web 站点是本书的核心内容。

6. ASP.NET

ASP 技术本身存在一定的限制，主要包括以下两方面：

（1）ASP 程序和网页的 HTML 标记混合，使程序设计人员和网页美工设计人员不便配合。

（2）ASP 的脚本语言是解释执行的，速度较慢。

为克服 ASP 的限制，微软又推出了 ASP.NET 技术。ASP.NET 又叫 ASP+，是微软在 ASP3.0 的基础上推出的动态网页设计语言。与 ASP 相比，它不是简单的升级，而是彻底的变革。它是微软提出的.NET 框架的一部分，是一种以.NET 框架为基础开发网上应用程序的全新模式。

ASP.NET 提供了一个全新且功能强大的服务器控件结构，几乎全是基于组件和模块化，每一个页面、对象和 HTML 元素都是一个运行的组件对象。在开发语言上，ASP.NET 抛弃了 VBScript 和 JScript，而使用.NET Framework 所支持的 VB.NET、C#.NET 等语言作为其开发语言，这些语言生成的网页在后台被转换成类并编译成一个 DLL（动态链接库）。由于 ASP.NET 是编译执行的，所以它比 ASP 拥有了更高的效率。除此之外，ASP.NET 还可以利用.NET 平台架构的诸多优越性能，如类型安全，以及对 XML、SOAP、WSDL 等 Internet 标准的支持。

8.2 常用的数据库接口技术

1. ODBC 技术

通常每种数据库都提供自己的编程接口，为此微软提出了用于开发数据库系统应用程序的统一编程接口规范（API），即 ODBC（Open DataBase Connectivity，开放式数据连接），它是关系数据库访问的标准接口。

ODBC 的内部结构为 4 层：应用程序层、驱动程序管理器层、ODBC 驱动程序层、数据源层。它们之间的关系如图 8-3 所示。从图中可见，要与 ODBC 兼容的数据库进行连接，必须建立一个称为 DSN（Data Source Name，数据源名）的数据源，通过该 DSN 定位和标识指定的 ODBC 兼容数据库。

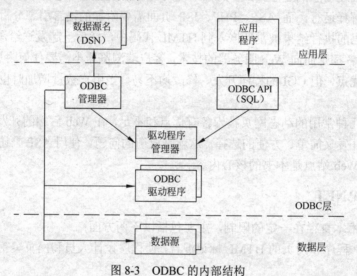

图 8-3 ODBC 的内部结构

Web 服务器通过 ODBC 数据库驱动程序向数据库系统发出 SQL 请求，数据库系统接到的是标准 SQL 查询语句，并将执行后的查询结果再通过 ODBC 传回 Web 服务器，Web 服务器将结果以 HTML 网页传给 Web 浏览器，工作原理如图 8-4 所示。

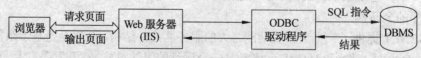

图 8-4 Web 服务器通过 ODBC 访问数据库

目前所有关系数据库都提供 ODBC 驱动程序，但 ODBC 对任何数据源都未进行优化，这也许会对数据库存取速度有影响；同时由于 ODBC 只能用于关系数据库，使得很难利用 ODBC 访问对象数据库及其他非关系数据库。

2. OLE DB 技术

推出 ODBC 之后，微软又推出了 OLE DB（Object Linking & Embedding Database）。Microsoft 公司已把 OLE DB 定位为 ODBC 的继承者。OLE DB 是一个底层的数据访问接口，它基于 COM 接口（组件对象模型）。OLE DB 对所有文件系统包括关系数据库和非关系数据库都提供了统一的接口。如可以访问非关系型数据库和其他一些资源，像 Excel 电子表格中的数据、电子邮件等。

OLE DB 标准的具体实现是一组 C++ API 函数，就像 ODBC 标准中的 ODBC API 一样。不同的是，OLE DB 的 API 是符合 COM 标准、基于对象的 API，ODBC API 则是简单的 C API。OLE DB 分两种：直接的 OLE DB 和面向 ODBC 的 OLE DB，后者架构在 ODBC 上。这些特性使得 OLE DB 技术比 ODBC 技术更加优越。

总之，ODBC 标准的对象是基于 SQL 的数据源，而 OLE DB 的对象则是范围更为广泛的任何数据存储。从这个意义上说，符合 ODBC 标准的数据源是符合 OLE DB 标准的数据存储的子集。符合 ODBC 标准的数据源同时需要提供相应的 OLE DB 服务程序。现在微软已经为所有 ODBC 数据源提供了一个统一的 OLE DB 服务程序，叫做 ODBC OLE DB Provider，作为应用程序与 ODBC 驱动程序之间的桥梁，如图 8-5 所示。

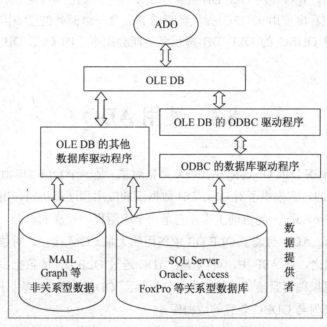

图 8-5　ADO 访问数据库的模式

3. JDBC 技术

由于 Java 语言所显示出来的编程优势赢得了众多数据库厂商的支持。在数据库处理方面，Java 提供了 JDBC（Java Database Connectivity，Java 数据库连接），为数据库开发应用提供了标准的应用程序编程接口。与 ODBC 类似，JDBC 也是一种特殊的 API，由一组用 Java 语言编写的类与接口组成，是用于执行 SQL 语句的 Java 应用程序接口。它规定了 Java 如何与数据库之间交换数据的方法。采用 Java 和 JDBC 编写的数据库应用程序具有与平台无关的特性。

JDBC 可用于访问提供 JDBC 驱动程序的数据库，为了与 ODBC 数据源兼容，SUN 公司还提供 JDBC-ODBC bridge，可访问所有带有 ODBC 驱动程序的数据库。

4. OLE DB 与 ODBC 在连接数据库时的区别

值得注意的是，OLE DB 对 ODBC 的兼容性，即允许 OLE DB 访问现有的 ODBC 数据源。其优点很明显，由于 ODBC 相对 OLE DB 来说使用得更为普遍，因此可以获得的 ODBC 驱动程序相应地要比 OLE DB 多。这样不一定要得到 OLE DB 的驱动程序，就可以立即访问原有的数据系统。

提供者位于 OLE DB 层，而驱动程序位于 ODBC 层。如果想使用一个 ODBC 数据源，需要使用针对 ODBC 的 OLE DB 提供者，它会接着使用相应的 ODBC 驱动程序。如果不需要使用 ODBC 数据源，那么可以使用相应的 OLE DB 提供者，这些通常称为本地提供者（Native Provider）。也就是说，通过 ADO 访问数据库既可以利用 ODBC，也可以绕过 ODBC，直接使用 OLE DB 数据库驱动程序，如图 8-5 所示。

可以清楚地看出使用 ODBC 提供者意味着需要一个额外的层。因此，当访问相同的数据时，针对 ODBC 的 OLE DB 提供者可能会比本地的 OLE DB 提供者的速度慢一些。

8.3 使用 ADO

ADO（ActiveX Data Objects，ActiveX 数据对象）是一个 OLE DB 使用者，是在 OLE DB 技术上实现的。它提供了对 OLE DB 数据源的应用程序级访问，用来同新的数据访问层 OLE DB Provider 一起协同工作。它是一个应用程序层次的界面，与数据库通信时还是用 OLE DB。ADO 封装了 OLE DB 中使用的大量 COM 接口，对数据库的操作更加方便、简单。总之，在 ASP 中，可以使用 ADO 通过 OLE DB 的数据库驱动程序直接访问数据库，也可以编写紧凑简明的脚本以便连接到 ODBC 兼容的数据库，这样 ASP 程序员就可访问任何与 ODBC 兼容的数据库。

在 ASP 中，如果不作说明，使用 ADO 访问数据库将默认为 OLE DB 的 ODBC 驱动程序，当然也可通过 OLE DB 的其他数据库驱动程序直接绑定到指定的数据库。图 8-5 是使用 ADO 访问数据库的模式。

若 ADO 连接到 ODBC 兼容的数据库，则首先在服务器端配置好要连接的数据源，通过该数据源，使用 ADO 就可对数据库进行读写操作。

8.3.1 ODBC 概述

ODBC 是关系数据库访问的标准接口。无论对于本地数据库还是 C/S 或 B/S 数据库管理系统，只要系统中有相应的 ODBC 驱动程序，都可以通过 ODBC 与之连接并访问数据库中的信息。比如，若要实现对 Microsoft SQL Server 数据库的访问，就必须安装 SQL Server 的 ODBC 驱动程序。ODBC 的作用可用图 8-6 表示。

图 8-6　ODBC 的作用

要与 ODBC 兼容的数据库进行连接，必须建立一个称为 DSN（Data Source Name，数据源名）的数据源。DSN 是一个代表 ODBC 连接的符号，包含了数据库文件名、所在位置、数据库驱动程序、用户 ID、密码等内容。ODBC 数据源有 3 种类型，分别是：用户 DSN、系统 DSN、文件 DSN。

- 用户 DSN：只能以指定的用户安全身份连接指定的数据库。
- 系统 DSN：所有用户都能够连接指定的数据库。
- 文件 DSN：将连接的情况存储在一个文件中，只有对该文件有访问权限的用户才能够连接指定的数据库。

用户与系统 DSN 信息存储在 Windows 注册表中。在网络上，为了让所有用户通过 ODBC 访问数据库，需要创建系统 DSN。

8.3.2 创立并配置数据源

ODBC 数据源的设置非常简单，因为它提供了图形化的用户界面。本节以创建系统 DSN 为例，说明 ODBC 数据源的创建过程。

（1）在 Windows 9x 操作系统中，通过"控制面板"中的"ODBC 选项"启动设置对话框。在 Windows XP 操作系统中，双击"控制面板"中的"管理工具"图标，在打开的"管理工具"窗口中双击"数据源（ODBC）"图标，启动设置对话框，如图 8-7 所示。

选择"系统 DSN"选项卡，进入设置系统 DSN 的操作界面。在该窗口的"系统数据源"列表框中显示了该系统中已安装的 ODBC 数据源的有关信息。当要建立的数据源不存在时，就可以单击"添加"按钮添加需要的数据源；也可选中一个数据源后单击"配置"按钮，对已存在的数据源进行重新设置。

（2）单击"添加"按钮，出现如图 8-8 所示的"创建新数据源"对话框。
这个对话框是用来选择新建的数据源所使用的驱动程序的，对于访问 SQL Server

2000 数据库的数据源来说，应该如图 8-8 所示选择 SQL Server 驱动程序。然后单击"完成"按钮，出现图 8-9 所示的"建立新的数据源到 SQL Server"对话框。

在"名称"文本框中为数据源设置一个名称"学生"，以后在 ASP 程序中可以通过这个名称来连接指定的数据库；在"服务器"下拉式列表框中选择或输入 SQL Server 数据库服务器的名称。

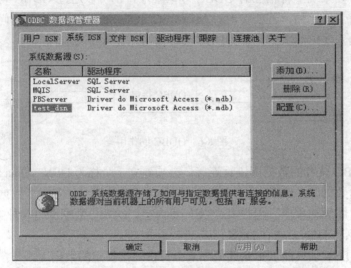

图 8-7　ODBC 数据源管理器

（3）单击"下一步"按钮，显示如图 8-10 所示的对话框。选择"使用用户输入登录 ID 和密码的 SQL Server 验证"方式。

图 8-8　"创建新数据源"对话框

（4）单击"下一步"按钮，若连接通过，则系统出现图 8-11 所示的"建立新的数据源到 SQL Server"对话框。

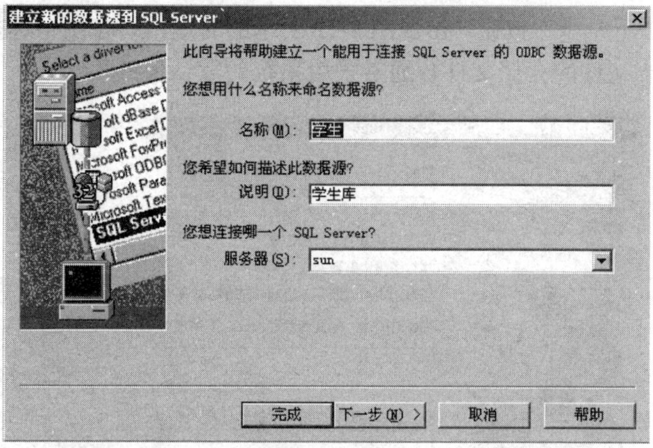

图 8-9 "建立新的数据源到 SQL Server"对话框（1）

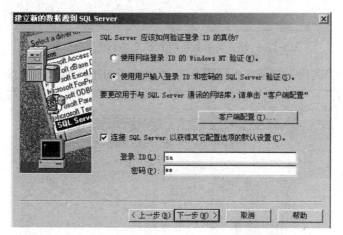

图 8-10 "建立新的数据源到 SQL Server"对话框（2）

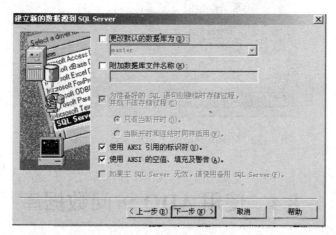

图 8-11 "建立新的数据源到 SQL Server"对话框（3）

第 8 章　Web 数据库访问

（5）单击"下一步"按钮，出现图 8-12 所示的对话框，在图中选择一种字符转换方式，设置好日志文件的存储文件，通常采用系统的默认值即可。

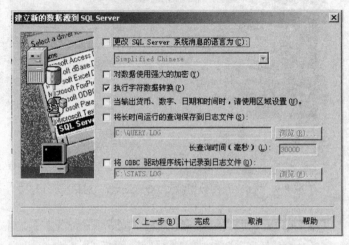

图 8-12 "建立新的数据源到 SQL Server"对话框（4）

（6）单击"完成"按钮，出现图 8-13 所示的"ODBC Microsoft SQL Server 安装"对话框，给出了配置该 DSN 所使用的参数。最后还可测试数据源连接是否正确。

图 8-13 "ODBC Microsoft SQL Server 安装"对话框

8.4 使用 ADO 访问数据库

ADO 把绝大部分的数据库操作封装在其内部的 7 个对象中，在 ASP 网页中可以通过对这些对象的调用方便地完成相应的数据库操作。在 ASP 中通过 ADO 访问

SQL Server 数据库来生成动态网页是核心内容之一。其流程可用图 8-14 来描述。

图 8-14　ASP 应用程序的工作流程

OLE DB 用来连接各种不同的数据库，开发者不需要确切地了解 OLE DB 的内部结构，只需知道如何利用它去连接数据库即可。

8.4.1　ADO 对象的结构

ADO 技术是通过 ADO 对象的属性、方法来完成相应的数据库访问目的，具有 7 个对象，分别是：

- Connection 对象（连接对象）：是 ADO 的首要对象，用来建立数据源与 ADO 程序之间的连接。对数据源的任何操作都需要建立一个 Connection 对象。
- Recordset（数据集对象）：用来浏览及操作数据库内的数据，管理某个查询返回的记录集，这是非常重要的一个对象。
- Command（命令对象）：负责对数据库提出请求。一般采用 SQL 语句，该对象有强大的数据库访问能力，既可以完成对数据库的插入、删除和更新等无须返回结果的操作，也可使用 Select 语句返回一个记录集。
- Parameter（参数对象）：用来描述 Command 对象的命令参数。
- Property（属性对象）：表示 ADO 的各项对象属性值。
- Field（域对象、字段对象）：用来表示 RecordSet 对象的字段。
- Error（错误对象）：用来描述连接数据库时发生的错误。

ADO 还提供了 4 个数据集合：

- Properties 集合：Connection、Command、Recordset 和 Field 对象都具有的集合，它包含所有属于各个包含对象的 Property 对象。
- Parameters 集合：Command 对象具有的集合。
- Fields 集合：Recordset 对象具有的集合，包含所有表示 Recordset 对象记录字段的 Field 对象。
- Errors 集合：Connection 对象具有的集合，包含与数据源连接时因发生相关错误而产生的 Error 对象。

虽然 ADO 组件提供了 7 个对象和 4 个数据集合，但基本和核心的对象只有 3 个：Connection、Recordset 和 Command 对象。这 3 个对象中实际应用最多的是 Connection 和 Recordset。

8.4.2 使用 Connection 对象

Connection 是网页通过 ADO 存取数据源的重要对象，负责与数据源的连接动作，其他的几个对象都必须依赖 Connection 对象的连接才能发挥作用。

Connection 对象是用来建立和管理应用程序与数据源之间的连接，通过 Connection 对象属性和方法的调用，可以打开、关闭与数据库的连接，并通过适当的命令执行指定的查询等。

1．建立 Connection 对象

要想使用 Connection 对象，必须首先建立它。建立 Connection 对象的语法如下：

```
Set Conn=Server.CreatObject("ADODB.Connection")
```

字符串"ADODB.Connection"用来创建 Connection 对象的 ProgID，这个字符串通过 CreateObject 传给操作系统，系统识别出"ADODB.Connection"字符串，从而建立相应的 Connection 对象。ADODB.Connection 是随 ADO 一起安装的。

这样建立后，就得到一个 Connection 对象，并将其存入 Conn 变量中，即 Connection 对象实例，可通过这个对象实例访问 Connection 对象提供的属性和方法。

2．使用 Connection 对象建立与数据源的连接

使用 Server.CreateObject("ADODB.Connection")建立一个 Connection 对象后，这个对象还没有任何作用，它还必须和一个确定的数据库连接起来。

Connection 对象的 Open 方法用来建立与数据源的连接，通常有以下 3 种使用方法：
1）使用 DSN（Data Source Name，数据源名称）

当程序启动定义于某一 DSN 的数据库时，系统会根据该 DSN 的定义找到相应的 ODBC 驱动程序及数据库，并加以启动。

前面已介绍如何建立一个系统数据源名称（DSN）的方法。按相应步骤完成 DSN 的创建后，就可在 ASP 程序中指定 DSN，如下所示：

```
<% set conn=server.createobject("ADODB.connection")
conn.open "DSN=yourdsnname; UID=username; PWD=password "%>
```

参数说明：
yourdsnname：指明要连接的数据源名（DSN）；
username：建立连接时用来连接数据源的用户名；
password：表示连接用户的密码。
也可将 DSN、用户名和口令直接作为连接对象的参数，如下所示：

```
<% conn.open "yourdsnname","username","password" %>
```

除了用以上这种方式和数据源建立连接之外，还可利用 Connection 对象的

ConnectionString 属性建立与数据源的连接，ConnectionString 属性包含了用于与数据源进行连接的必要信息。这是另外一种使用 Open 的方式，如：

```
<% set conn=server.createobject("ADODB.connection")
conn.ConnectionString="DSN=yourdsnname; UID=usename; PWD=password"
conn.open
%>
```

这种方式的优点是稳定与安全性相对比较好，DSN 中可以设置一个与数据库本身名字不同的数据源名，比如数据库名字为 student，数据源名字为 sjy，这样可以有效地防止由于源程序泄露而可能出现数据库被窃取的问题；另外这种方式代码简单，不易出错。但缺点是不方便移植，如果将程序移植到另外的服务器上，则需要重新设置数据源。

2）直接指定 ODBC 参数（DSN-less Connection）

这是一种通过在 ASP 文件里直接指定数据库文件所在的位置，而无须建立 DSN 的方法。如下所示：

```
<% set conn=server.createobject("ADODB.connection")
conn.open
"Driver={SQL Server};Server=servername;UID=用户名;PWD=用户密码;" &_
"Database=数据库名" %>
```

注意：此处的下划线为 VBScript 的续行符，因一行表达不下，故采用了分行表达。
该方法使用到的连接参数说明如下：

- Driver：指定要访问的数据库的 ODBC 驱动程序的名字，如 Microsoft SQL Server 使用{SQL Server}。Oracle 用 {Microsoft ODBC for Oralce}，MySQL 用 {MySQL}。
- Server：指定数据源服务器的名称（它的 IP 地址）或为 Local（当 SQL Server 位于 Web 服务器上时）。
- Database：指定要连接的数据库名称。

若 ADO 连接 SQL Server 数据库，用的是 Windows 的默认登录即信任连接方式，那么连接语句改为：

```
"Driver={SQL Server};Server=servername;DATABASE=数据库名; " &_
"Integrated Security=SSPI"
```

注意：默认情况下，Integrated Security 属性为 False，意味着将禁用 Windows 身份验证。如果没有显式地把这个属性的值设置为 True，连接将使用 SQL Server 身份验证，因此，必须提供 SQL Server 用户 ID 和密码。Integrated Security 属性还能识别的其他值只有 SSPI（Security Support Provider Interface，安全性支持提供者接口）。在所有的 Windows NT 操作系统上，其中包括 Windows NT 4.0、2000、XP，都支持值 SSPI。它是使用 Windows 身份验证时可以使用的唯一接口，相当于把 Integrated Security 属性值设置为 True。

若访问未加密的 Access 2003 数据库，则改为：

```
<% conn.open "Driver={Microsoft Access Driver(*.mdb)};Dbq=" &_
```

```
server.mappath("guestbook.mdb") %>
```

若访问未加密的 Access 2007 数据库，则改为：

```
<% conn.open "Driver={Microsoft Access Driver (*.mdb, *.accdb)};Dbq=" &_
    server.mappath("guestbook.accdb ")  %>
```

由于要打开的是 Access 类型的数据库，所以参数 Driver 应设置为 Microsoft Access Driver(*.mdb)，这表示要通过 Access 的 ODBC 的驱动程序来存取数据库，除了 Driver 这个参数外，Dbq 参数则用来指定欲打开的数据库文件，它必须是完整的路径名称，可以直接设定 Access 数据库的真实路径文件名，也可使用 server.mappath（"数据库文件名"）方法来取得数据库的真实路径文件（如 guestbook.mdb 完整的路径名）。

对于有密码的 Access 数据库，则写为：

```
<% conn.open "Driver={Microsoft Access Driver(*.mdb)};Dbq=数据库;UID=;
    PWD=数据库密码;" %>
```

若访问 Oracle 数据库，则改为：

```
<% conn.open "Driver={Microsoft ODBC for Oracle}; Server=servername;" &_
    "UID=用户名;PWD=用户密码;" %>
```

怎样才能知道 ODBC 驱动程序正确的字符串呢？下面介绍一种获得这个字符串的方法：

（1）启动"控制面板"→"管理工具"→"数据源（ODBC）"。

（2）弹出"ODBC 数据源管理器"对话框。在这个对话框中选取"驱动程序"选项，出现如图 8-15 所示的对话框。

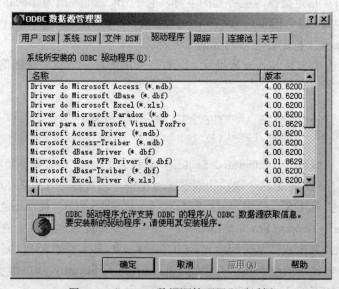

图 8-15 "ODBC 数据源管理器"对话框

从这个对话框中，可以找到所有安装于系统的 ODBC 的驱动程序。

3）直接连接数据库（或 OLE DB connection）

前面介绍的使用 DSN 和直接指定 ODBC 参数（或 DSN-less Connection）这两种方法，从本质上说，都是通过 ODBC 与数据库进行连接，它们之间区别不大。如果希望绕过 ODBC，可使用直接通过 OLE DB 访问数据库的方法。一般来讲这种方法速度更快。因为 OLE DB 比 ODBC 要高效得多，主要体现在：经 ODBC 连接是：ADO→OLE DB→ODBC Provider→ODBCdriver→数据库；经 OLE DB 连接是：ADO→OLE DB→DB Provider→数据库。哪个更直接？当然是 OLE DB！

如访问 SQL Server 数据库且身份验证是混合模式：

```
<% set con=server.createobject("ADODB.connection")
con.open "Provider=SQLOLEDB.1; Server=服务器名;Database=数据库名;" & _
"Uid=用户名; Pwd=用户密码;" %>
```

若是 Windows 身份验证模式（即 Windows 的默认登录）：

```
"Provider=SQLOLEDB.1;Integrated Security=SSPI;Persist Security Info
=False;Initial Catalog=数据库名;Data Source=(local)"
```

该方法用到的连接参数说明如下：

- Provider：指明用于连接的提供者的名称。Microsoft SQL Server 使用 SQLOLEDB.1。
- Database（或 Initial Catalog）：指定要连接的数据库名称。
- Server（或 Data Source）：指定数据源服务器的名称。

对于不同的 Access 版本，有两种接口可供选择：Microsoft.Jet.OLEDB.4.0（以下简称 Jet 引擎）和 Microsoft.ACE.OLEDB.12.0（以下简称 ACE 引擎）。Jet 引擎可以访问 Office 97-2003，但不能访问 Office 2007 及以上版本。ACE 引擎是随 Office 2007 一起发布的数据库连接组件，既可以访问 Office 2007，也可以访问 Office 97-2003。所以，在使用不同版本的 Office 成员 Access 时，要注意使用合适的引擎。

若访问未加密的 Access 2003 数据库，OLE DB 链接字符串为：

```
<% con.open "Provider=Microsoft.Jet.OLEDB.4.0; Data Source=数据库名;" %>
```

若访问 Access 2010 数据库，则 OLE DB 链接字符串为：

```
<% con.open "Provider=Microsoft.ACE.OLEDB.12.0;Data Source=" &
server.mappath("数据库名.accdb") %>
```

若访问加密的 Access 2003 数据库，则 OLE DB 链接字符串为：

```
<% con.open "Provider=Microsoft.Jet.OLEDB.4.0; Data Source=数据库名;" &_
   "Jet OLEDB:Database Password=数据库密码;" %>
```

上面详述了 ADO 连接数据库通常使用的 3 种方法。在实际运用中只需熟练使用一种操作方法即可。

3．关闭与数据源的连接

当与数据源的连接完成任务后，用 Close 方法关闭与数据源的连接，释放与该连接有关的系统资源。

注意调用 Close 方法只是释放与该连接有关的系统资源，而该连接对象 Connection 本身还没有释放，所以一个关闭的 Connection 对象还可以继续使用 Open 方法打开连接，而不再需要重新创建一个 Connection 对象。

```
<% Set Co=Server.CreateObject("ADODB.Connection")
  Co.Open …
Co.Close   %>
```

使用 Close 方法关闭连接后，要释放 Connection 对象本身，需给已建立的对象赋值 Nothing，使 Connection 对象彻底从内存中清除。如下所示：

```
<% set Co=Nothing %>
```

当对 Connection 对象赋值 Nothing 后，如还需继续使用 Connection 对象，则必须使用 Server.CreateObject 方法重新创建一个。

4．使用 Connection 对象执行 SQL 查询

Connection 对象不仅能够建立或者关闭同数据源的连接，还可使用 Execute 方法将命令发布到数据源，如执行 SQL 查询命令。Execute 方法的语法如下：

```
Connection.Execute ComandText, RecordsAffected, Option
```

其中：

CommandText 参数是一个表明要执行的 SQL 语句、表名或存储过程名称的一个字符串。

RecordsAffected 参数是一个可选的变量参数，表示对数据库提出请求时，所返回或者影响的记录数，其默认值为 0，表示每个满足条件的记录都会受到影响。

Option 也是一个可选参数，用来指定 CommandText 参数的类型，可优化执行性能。系统提供如下常量参数：

- AdCMDTable 表示所指定的 CommandText 参数是一个存在的表的名字，参数值为 2。
- AdCMDText 表示指定的 CommandText 参数是一个 SQL 命令串，参数值为 1。
- AdCMDStoredProc 表示 CommandText 是一个存储过程，参数值为 4。
- AdCMDUnknown 表示所指定的 CommandText 参数类型无法确定，系统将以此作为默认值，参数值为 –1。

Execute 方法的调用分有括号和无括号两种形式，前者用来执行有返回结果的 SQL

语句，后者用来执行一个无返回结果的语句。

例 8-1 用 SQL Server 2000 创建一个学生库，其中有一个表，表名为：student。

```
<% @ language="VBScript"%>
<html>
<head><title>read from 学生库</title></head>
<body>
<% set cn=Server.Createobject("ADODB.connection")
   cn.open "driver={sql server};Server=(local);UID=sa;PWD=sa;Database=学生"
set rs=cn.execute("select * from student")
if rs.eof then
   response.write "没有查到记录"
else
   do while not rs.eof
     response.write "姓名: " & rs("name") & " "
     response.write "性别:" & rs("sex")
   rs.movenext
   loop
end if
rs.close
set rs=nothing
%>
</body>
</html>
```

5．设置连接数据源与执行 SQL 指令的等待时间

有时在连接某个 ODBC 数据源的时候，由于网络繁忙或暂时中断，可能造成长时间无法同数据源建立连接或者不能成功提交指令，这时可通过设置 Connection 对象的以下两个属性来决定最长等待时间。

（1）ConnectionTimeout 属性：单位为秒，表示连接数据库的最长等待时间是多少秒。默认值是 15 秒。若设为 0 的话，表示系统将会一直等到连接成功为止。

注意：该属性的设置必须在连接前或者取消连接后进行，因为在连接成功后，这个属性就成为只读。语法如下：

Connection.ConnectionTimeout=seconds

（2）CommandTimeout 属性：单位为秒，表示 Execute 方法的最长等待时间，默认值为 30 秒。设为 0，表示系统会一直等到运行成功为止。同样，该属性必须在运行 SQL 指令之前，运行中这个属性是只读的。语法如下：

Connection.CommandTimeout=seconds

6. 改变默认数据库

通常，在一个服务器上同时有多个数据库，在设定 ODBC 数据源的时候，一般可指定连接到这个服务器时的默认数据库，这样连接之后就可对这个数据库进行操作。同样，在 Connection 对象中也有一个 DefaultDatabase 属性，通过设置它可以确定或者改变默认的数据库。其语法如下：

```
Connection.DefaultDatabase="DatabaseName"
```

8.4.3 使用 Recordset 对象

Recordset 对象有访问数据库的十分强大的功能，如负责浏览和操作从数据库中取出的数据。所有的 Recordset 对象都是通过记录和字段构造的，通过 Recordset 对象可对数据进行操作，但在任何时候，Recordset 对象所指的当前记录均为记录集内的单个记录。

Recordset 对象具有较多的属性和方法，可以方便地操纵记录集数据。本节根据实际应用介绍 Recordset 的常用属性和方法。

1. 创建 Recordset 对象

主要有两种方法来创建 Recordset 对象。

（1）先创建 Connection 对象，然后使用该对象的 Execute()方法，当用 Execute()方法从一个数据库返回查询结果时，一个 Recordset 对象会被自动创建。如：

```
set conn=Server.Createobject("ADODB.connection")
conn.open "DSN=学生;UID=sa;PWD=sa"
set rs=conn.execute("select * form student")
```

将创建含有数据表 student 中所有记录的 Recordset 对象 rs。

该方法所建立的 Recordset 对象 rs 中的当前记录只能向下移，且 rs 是只读的，显然当我们需要定位某一记录时，这种 rs 就不符合要求了。

（2）直接使用 Recordset 对象本身提供的功能来创建一个 Recordset 对象。在实际使用中，可以在先不创建 Connection 对象的情况下直接使用 Recordset 对象的功能来创建 Recordset 对象。此时 ADO 将自动创建所需的 Connection 对象，但需在随后的 Recordset 对象的 Open 方法中给出一个连接源。

如：

```
set rs=Server.CreateObject("ADODB.Recordset")
rs.Open "Select * from student","DSN=学生;UID=sa;PWD=sa", cursortype,
locktype
```

其中，第一个参数指定数据源，可以是 SQL 语句、表名、存储过程调用名；第二个参数用来指定与数据库的连接信息；第 3 个参数是 Recordset 中的游标类型，第 4 个参数是锁定类型。

当打开一个记录集时，如果这个记录集不为空的话，则当前的记录指针指向第一条记录，可以使用 BOF 和 EOF 来检测是否有记录：

```
<% strquery="select * from student"
set rs=server.createobject("ADODB.recordset")
   rs.open strquery, "driver={sql server};Server=(local);UID=sa;PWD=sa;
   Database=学生"
if rs.eof then
     response.write "没有查到记录"
end if
%>
```

当记录指针指到记录集尾时，rs.eof 设置为"真"；当记录指针指到记录集头时，rs.bof 设置为"真"。

2．读取数据记录

记录集对象的数据结构同表一样，由记录行（Row）和字段（Field）构成，而一个记录是若干字段的集合，故读取记录数据即为对字段的访问。Recordset 的字段是用 Recordset 的 Field 集合表示的。对于 Recordset 对象，字段名和字段的顺序号均可识别一个字段，如 student 表的第一个字段的字段名为 num，第二个字段的名字为 name，其字段的顺序号为 0 和 1。要访问 Recordset 对象 rs 的字段，既可通过字段名也可通过字段的顺序号，如要访问 Recordset 对象 rs 的字段 num，可用以下几种表达式：

```
rs("num")              rs.Fields.Item("num")
rs(0)                  rs.Fields.Item(0)
rs.Fields("num")
rs.Fields(0)
```

在这里，初学者容易混淆：rs(0)不是表示记录集中的第一个记录，而是表示该记录集中的第一个域（字段）。

当不知道一个记录集中的字段名时，通过顺序号指定一个字段是有用处的。如将例 8-1 中（即输出 student 表中所有记录）输出字段名改成本节介绍的方法。

例 8-2 文件名为 stu.asp。

```
<% @ language="VBScript" %>
<html>
<head><title>read from 学生库</title></head>
<body>
<% set cn=server.createobject("ADODB.connection")
cn.open "driver={sql server};Server=(local);UID=sa;PWD=sa;Database=学生"
set rs=cn.execute("select * from student")
%>
<Table border=1>
   <TR>
```

```
    <% for i=0 to rs.Fields.count-1 %>    'fileds.count 是记录集的字段数
      <TH> <%=rs(i).name %></TH>    '显示字段名
    <% Next %>
  </TR>
  <% while not rs.eof %>
  <TR>
    <% for i=0 to rs.Fields.count-1 %>
      <TD><%=rs(i) %>      '显示字段的值或用<%=rs(i).value %>
      </TD>
    <% next %>
  </TR>
  <% rs.movenext
     wend
     cn.close
    set cn=nothing    %>
</table></body></html>
```

在浏览器中,文件 stu.asp 的执行结果如图 8-16 所示,显示了数据表 student 中的全部内容和字段名。其中用到了 fields 数据集合,count 属性用来返回该记录集中字段的数目,name 属性用来返回每个字段的名字。

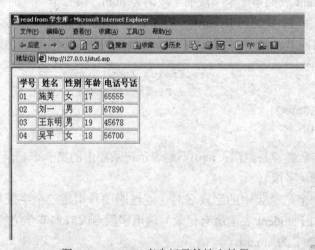

图 8-16 student 表中记录的输出结果

3. 移动记录指针的方法(遍历记录集)

虽然任何时候只能对记录集中的当前记录数据进行操作,但可使用 Recordset 对象的一组移动方法进行当前记录的重定位,以达到遍历记录集的目的。这组移动方法是:

- Move Numrecords:在记录集中向前或向后移动指定数目的记录;
- MoveFirst:移动至记录集中的第一条记录;
- MoveNext:移动至当前记录的下一条记录;
- MovePrevious:移动至当前记录的上一条记录;

- MoveLast：移动至记录集中的最后一条记录。

记录集的移动方法使用时还取决于记录集游标的类型，不能任意使用。记录集的游标就是该记录集属性的标志。游标的性质决定了可以对记录集进行何种移动，还决定了其他用户可以对一个记录集进行什么样的改变。记录集的游标类型属性在记录集打开时指定，共有 4 种类型的游标：

（1）adOpenFowardOnly：前向游标，只能在记录集中向下移动，值为 0，只读。在默认情况下，打开一个记录集时均用前向游标打开它，这意味着只能用 MoveNext 方法在记录间移动。直接用 Command 对象或 Connection 的 Execute 方法创建的游标就属于该类游标。它所耗系统资源最少，执行速度也最快，但很多属性和方法都不能用。

（2）adOpenKeyset：关键集游标，可以在记录集中向下或向上自由移动。如果用户更新一条记录，记录集将反映这个变化；但若增加或删除一条新记录，新记录不会出现在记录集中。其值为 1，可读写。

（3）adOpenDynamic：动态游标，可在记录集中向下或向上自由移动。其他用户造成的记录的任何变化都将在记录集中有所反映。可看到他人新增记录。值为 2，可读写。该游标功能强大，但消耗资源大。

动态游标可以看到它们保存记录集合的所有变化。使用它的用户可以看到其他用户所做的编辑、增加、删除。如果数据提供者允许这种类型的游标，那么它是通过每隔一段时间从数据源重取数据来支持这种可视性。毫无疑问这会需要很多资源。

（4）adOpenStatic：静态游标，可在记录集中向下或向上自由移动。其他用户造成的记录变化不在记录集中体现。值为 3，只读。

要用一种特定的游标打开记录集，必须显式地创建这个记录集，然后再用该游标类型打开它。要做到这点，首先要创建记录集对象的一个实例，然后用 open 方法，通过一个连接和一种游标类型，打开这个记录集。如：

```
set rs=Server.CreateObject("ADODB.Recordset")
rs.open "Select * from student","DSN=学生;UID=sa;PWD=sa", cursortype, locktype
```

其中的 cursortype 可定义为以上描述的 4 种类型之一。

注意：这些游标类型的取值及对应的含义上面已分别说明，这些符号常量（如 AdOpenForwardOnly 等）均是在 ADOVBS.INC 文件中定义的。在使用 ASP 程序时，经常会使用一些大量重复的、固定某个功能的代码片段，我们把这些代码单独组成一个文件，这样在其他的程序中需要这些代码时，只需要打开执行这个程序就可以了。在使用这个文件之前，必须在当前的网页代码的第一行写下类似这样的指令：

```
<!-- #INCLUDE FILE="ADOVBS.INC"-->
```

所以把这类文件称为包含文件。例如动态网站经常将连接数据库的代码插入到运用数据库的各个 ASP 页面的 HTML 代码之中，如果 ASP 页面数较多，可以采用包含连接文件的方式进行连接。把连接代码编写成一个连接数据库文件如：conn_db.asp，然后在 ASP

页面<html>标签前写上<!-- #include file="conn_db.asp" -->即可,具体使用参见8.5节。

打开记录集时,也可以指定锁定类型。锁定类型属性是 Recordset 对象中的又一个重要属性,为可选项。锁定类型决定了当不止一个用户同时试图改变一个记录时,数据库应如何处理。也就是如何确保数据的完整性,确保更改不会被覆盖。需要避免的典型情况是多次更新,比如一个用户改动了一些数据,接着另一个用户立即又对其进行了修改。为了避免这种情况发生,就要锁定记录。有下面的4种锁定类型:

(1)AdLockReadOnly:值为1,默认值,以只读模式打开,故用于指定记录集中不能修改的记录,无法运行 AddNew、Update 及 Delete 等方法,适用于仅浏览数据的场合。

(2)AdLockPcssimistic:值为2,悲观锁定,当编辑修改一个记录时,立即锁定它,以防止其他用户对其进行操作。数据提供者将尝试锁定记录以确保成功地编辑记录。该锁确保一条记录只能同时被一个客户修改,完毕后释放。

(3)AdLockOptimstic:值为3,乐观锁定,在编辑修改记录时,并未加锁,只有在调用记录集的 Update 方法更新记录时,才锁定记录。

(4)AdLockBatchOptimistic:值为4,批次乐观锁定,同时更新多笔数据时,暂不将更新数据存入数据库,而是暂存在缓冲区中,等待 UpdateBatch 调用后才将数据一次性写入数据库。用于指定记录只能成批更新的情况。

例如:

```
set conn=Server.createobject("ADODB.connection")
set  rs=Server.CreateObject("ADODB.Recordset")
conn.open
rs.Open "Select * from student", conn, 3, 1      '只读,当前记录可自由移动
  rs.Open "Select * from student", conn, 2, 3
                      '可新增、修改或删除,当前记录可自由移动,乐观锁定
```

记录集对象还有许多属性,对遍历记录集很有用处。如:
- AbsolutionPosition:设置或读取当前记录在记录集中的位置顺序号;
- BOF:表示记录集的开头,位于第一条记录之前;
- EOF:表示记录集结尾,位于最后一条记录之后;
- RecordCount:表示记录集中的记录总数。不过,Recordcount 并不总是有效的。当 ADO 无法判断记录总数时该属性会被设置为 –1,并且和打开记录集时的方式有关。当使用 AdForwardOnly 游标时,该属性无效(–1),因为当数据库在处理查询时,Recordset 正在数据库中继续查找匹配的数据。因此在数据库中所有记录查完之前,RecordCount 属性是无效的。

例如,想在一个记录集中反向移动,可以使用 MoveLast 和 MovePrevious 方法以及 BOF 属性,见例8-3。

例 8-3

```
<% @ language="VBScript"%>
<html>
```

```
<head><title>backwards recordset</title></head>
<body>
<% set conn=server.createobject("ADODB.connection")
set rs=server.createobject("ADODB.recordset")
conn.open "DSN=学生;UID=sa;PWD=sa"
str="select * from student"
rs.open str,conn,adOpenstatic
rs.movelast
while not rs.BOF         '如果没有到达记录集末尾,则循环输出下面的记录
  response.write("<BR>" & rs("姓名"))
  rs.moveprevious
wend
rs.close
conn.close
 %>
</body>
</html>
```

在这个例子中,用静态游标打开记录集,记录集被打开后,通过使用 Movelast 和 MovePrevious 方法,该记录集中的所有记录都被显示,直至记录集的开头。

4. 分页显示结果集

通常,一个网站需要发布大量的数据库信息,条目众多,不可能在同一页中将所有查询出来的记录集都显示出来,目前有很多方法能实现将数据库的查询结果分页显示,主要有以下两种:

(1)将数据库中所有符合查询条件的记录一次性读入记录集并存放在内存中,然后利用 Recordset 对象的一些分页属性实现分页控制,编程较为简单。

(2)根据客户的指示,每次分别从符合查询条件的记录中将规定数目的记录数读取出来并显示。

两种方法的差别在于:前者是一次性将所有记录都读入内存,然后再根据指示依次进行判断从而达到分页显示的效果;而后者是先根据指示做出判断,并将规定数目的符合查询条件的记录读入内存,从而直接达到分页显示的功能。

可以很明显地感觉到,当数据库中的记录数达到上万或更多时,第一种方法的执行效率将明显低于第二种方法,因为当每一个客户查询页面时都要将所有符合条件的记录存放在服务器内存中,然后再进行分页等处理,如果同时有超过 100 个客户在线查询,那么 ASP 应用程序的执行效率将大受影响。但是,当服务器上数据库的记录数以及同时在线的人数并不是很多时,两者在执行效率上是相差无几的,此时一般就采用第一种方法,因为第一种方法的 ASP 程序编写相对第二种方法要简单得多。

RecordSet 对象与分页相关的属性如下:

RecordCount 属性:显示 Recordset 对象记录的总数。该属性仅在打开与数据源的连接后才能使用。当游标类型设为 adOpenForwardOnly 时,RecordCount 属性是无效的。

PageSize 属性：该属性定义 Recordset 中一页所包含的记录数，其默认值为 10。

PageCount 属性：通常配合 PageSize 属性一起用，它的大小由 PageSize 决定。指明当前 RecordSet 对象所包含的总的页数，为一长整型值。若 Recordset 对象不支持该属性，则该属性返回-1，表明 PageCount 无法确定。

AbsolutePage 属性：该属性可以设置当前记录的绝对页号。通过设置该属性，可切换到指定的页面，此时记录指针停在该页面的首记录。该属性若返回-1，则说明无法获得当前记录所在的数据页面。如：

```
<% rs.Absolutepage=2 %>'它将使记录指针指向第 2 页的第一个记录。也可用该属性取得
                      当前记录所在的绝对页号，如：
<%
  nowpage=rs.Absolutepage
%>
```

注意：在使用数据源和直接指定 ODBC 参数这两种方法访问数据库时，AbsolutePage 的返回值为-1。为了让该属性能正确返回当前记录所在的页面，可使用 OLE DB 连接字符串（即第 3 种方式：直接连接数据库）来访问数据库。

AbsolutePosition 属性：表示当前记录相对于第一条记录的位置，即结果集中的第几条记录。

要把一个记录集分成多个页，可以用 PageSize 属性指定一页中的记录个数，然后用 AbsolutePage 属性移动到一个特定的页。最后，用 PageCount 属性返回总页数。

例 8-4 利用本节介绍的属性与方法，实现记录的分页显示，输出 test.mdb 数据库中 student 表的记录。要求每页显示 9 条记录，并提供上一页、下一页、第一页、最后一页的导航链接，另外还提供了页码的输入功能，可以方便地找到所需页面。这个文件是 display.asp，代码如下：

```
<!-- #include file="adovbs.inc" -->
<% set conn=Server.CreateObject("ADODB.Connection")
   conn.open "Provider=Microsoft.Jet.OLEDB.4.0;Data Source=" &
   Server.MapPath("test.mdb")
  Set rs=Server.CreateObject("ADODB.Recordset")
Sql="select * from student"
Rs.Open sql,conn,adOpenKeyset,adLockReadOnly,adCmdText %>
<html>
<head>
<title>分页显示</title>
</head>
<body>
<%
  rs.Pagesize=9 '设定 Recordset 对象的 PageSize 属性，即每页显示的记录数
  page=Clng(request("text1"))
  if page<1 then page=1
```

```
if page>rs.pagecount then page=rs.pagecount
for k=0 to rs.fields.count-1
  response.write rs.fields(k).name
next
rs.absolutepage=page
for ipage=1 to rs.pagesize
 recno=(page-1)* rs.pagesize+ipage
   response.write recno
   for k=0 to rs.fields.count-1
    response.write rs.fields(k).value
   next
   rs.movenext
   if rs.eof then exit for
next
%>
<form action="display.asp" method="get">
<% if page<>1 then
   response.write "<A href=display.asp ? page=1> 第一页</A>"
   response.write "<A href=display.asp ? page=" & (page-1) & ">上一页 </A>"
  End if
 If page<>rs.pagecount then
  Response.write "<A href=display.asp ? page=" & (page+1) & ">下一页 </A> "
  Response.write "<A href=display.asp ? page=" & rs.pagecount & "> 最后一页 </A> "
End if
%>
<p> 输入页数: <input type=text name="text1" >页数: <% =page %> / <% =rs.pagecount
%>
</p>
</form>
</body>
</html>
```

5. 用数组处理记录集数据

记录集的记录是可修改的,但有时希望保留记录集本身,在别处进行修改操作。ADO 的 Recordset 对象有一个方法 GetRows(),可以将一个记录集中的记录赋给一个数组,使得修改可以在数组中进行。

语法为:

```
array=recordset.GetRows(Rows,Start,Fields)
```

其中:

Rows：可选参数，指出需要得到的记录数。

Start：可选参数，GetRows 操作将从这里开始取得记录。它可使用的常数值如表 8-1 所示。

Fields：可选参数，可以是一个字段名或字段的顺序位置。

array 是二维数组，第一维说明字段，第二维说明记录号。

表 8-1 Start 可选参数表

常　　数	常数值	说　　明
adBookmarkCurrent	0	默认值，从当前记录开始
adBookmarkFirst	1	从首记录开始
adBookmarkLast	2	从最后一条记录开始

例 8-5 将从表 student 中取出的记录放入一个数组中。

```
<% @ language="VBScript" %>
<html>
<head><title>用数组处理记录集数据</title></head>
<body>
<% set cn=server.createobject("ADODB.connection")
    cn.open "DSN=学生;UID=sa;PWD=sa"
 set rs=cn.execute("select * from student")
dim field(1)
field(0)="学号"
field(1)="姓名"
array=rs.GetRows(4,1,field)
  for i=0 to UBound(array,2)     '指明记录数
     for j=0 to UBound(array,1)  '指明字段数
     response.write("<BR>" & array(j,i))
     next
next
rs.close
cn.close
%>
</body>
</html>
```

其中，VBScript 函数 UBound()是用来确定数组的维数。Ubound 函数返回数组在指定维数上数组下标的上界值。

6. 指定记录集的最大容量

Recordset 对象的 MaxRecords 属性可以限制记录集的存放记录数，即限制从一个数据库查询返回到一个记录集中的记录数目。

如要限制在站点上发布最近的 n 条信息，使记录集的 MaxRecord 属性值为 n 即可。

例 8-6 限制只在页面上显示前 20 条记录。

```
<% set conn=server.createobject("adodb.connection")
       set rs=server.createobject("adodb.recordset")
     conn.open "DSN=学生"
     rs.MaxRecords=20
     rs.open "select * from student", conn
   while not rs.eof
     response.write(rs("姓名"))
     rs.movenext
   wend
   rs.close
conn.close
%>
```

使用 MaxRecords 属性时，必须在打开记录集之前设置该属性值。记录集打开之后，该属性将成为只读属性。

7．记录集记录的修改

向数据表添加记录，可以用 SQL 语句来实现，如：Insert into student（学号，姓名）Values (" ","")，另外也可用 SQL 语句实现更新数据库表的记录（update）。但添加记录时由于 SQL 语句本身有长度限制，无法操作大容量的字符串，如 SQL Server 的 Text 类型（可存储 2GB 数据）、Access 的备注型或 Oracle 的 Long 类型的字段，而记录集的 AddNew 方法则不受此限制，因此，利用 AddNew 方法可实现大容量数据的输入，这是该方法的一大优势。

1）AddNew 方法

格式：

```
AddNew [Fields,Values]
```

其中：Fields 为一个字段名，Values 为要添加的记录对应字段的值。若无此选项，则为添加一条空记录，如：

```
rs.addnew       '添加一条空记录
rs.addnew 学号, "09"
```

例 8-7 利用 AddNew 方法为 student 表添加一条新记录。

```
<% @ language="VBScript" %>
<html>
<head><title>添加学生记录</title></head>
<body>
<% set rs=server.createobject("ADODB.recordset")
rs.open "select * from student","DSN=学生;UID=sa;PWD=sa" ,3,3 %>
<% rs.AddNew
```

```
    rs("学号")="10"
    rs("姓名")="刘文"
    rs("性别")="女"
    rs("年龄")="22"
    rs("电话号码")="43000"
    rs.update
    rs.close
     set rs=nothing    %>
</body>
</html>
```

例 8-7 中，rs.AddNew 产生一条新的记录，在 rs.Update 被调用时数据将被新增至数据库中。

注意：要想添加记录，必须使用不是只读的游标和非只读的锁定方式。

2）Delete 方法

用该方法可删除当前记录。

例 8-8 用 Delete 方法在 student 表中删除学号为 10 的学生记录。

```
<% @ language="VBScript" %>
<html>
<head><title>添加学生记录</title></head>
<body>
<% set rs=server.createobject("ADODB.recordset")
rs.open "select * from student","DSN=学生;UID=sa;PWD=sa" ,3,3 %>
<% while not rs.eof
    if rs("学号").value=10 then
       rs.delete
    end if
   rs.movenext
   wend
  rs.update
  rs.close
  set rs=nothing
%>
</body>
</html>
```

3）Update 方法

参照例 8-7 增加记录的代码：

```
      ……
    rs("电话号码")="43000"
    rs.update
    rs("电话号码")="53001"
    rs.update
```

总之，不管是添加、删除、修改最后都要使用 Update 方法使数据库中的数据改变。

4）UpdateBatch 方法

UpdateBatch 方法可将所有缓冲区内的数据分批更新至数据库。

注意： 只有以 Keyset 或 Static 方式打开的光标才能使用分批更新方式。如果要取消所有的缓冲区内的改变，可以调用 CancelBatch 方法。

虽然使用 AddNew 方法有一定优势，但由于记录集对象的 AddNew、Delete、Update 方法操作数据集的效率较低，因此还是推荐使用 SQL 语句来完成相应操作。

8.4.4 使用 Command 对象

Command 对象负责对数据库提出请求，也就是传递指定的 SQL 命令。通过和 SQL Sever 的查询及存储过程的良好结合，Command 对象具有更强大的数据库访问能力，无论是对数据库的插入、更新和删除这类无须返回结果集的操作，还是对 Select 查询这样需返回结果集的操作都一样简单。

1. 建立 Command 对象

Command 对象可以利用已创建的 Connection 对象来创建，也可单独创建。

1）利用已创建的 Connection 对象建立 Command 对象

可以使用以下脚本创建 Command 对象：

```
<% set conn=server.creatobject("adodb.connection")
conn.open "driver={sql server};Server=(local);UID=sa;PWD=sa;Database=
    学生"
set cm=server.createobject("ADODB.Command")
set cm.ActiveConnection=conn    '用 ActiveConnection 属性指定连接对象名称
%>
```

2）单独建立 Command 对象

同样必须先用 Server.CreateObject 方法创建该对象，如：

```
<%  set cm=Server.CreateObject("ADODB.Command")
%>
```

在创建 Command 对象后还不能立即使用该对象，还需要连接一个动态的 Connection 对象，用下面的方法建立这个连接：

```
<%  set cm=Server.CreateObject("ADODB.Command")
    set cm.ActiveConnection="DSN=学生;UID=sa;PWD=sa"
%>
```

2. 使用 Command 对象执行 SQL 语句

要采用 Command 对象来完成数据库的查询操作,首先要创建一个 Command 对象实例,然后指定其 ActiveConnection(当前打开的连接)属性、CommandText(要执行的命令串)属性,必要时可指定 CommandType(命令串的类型)属性以优化执行时的性能,其中 CommandType 属性包括 adCmdText、adCmdTable、adCmdStoredProc 及 adCmdUnknown,它们的含义与 Execute 方法的相应选项(Option)含义相同。

1) ActiveConnection 属性

ActiveConnection 属性定义了 Command 对象的连接信息,表示命令对象通过哪个连接对象进行数据库操作。利用已创建的 Connection 对象建立 Command 对象的方法如下:

```
<%
set cn=server.CreateObject("ADODB.Connection")
 set cm=Server.CreateObject("ADODB.Command")
cn.open "driver={sql server};Server=(local);UID=sa;PWD=sa;Database=学生"
 set cm.ActiveConnection=cn
 %>
```

2) CommandText 属性

使用 CommandText 属性可设置或返回对数据提供者的查询字符串。这个字符串可以是 SQL 语句、表或存储过程,默认值为空串。通常使用 SQL 语句比较多。

3) CommandType 属性

用于指定数据查询信息的类型,即使用 CommandType 属性可以决定 CommandText 所存储的属性内容是 SQL 语句、表还是存储过程,而不再需要根据数据源来判断。

例如,如果想查询一个表的全部行与列,只需提供表名即可,其程序如下所示:

```
<%
  set comm.=server.createobject("ADODB.command")
set comm.Activeconnection="DSN=学生;UID=sa;PWD=sa"
comm.CommandType=AdCmdTable
comm.CommandText="student"
%>
```

4) Command 对象的 Execute 方法

使用 Command 对象的 Execute 方法执行由 CommandText 属性值所指定的命令串,用于执行数据库查询、添加、删除、更新等操作。与 Connection 对象的 Execute 方法一样,Command 对象的 Execute 方法也有带括号调用和无括号调用两种方式,分别用于有、无结果返回的调用。

(1) 有返回记录的格式。

```
set 记录集对象名=command.execute(RecordsAffected,Parameters,Options)
```

(2) 没有返回记录的格式,如添加、删除、更新等。

```
command.execute  RecordsAffected,Parameters,Options
```

其中：

RecordsAffected：可选，返回操作所影响的记录数。

Parameters：可选，返回使用 SQL 语句传送的参数值。

Opitons：可选，通过系统提供的一组常量指定 CommandText 属性值的使用方式或 Execute 方法的执行方式。这组常量有：

- AdCmdText：常数值为 1，指定 CommandText 属性值为 SQL 命令串。
- AdCmdTabel：常数值为 2，表明 CommandText 是一个表名，ADO 会产生一个对它的 SQL 查询以返回它的全部行和列。
- AdCmdStoredProc：常数值为 4，将 CommandText 属性值作为一个存储过程来处理。
- AdCmdUnKnown：常数值为–1，表示 CommandText 属性值的命令类型未知，由程序本身去判断，为默认值。

例 8-9 使用 Recordset 对象的 Open 方法执行 CommandText 指定的查询，程序如下：

```
<%
set cn=server.CreateObject("ADODB.Connection")
set cm=Server.CreateObject("ADODB.Command")
set rs=server.CreateObject("ADODB.Recordset")
cn.open "driver={sql server};Server=(local);UID=sa;PWD=sa;Database=学生"
set cm.ActiveConnection=cn
cm.commandText="select * from student"
rs.open cm,3,3
%>
```

这里的 rs 是一个已创建的 Recordset 对象，cm 是一个已建立的 Command 对象，cn 是一个 Connection 对象。用这种方法执行查询时，还可以决定光标类型和锁定方式。

例 8-10 利用 Command 对象的 Excute 方法同样可执行 CommandText 指定的查询。

```
<% set cn=server.creatobject("adodb.connection")
cn.open "driver={sql server};Server=(local);UID=sa;PWD=sa;Database=学生"
set cm=server.createobject("ADODB.Command")
set cm.ActiveConnection=cn
cm.CommandText="select * from student"
set rs=cm.Execute()
  cn.close
%>
```

3．使用 Command 对象执行带参数的查询

使用带参数的查询，必须用 Command 对象的 CreateParameter 方法，这个方法可以用来创建一个 Parameter 对象，然后利用 Command 对象的 Parameters 数据集合提供的 Append 方法加入到 Parameters 集合中去，就可以进行参数查询了。

其语法如下：

```
Set Parameter=Command.CreateParameter(Name,Type,Direction,Size,Value)
```

其中的参数说明如下：

（1）Name：可选，表示这个参数对象的名称。

（2）Type：可选，表示这个参数对象的数据类型。

（3）Direction：可选，等同于 Parameter 对象的 Direction 设置值，表示相对数据库而言参数的方向，例如输入参数、输出参数或者返回值等，参数的可能值如下：

- adParamUnknown：值为 0，表示此参数的类型无法确定。
- adParamInput：值为 1，表示这是一个输入参数。
- adParamOutput：值为 2，表示这是一个输出参数。
- adParamInputOutput：值为 3，表示这是一个输入/输出参数。
- adparamReturnValue：值为 4，表示这是一个返回值参数。

（4）Size：表示这个参数的数据长度。

（5）Value：表示这个参数的设置初值。

例 8-11 查找成绩大于 85 分的学生。

```
<% set conn=server.creatobject("adodb.connection")
cn.open "driver={sql server};Server=(local);UID=sa;PWD=sa;Database=学生"
set cm=server.createobject("ADODB.Command")
  set  cm.ActiveConnection=conn
  cm.CommandText="select name,grade
            from student where student.score>?"
 cm.prepared=true    //该属性指出在调用 Command 对象的 Execute 方法时,是否将查询
                    //的结果进行编译并存储下来,是一个布尔类型的值
set pm=cm.createParameter("score", 3, adParamInput,4,"85")
                   //type 为 3 时,表示当前参数的数据类型为有符号整数
 cm.parameters. Append   pm
set rs=cm.execute()
while not rs.eof
  response.write rs("name") & "成绩为: " & rs("grade")
 rs.movenext
wend
cm.parameters("score")=90
set rs=cm.execute()
while not rs.eof
  response.write rs("name") & "成绩为: " & rs("grade")
 rs.movenext
wend     %>
```

4．具体实例

下面介绍一个 Command 对象的具体应用，完成一个简单的注册用户功能。通过两个文件来实现注册功能，8-12.htm 文件所运行的页面用来完成用户输入信息，单击"提

交"按钮后,把用户输入的数据传送到 8-12.asp 页面,该页面通过 Command 对象把用户输入的信息写入到数据库中,然后提示用户注册成功。

1) 8-12.htm 代码

```html
<html>
<head><title>8-12.htm</title>
</head>
<body>
<form method="post" action="8-12.asp">
姓名: <input type="text" name="name"><br>
密码: <input type="password" name="pwd"><br>
<input type="submit" name="submit" value="添加">
<input type="reset" name="submit2" value="重新输入">
</form>
</body>
</html>
```

运行结果见图 8-17。

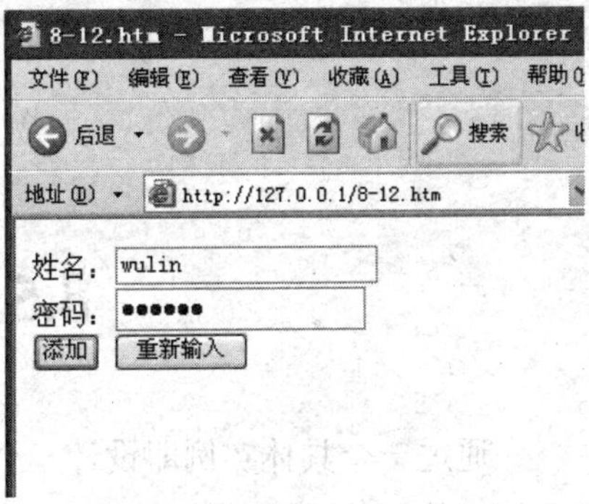

2) 8-12.asp 代码

```asp
<% @ language="vbscript" %>
<html>
<head><title>8-12.asp</title>
</head>
<body>
<% set cn=server.CreateObject("ADODB.Connection")
 set cm=server.CreateObject("ADODB.Command")
cn.open "driver={sql server};server=(local);UID=sa;PWD=sa;Database=注册"
 set cm.ActiveConnection=cn
cm.CommandText="Insert into information(name,password) values('" & _
request.form("name") & "','" & request.form("pwd") & "')"
cm.CommandType=1
cm.execute
cn.close
%>
用户名: <% =request.form("name")%> <br>
密码: <% =request.form("pwd") %>
<br><br><br>注册成功!
</body>
</html>
```

图 8-17 简单的用户注册

运行结果见图 8-18。

第 8 章 Web 数据库访问 ———— 277

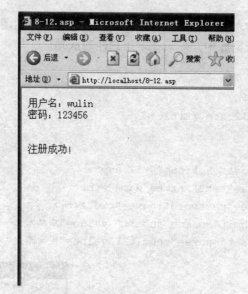

图 8-18 Command 对象实例

8.5 实 例 分 析

通过一个具体实例即设计一个简单的通讯录管理系统，了解 ASP+ADO 是如何访问数据库的。该通讯录管理系统能实现显示、添加、删除、修改、查找成员的功能。

分析：系统能提供显示、添加、删除、修改、查找成员的功能。在设计上，该通讯录首页用框架，左边是功能列表，右边显示具体内容，数据库名 address，表为 users。通讯录管理系统共有 11 个文件，分别如下：

- index.htm——框架首页；
- menu.htm——功能列表文件，左边框架页面；
- odbc_connection.asp——连接数据库文件；
- list.asp——显示成员列表，右边框架页面；
- add_form.htm——添加成员表单文件；
- add.asp——添加成员文件；
- Change.asp——修改成员密码验证文件；
- Update_form.asp——修改成员表单文件；
- Update.asp——修改成员文件；
- Delete.asp——删除成员文件；
- Search.asp——查找成员文件。

用 SQL Server 2000 建数据库 address，其中 users 表的结构见图 8-19。

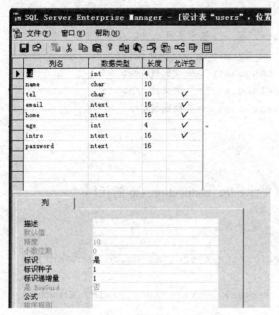

图 8-19 通讯录数据库的结构图

1）框架首页 index.htm 的代码

```
<html>
<head>
  <title>通讯录</title>
</head>
<frameset frameborder="0" framespacing="0" cols="20%,*">
  <frame name="left" scrolling="no" src="menu.htm" target="right">
  <frame name="right" src="list.asp">
<noframes>
  <body>
    对不起，您必须使用支持框架页的浏览器
  </body>
</noframes>
</frameset>
</html>
```

说明：简单框架，分为左右两部分，分别显示两个文件，左边框架中的超链接默认在右边框架中打开。若客户端不支持框架，将给出提示信息。

2）功能列表文件 menu.htm 的代码

```
<html>
<head>
  <title>功能列表文件</title>
<base target="right">            '表示超链接默认在右边框架中打开
</head>
  <body>
```

```
      <center>
<p><a href="list.asp">显示成员</a>
<p><a href="add_form.htm">添加成员</a>
<p><a href="change.asp">修改成员</a>
<p><a href="delete.asp">删除成员</a>
<p><a href="search.asp">查找成员</a>
   </center>
  </body>
</html>
```

3）连接数据库文件 odbc_connection.asp 的代码

```
<%
 dim db
 set db=server.createobject("adodb.connection")
 db.open
"driver={sql server};server=(local);uid=sa;pwd=sa;database=address"
%>
```

说明：由于很多文件都要用到连接数据库的语句，为了方便，可将这部分单独写成一个文件，然后在其他文件中用<!--#Include file="odbc_connection.asp"-->将其包括进来。这样做的优点是要修改连接数据库的语句时，只要修改这个文件即可。

4）显示成员文件 list.asp 的代码

```
<!--#include file="odbc_connection.asp"-->
<html>
<head>
  <title>查询全部成员</title>
</head>
<body>
 <h2 align="center">成员列表</h2>
 <center>
<table>
 <tr align="center">
   <td>姓名</td>
   <td>电话</td>
   <td>email</td>
   <td>住址</td>
   <td>年龄</td>
   <td>简介</td>
 </tr>
<%
 dim rs,strsql
 set rs=server.createobject("adodb.recordset")
 strsql="select * from users"
```

```
rs.open strsql,db,1      '关键集游标，当使用adForwardOnly光标（或前向游标）时，
Recordcount属性无效（-1）

if rs.bof or rs.eof then
   response.write "现在还没有数据"
else
   page_size=4
'若第一次打开，则page_no为1，否则由传回的参数决定
   if request.querystring("page_no")="" then
      page_no=1
   else
      page_no=cint(request.querystring("page_no"))
   end if
 rs.pagesize=page_size          '设置每页多少条记录
 page_total=rs.pagecount        '返回总页数
 rs.absolutepage=page_no        '设置当前显示第几页
'下面一段利用表格显示当前页的所有记录
dim i
i=page_size       '用来控制显示当前页记录
do while not rs.eof and i>0
  i=i-1
 response.write "<tr align='center'>"
 response.write "<td>" & rs("name") & "</td>"
 response.write "<td>" & rs("tel") & "</td>"
 response.write "<td><a href='mailto:'" & rs("email") & ">" & rs("email")
 & "</td>"
 response.write "<td>" & rs("home") & "</td>"
 response.write "<td>" & rs("age") & "</td>"
 response.write "<td>" & rs("intro") & "</td>"
 response.write "</tr>"
 rs.movenext
loop
response.write "</table>"              '表格结束
response.write "<p>请选择数据页: "
for i=1 to page_total
  if i=page_no then
     response.write i & " "
  else
     response.write  "<a href='list.asp?page_no=" & i & "'>" & i & "</a>"
                              '如果不是当前页，就加上超链接
  end if

next
end if
```

```
rs.close
set rs=nothing
db.close
set db=nothing
%>
</center>
</body>
</html>
```

说明：该文件用来显示所有成员，用到分页显示技术。

首页 index.htm 执行结果如图 8-20 所示。

图 8-20 通讯录的首页

5）添加成员表单文件 add_form.htm 的代码

```
<html>
<head>
 <title>添加成员</title>
</head>
<body>
<h2 align="center">添加成员</h2>
<p align="center">(带**的内容必须输入)
<form method=post action="add.asp">
 <table align="center">
  <tr>
    <td>序号:</td><td><input type="text" name="id">**</td>
  </tr>
  <tr>
    <td>姓名:</td><td><input type="text" name="name">**</td>
  </tr>
  <tr>
    <td>密码:</td><td><input type="password" name="password">**</td>
  </tr>
```

```
        <tr>
          <td>电话:</td><td><input type="text" name="tel"></td>
        </tr>
         <tr>
          <td>email:</td><td><input type="text" name="email"></td>
         </tr>
<tr>
          <td>住址:</td><td><input type="text" name="home"></td>
         </tr>
         <tr>
          <td>年龄:</td><td><input type="text" name="age"></td>
         </tr>
         <tr>
          <td>简介:</td><td><textarea name="intro"></textarea></td>
         </tr>
         <tr>
          <td></td><td><input type="submit" value="确定">
                <input type="reset" value="重填"></td>
         </tr>

 <table>
 </form>
</body>
</html>
```

执行结果如图 8-21 所示。

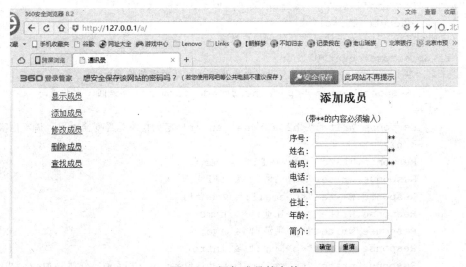

图 8-21 添加成员的表单

说明：这是一个简单的表单，用于输入成员信息，提交后交给 add.asp。

6）添加成员文件 add.asp 的代码

```asp
<!--#include file="odbc_connection.asp"-->
<html>
<head>
  <title>处理增加的成员</title>
</head>
<body>
<%
on error resume next    '发生错误后，继续执行下一句
if trim(request("id"))="" or trim(request("name"))="" or trim(request("password"))="" then
      Response.Write "对不起，序号、姓名和密码必须输入"
      Response.Write "<p><a href='add_form.htm'>返回，重新填写</a>"
else
      id=request("id")  name=request("name")
      password=request("password")
      tel=request("tel")
      home=request("home")
      email=request("email")
      age=request("age")
      intro=request("intro")

'下面将数据填入数据库中
      strsql="insert into users(id, name,password,tel,home,email,age,intro) values("& id &", ' " &   name & " ',' " & password & " ',' " & tel & " ',' " & home & " ',' " & email & " '," & age & ",' " & intro & " ')"
      db.execute(strsql)
'下面判断插入过程有无错误，并给出相应信息
  if db.errors.count>0 then
        Response.Write "保存过程中发生错误，必须重新填写"
        Response.Write "<p><a href='add_form.htm'>返回，重新填写</a>"
    else
      Response.Write "<h2 align='center'>您的信息已经安全加入，请牢记密码</h2>"
      Response.Write  "<p>姓名:" & name
      Response.Write  "<p>电话:" & tel
      Response.Write  "<p>email:" & email
      Response.Write  "<p>住址:" & home
      Response.Write  "<p>年龄:" & age
      Response.Write  "<p>简介:" & intro
      Response.Write  "<p><a href='add_form.htm'>返回，继续添加</a>"
   end if
end if
%>
```

```
</body>
</html>
```

执行结果如图 8-22 所示。

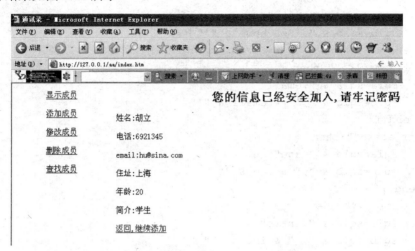

图 8-22 添加的成员信息提交后的界面

说明：可以用 Recordset 对象的 AddNew 方法添加，也可使用 SQL 语句。

将上述程序优化后的代码如下：

```
<!--#include file="odbc_connection.asp"-->
<html>
<head>
  <title>处理增加的成员</title>
</head>
<body>
 <%
 on error resume next
  if trim(request("id"))="" or trim(request("name"))="" or
     trim(request("password"))="" then
     Response.Write "对不起，姓名和密码必须输入"
     Response.Write "<p><a href='add_form.htm'>返回，重新填写</a>"
  else
     id= request("id")  name=request("name")
     password=request("password")
     tel=request("tel")
     home=request("home")
     email=request("email")
     age=request("age")
     intro=request("intro")
sqla="insert into users(id, name,password"
   sqlb="values("& id &",'" & name & "','" & password & "'"
   if tel<>"" then
```

第 8 章 Web 数据库访问 285

```
      sqla=sqla & ",tel"
      sqlb=sqlb & ",'" & tel & "'"
    end if
    if home<>"" then
      sqla=sqla & ",home"
      sqlb=sqlb & ",'" & home & "'"
    end if
    if email<>"" then
      sqla=sqla & ",email"
      sqlb=sqlb & ",'" & email & "'"
    end if
    if age<>"" then
      sqla=sqla & ",age"
      sqlb=sqlb & "," & age & ""
    end if
if intro<>"" then
    sqla=sqla & ",intro"
    sqlb=sqlb & ",'" & intro & "'"
  end if
  strsql= sqla & ")" & sqlb & ")"
  db.execute(strsql)
  if db.errors.count>0 then
      Response.Write "保存过程中发生错误,必须重新填写"
      Response.Write "<p><a href='add_form.htm'>返回,重新填写</a>"
  else
      Response.Write"<h2 align='center'>您的信息已经安全加入,请牢记密码</h2>"
      Response.Write "<p>姓名:" & name
      Response.Write "<p>电话:" & tel
      Response.Write "<p>email:" & email
      Response.Write "<p>住址:" & home
      Response.Write "<p>年龄:" & age
      Response.Write "<p>简介:" & intro
      Response.Write "<p><a href='add_form.htm'>返回,继续添加</a>"
   end if
 end if
%>
</body>
</html>
```

7) 修改成员密码验证文件 change.asp 的代码

```
<% Response.Buffer=true %>
<!--#include file="odbc_connection.asp"-->
<html>
<head>
  <title>修改成员</title>
```

```
<h2 align="center">修改成员</h2>
<center>
<form method="post" action="">
<table>
  <Tr>
    <Td>姓名:</td><td><input type="text" name="name">**</td>
  </tr>
  <tr>
    <td>密码:</td><td><input type="password" name="password">**</td>
  </tr>
<tr>
<td></td><td><input type="submit" value="确定"></td>
  </tr>
<table>
</form>
</center>
<%  if trim(request("name"))<>"" then
    strsql="select * from users where name like '" & Request.Form("name")
    & "' and password like '" & Request.Form("password") & "'"
    set rs=db.execute(strsql)
    if not rs.bof and not rs.eof then
      session("id")=rs("id")                    '记载要修改的记录编号,唯一
      Response.Redirect  "update_form.asp"      '输入正确,则转到 update_form.
                                                 asp 文件
    else
      Response.Write "对不起,密码不正确,请重新输入"
    end if
  end if   %>
</body>
</html>
```

若输入密码不正确,则执行结果如图 8-23、图 8-24 所示。

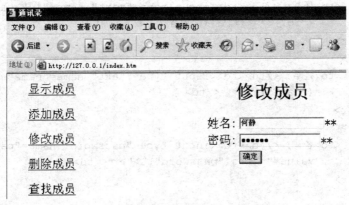

图 8-23 修改成员的输入界面

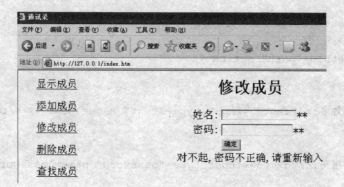

图 8-24 输入密码不正确时的界面

说明：成员要修改自己的资料时，首先要求输入姓名和密码。如果输入正确，则转到 update_form.asp 文件。

8）update_form.asp 文件的代码

```
<!-- #INCLUDE FILE="odbc_connection.asp" -->
<html>
<head>
<title>修改成员</title>
</head>
<body>
<h2 align="center">请修改您的资料: </h2>
<%
'根据 change.asp 存放到 Session 里的 id 值，显示相应成员的信息
strSql ="Select * From users where id=" & Session("id")
' id是数字类型，在SQL语句中就不要加引号
Set rs=db.Execute(strSql)
%>
<center>
<form method="post" action="update.asp">
<table >
    <tr>
        <td>序号: </td><td><input type="text" name="id" value="<%=rs
        ("id")%>">**(带**的内容必须输入)</td>
    </tr>
    <tr>
        <td>姓名: </td><td><input type="text" name="name" value="<%=rs
        ("name")%>">**</td>
    </tr>
    <tr>
        <td>密码: </td><td><input type="password" name="password"
        value="<%=rs("password")%>">**</td>
    </tr>
    <tr>
        <td>电话: </td><td><input type="text" name="tel" value="<%=rs
```

```
                    ("tel")%>"></td>
        </tr>
        <tr>
            <td>email: </td><td><input type="text" name="email" value=
                "<%=rs("email") %>"></td>
        </tr>
        <tr>
            <td>住址: </td><td><input type="text" name="home" value="<%=
                rs("home")%>"></td>
</tr>
<tr>
            <td>年龄: </td><td><input type="text" name="age" value="<%=rs
                ("age")%>"></td>
        </tr>
        <tr>
            <td>简介: </td><td><textarea name="intro"><%=rs("intro")%>
                </textarea></td>
        </tr>
        <tr>
            <td></td><td><input type="submit" value="确 定">
            <input type="reset" value="重 填"></td>
        </tr>
<table>
</form>
</center>
<%
rs.Close
Set rs=nothing
db.Close
Set db=nothing
%>
</body>
</html>
```

执行结果如图 8-25 所示。

图 8-25 修改成员信息的界面

说明：update_form.asp 文件读出成员的资料，并放置在表单内，确定后，就传递给 update.asp 处理。

9）修改成员文件 update.asp 的代码

```
<!-- #INCLUDE FILE="odbc_connection.asp" -->
<html>
<head>
<title>更新成员</title>
</head>
<body>
<%
If Trim(Request("id"))="" or Trim(Request("name"))="" Or
  Trim(Request("password"))="" Then
    Response.Write "对不起，序号、姓名、密码必须输入"
    Response.Write "<p><a href='update_form.asp'>返回，重新修改</a>"
Else
     id=Request("id")
     name=Request("name")
     password=Request("password")
     tel=Request("tel")
     home=request("home")
     email=request("email")
     intro=request("intro")
' 先将原有数据清除，再插入新的数据
strSql="Delete From users Where id =" & Session("id")
     db.Execute(strSql)
'将数据填入数据库中
     Dim sValues
     strSql = "Insert into users(id, name,password"
     sValues = "values("& id &", '" & name & "','" & password & "'"
     If tel<>"" Then
           strSql = strSql & ",tel"
           sValues = sValues & ",'" & tel & "'"
     End If

     If home<>"" Then
           strSql = strSql & ",home"
           sValues = sValues & ",'" & home & "'"
     End If
     If email<>"" Then
           strSql = strSql & ",email"
           sValues = sValues & ",'" & email & "'"
     End If
     If intro<>"" Then
```

```
        strSql = strSql & ",intro"
        sValues = sValues & ",'" & intro & "'"
    End If
    strSql = strSql & ") " & sValues & ")"
      db.Execute(strSql)
Response.Write "<h2 align='center'>您的信息已经安全修改,请牢记密码</h2>"
response.write "<center><table width='70%'><tr><td>"
response.write "<p>姓名:" & name
response.write "<p>电话:" & tel
response.write "<p>email:" & email
response.write "<p>住址:" & home
response.write "<p>简介:" & intro
response.write "</td></tr></table>"
response.Write "<p><a href='index.htm'>谢谢,请您返回首页</a></center>"
End If    %>
</body>
</html>
```

执行结果如图 8-26 所示。

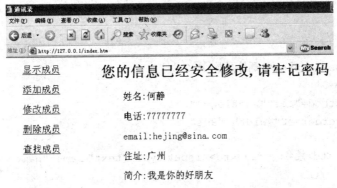

图 8-26　修改信息成功后的界面

说明：该文件将修改后的内容存到数据库中,程序中的插入语句可写成如下形式：

```
Dim strSql
strSql="Insert into users(id,name,password,tel,home,email,age,intro)
values(" & id & ", '" & name & "','" & password & "','" & tel & "','" &
home & "','" & email & "'," & age & ",'" & intro & "')"
```

也可以用 update 语句直接更新,代码如下：

```
Dim strSql,sValues
strSql="update users set  id=" & id & ",name='" & name & "',password='"
& password & " '"
    If tel<>"" Then
```

```
        strSql = strSql & ",tel='" & tel & "'"
    End If
    If home<>"" Then
        strSql = strSql & ",home='" & home & "'"
    End If
    If email<>"" Then
        strSql = strSql & ",email='" & email & "'"
    End If
    If intro<>"" Then
        strSql = strSql & ",intro='" & intro & "'"
    End If
strSql=strSql & "where id=" & session("id")
db.Execute(strSql)
```

10）删除成员文件 delete.asp 的代码

```
<!--#INCLUDE FILE="odbc_connection.asp"-->
<html>
<head>
<title>删除成员</title>

</head>
<body>
<h2 align="center">删除成员</h2>
<center>
<form method="post" action="">
<table border="0" width="90%" >
    <tr>
        <td>姓名: </td><td><input type="text" name="name" size="20">    **
        </td>
    </tr>
    <tr>
        <td>密码: </td><td><input type="password" name="password" size=
        "20">**</td>
    </tr><tr>
  <td></td>
  <td><input type="submit" value=" 确 定 "></td>
    </tr>
<table>
</form>
</center>
    <%
'如果没有输入姓名和密码，就不执行下列语句
If  Trim(Request("name"))<>"" and Trim(Request("password"))<>"" Then
    '执行删除操作，删除匹配的记录
```

```
strSql ="Delete From users where name like '" & Request("name") & "'
and password='" & Request("password") & "'"
 '这里利用Execute方法的一个参数,用number返回该操作影响的记录数
 Dim number
     db.Execute strSql , number
 If number=0 Then
  Response.Write "姓名或密码输入错误,找不到记录"
 Else
  Response.Write "<p align='center'>共有" & number & "条数据被删除"
 End If
 End If
 %>
 <P align="center"><a href="index.htm"><<返回</a>
 </body>
 </html>
```

执行结果如图 8-27、图 8-28 所示。

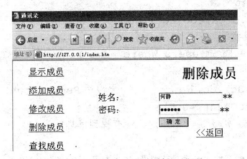

图 8-27 删除成员的输入界面

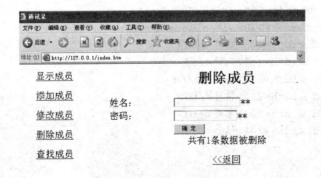

图 8-28 删除完成后的界面

说明：删除成员时,要求输入正确的姓名和密码,然后才能删除。

11) 查找成员文件 search.asp 的代码

```
<!--#INCLUDE FILE="odbc_connection.asp"-->
<html>
<head>
```

第 8 章 Web 数据库访问

```
        <title>查找成员</title>
</head>
<body>
    <h2 align="center">查找成员</h2>
    <center>
    <form method="post" action="">
    <table border="0" width="90%" bgcolor="#00CCFF">
       <tr>
           <td>姓名关键字: </td><td><input type="text" name="name" size=
            "20" >**</td>
           <td><input type="submit" value=" 确 定 "></td>
       </tr>
    </table>
    </form>
<%
'如果没有输入姓名就不执行下列语句
If Trim(Request("name"))<>"" Then
  '建立 Recordset 对象
  Set rs=Server.CreateObject("ADODB.Recordset")
  '以姓名为关键字查找
strSql="Select * From users Where name Like '%" & Trim(Request("name"))
& "%'"
    rs.Open strSql,db,1           '要应用 RecordCount 属性,要用键盘指针
    If rs.RecordCount<=0 Then
       Response.Write "对不起,没有找到信息"
    Else
       Response.Write "共找到" & rs.RecordCount & "条记录"
%>
    <table border="0" width="90%">
    <tr bgcolor="#B7B7B7" align="center">
       <td width=10%>姓名</td>
       <td width=15%>电话</td>
       <td width=15%>email</td>
       <td width=20%>住址</td>
       <td width=10%>年龄</td>
       <td width=30%>简介</td>
    </tr>
<%
       Do While Not rs.Eof
          '下面将利用表格输出名单
          Response.Write "<tr bgcolor='#00CCFF' align='center'>"
          Response.Write "<td>" & rs("name") & "</td>"
          Response.Write "<td>" & rs("tel") & " </td>"
          Response.Write "<td><a href='mailto:" & rs("email") & "'>"
             & rs("email") & "</td>"
          Response.Write "<td>" & rs("home") & " </td>"
```

```
            Response.Write "<td>" & rs("age") & " </td>"
            Response.Write "<td>" & rs("intro") & " </td>"

            Response.Write "</tr>"

            rs.MoveNext
        Loop
    End If
End If
%>
</center>
</body>
</html>
```

执行结果如图 8-29、图 8-30 所示。

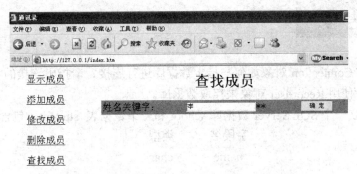

图 8-29　查找成员的界面

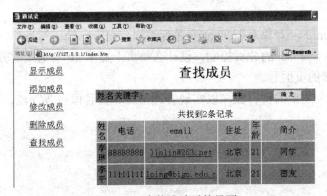

图 8-30　查找成功后的界面

8.6　本章小结

ADO 是实现 ASP 页与数据库连接的核心。在 ADO 中，Connection、Recordset 和 Command 是三个主要的对象。在 ASP 页面中访问数据库时，首先可利用 Connection 对象建立一个与数据源的连接关系，在有效的连接下可以有三种执行 SQL 语句访问数据库的途径：一是利用 Connection.Execute()方法；二是建立一个 Command 对象，设置 CommandText 属性为一个 SQL 串，再利用 Command 的 Execute 方法；三是建立一个 Recordset 对象，并通过 Recordset.Open 方法来实现 SQL 的执行。另外 Recordset 和 Command 对象既可使用一个打开的 Connection 对象，也可创建自己对目标数据源的连接。

利用 Command 对象的 Parameters 参数集合可实现具有参数交换的复杂数据库查询功能（关于这一点本书没有过多讨论，详见其他参考书），另外 Command 命令对象虽然是 ASP 三大主要对象之一，但实际使用比较少，它的许多功能可以通过 Connection 连接对象或是 Recordset 记录集对象来实现。Recordset 对象的许多属性和方法可以有效地完成对数据记录的遍历、修改和其他控制。

习题 8

1. 使用 Connection 对象如何与指定数据库进行连接？请指出连接的各种不同方法。
2. 练习使用 Recordset 对象来存取数据库。
（1）建立一个 SQL Server 数据库 school 和一个数据表 student，包含以下字段：

字段名	类型
name	char
sex	char
age	int
phone	char

（2）用 Recordset 对象对 student 表进行添加、删除、输出等操作。
（3）利用 Recordset 的分页控制，设计在每页上显示 20 条记录的分页系统，要求页面应显示可跳转的页面号。
3. 编写一个简单的留言板，以实现管理留言和查看留言等功能。

第 9 章 基于 Web 的网上教学信息管理系统

9.1 系统分析与设计

9.1.1 系统分析

本系统可在网络环境下，实现教学信息的综合管理。方便日常教学管理中教学信息的发布、教学文件的管理，使教师可在任何地方浏览到最新的教学信息和上交教学文件。系统应包括两大功能模块：管理员模块和普通用户模块。管理员模块的主要功能是：教师信息管理、教学信息发布、教学模板文件上传、教学文件的管理等。普通用户模块的主要功能是：浏览教学信息、教学模板文件的下载与教学文件的提交等。

9.1.2 系统设计

教学信息管理系统的逻辑结构如图 9-1 所示。

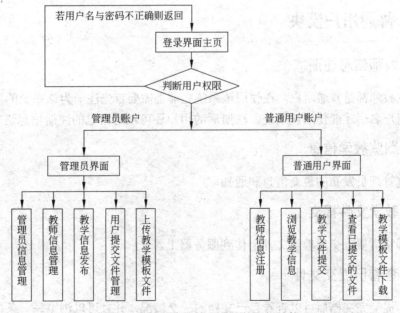

图 9-1　教学信息管理系统的逻辑结构

9.2 功能模块设计

9.2.1 管理员模块

1．教师信息管理

管理员拥有最高的权限。在教师信息管理中，可查询、增加、删除、修改一个普通用户的教师信息。

2．教学信息发布

管理员可发布消息供普通用户查看，并可分别按照消息名和发布时间进行查询，以方便管理员管理所发布的消息，并可对已发布的消息进行删除及修改操作。

3．用户提交文件管理

管理员可查询用户提交的所有文档，并按提交的先后顺序倒序排出，同时显示提交文档的主题、标题、提交时间、提交者姓名及当前提交文档的总数等。同时还可以分别按照提交者的姓名和文档的主题名进行分类查询，并可查看任何提交文档的具体内容和删除文档。

4．上传教学模板文件管理

管理员可上传文件到下载区，供普通用户下载使用。

9.2.2 普通用户模块

1．教师信息注册

每位教师都是普通用户，在使用该系统之前都需要首先注册为该系统的用户，拥有唯一的用户名后才能使用该系统。注册后的用户还可以对自己的注册信息进行修改。

2．浏览教学信息

浏览管理员发布的最新消息和通知。

3．教学文件提交

教师将需要上交的教学文件上传到服务器上。

4．查看已提交文件

教师提交完文档后可以查看自己文档的提交情况，并且可以浏览每一条提交文档的详细内容。

5. 教学模板文件下载

为教师提供了文件下载区，可以下载对教师有用的各类教学文件模板和有用的教学文件。

9.3 数据库的逻辑结构设计

根据系统功能设计的要求以及功能模块的划分，可以列出以下 6 个主要的数据库表，以及表中的数据项和数据结构。

1. 用户权限信息表（userbase）

表 9-1 包括管理员用户和普通用户两级用户的用户名、密码、用户权限。不同的用户有不同的登录界面。

表 9-1 用户权限信息表（userbase）

列名	数据类型	长度	字段含义
id	varchar	10	用户名
pass	varchar	10	密码
permission	char	1	用户权限

2. 用户详细信息表（userdetail）

表 9-2 记录了管理员用户和普通用户的详细信息。

表 9-2 用户详细信息表（userdetail）

列名	数据类型	长度	字段含义	备注
id	varchar	10	用户名	
name	varchar	20	用户真实姓名	
sex	char	2	性别	
email	varchar	100	电子邮件	可为空
birthday	datetime	9	出生年月	
education	varchar	10	教育背景	
tel	varchar	15	电话	可为空

3. 普通用户提交文档表（textbase）

表 9-3 记录了普通用户提交文档的主题和提交时间，主要是为了快速浏览上交的文档；同时可通过 id 标识与"用户提交文档基本信息表"进行关联，得到提交文档的详细信息。

表9-3 普通用户提交文档表（textbase）

列名	数据类型	长度	字段含义
id	int	4	标识
theme	varchar	100	主题
inputdate	datetime	9	提交时间

4. 普通用户提交文档基本信息表（text）

表9-4存储了教师提交文档的基本信息。

表9-4 普通用户提交文档基本信息表（text）

列名	数据类型	长度	字段含义
id	int	4	标识
theme	varchar	100	主题
savename	varchar	200	保存文件名
inputdate	datetime	9	提交时间
fileformat	varchar	50	文件格式
name	varchar	20	提交者
filename	varchar	100	源文件名
filesize	varchar	100	文件大小
filepath	varchar	100	源文件路径

5. 发布消息表（board）

表9-5用来存储所发布的消息内容及消息的相关信息。

表9-5 发布消息表（board）

列名	数据类型	长度	字段含义
id	int	4	标识
headline	varchar	200	消息标题
date	datetime	9	发布时间
content	varchar	9000	消息内容

6. 管理员上传文件信息表（datafile）

表9-6用来存储上传文件的相关信息。

表9-6 管理员上传文件信息表（datafile）

列名	数据类型	长度	字段含义
id	int	4	标识
inputdate	datatime	9	上传时间
filename	varchar	100	源文件名

续表

列名	数据类型	长度	字段含义
savename	varchar	100	保存文件名
fileformat	varchar	50	文件格式
filepath	varchar	100	源文件路径
filesize	varchar	100	文件大小

9.4 界面设计与应用程序实现

1. 登录界面首页

通过用户输入的 ID 和密码来登录不同的界面，如图 9-2 所示。

图 9-2 教学信息管理系统登录界面首页

如果输入的是管理员 ID，且密码正确，则进入管理员界面。如果输入的是普通用户的 ID 并且密码正确，则进入用户界面，否则不正确返回登录界面。如果数据库中没有该用户，则返回登录界面。新用户可通过界面上的新用户注册功能进入新用户注册界面。登录界面首页编码参见附录 A 的 default.asp。

2. 管理员界面及功能实现

管理员登录后的界面如图 9-3 所示。该页面主要用 HTML 语句实现，通过该页面可链接到各个功能块上。在管理员登录界面上主要显示系统提供给管理员的功能，包括管理员信息修改、用户信息浏览、提交文档浏览、发布消息和上传文件等。

1) 管理员信息修改功能

管理员信息修改页面如图 9-4 所示。在这里管理员可以修改自己的用户名和密码。

图9-3 管理员登录界面

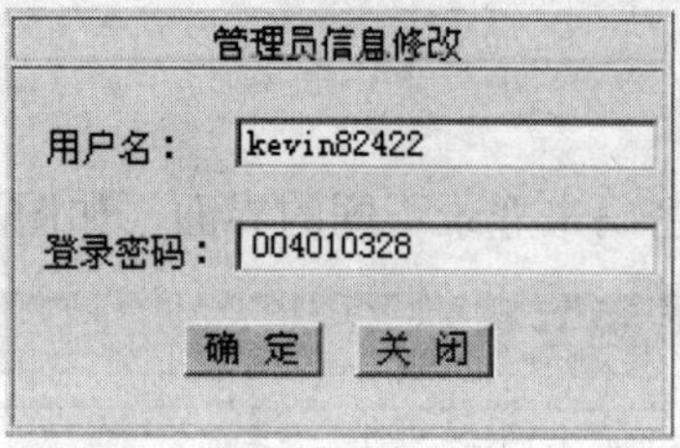

图9-4 管理员信息修改页面

部分代码如下：

```
<%
dim strSql,strid
dim conn
dim strTitle,strInputdate,strDetail,strPass
dim time

if Request.ServerVariables("Request_Method")="POST" then
strID=Request.Form("username")
strPass=Request.Form("password")
set conn = Server.CreateObject("ADODB.Connection")
conn.Open "users","aspbook","aspbook"
response.write strsql
strSql="update userbase set id='"& strID &"', pass='"& strPass &"' where id='"& strid &"'"
conn.execute strSql
conn.close
set conn=nothing
end if
%>
```

2) 用户信息管理功能

管理员可查看已注册的用户，如图9-5所示。管理员在这里可以查看所有注册的用户的一切信息，并可以修改用户的信息（用户名和密码除外），只需单击"用户ID"一栏中的任何一个用户，即可显示出此用户的详细内容，并可修改该用户的信息；也可以删除任何用户的信息，只要选中要删除的用户，单击"统一删除"按钮即可完成；还能够新增用户。

图9-5　用户信息管理页面

实现用户信息分页显示的代码如下：

```
<%
dim conn,rs
dim currentpage
dim iTotalPage  '每页记录数
dim strStlMode
dim strTxtKey
'定义每页显示的记录数
iTotalPage=10
'获得当前显示的页面数
currentpage=Request.Form("PageNum")
if trim(currentpage)="" then
    currentpage="1"
end if

set conn = Server.CreateObject("ADODB.Connection")
set rs = Server.CreateObject("ADODB.Recordset")
'打开数据库连接
conn.Open "users","aspbook","aspbook"
strSql=""
'获得查询的模式和查询关键字
strStlMode=Request.Form("stlMode")
strTxtKey=request.form("txtKey")
if strStlMode=1 and trim(strTxtKey)<>"" then
    strSql=" and userbase.id like '%" & strTxtKey & "%'"
```

```
end if
if strStlMode=2 and trim(strTxtKey)<>"" then
    strSql=" and userdetail.name like '%" & strTxtKey & "%'"
end if
'打开数据记录结果集
rs.Open"select userbase.id,userdetail.name,userdetail.sex,userbase.pass,userbase.permission,userdetail.birthday,userdetail.education,userdetail.email,userdetail.tel
from userbase,userdetail
where userbase.id=userdetail.id" & strSql & " order by userbase.id",conn,3
'response.write strSql
%>
<br>
<br>
<table border="0" width="90%" cellspacing="0" cellpadding="0" bgcolor="#009000">
   <tr>
    <form method="post" action="ShowUser.asp" name="form1">
       <input type="hidden" name="pagenum" value="1">
     <td width="100%">
       <table border="0" width="100%" cellspacing="1" cellpadding="2">
         <tr>
           <td width="100%" colspan="1"><font color="#FFFFFF">
     ==用户列表==
     </td>
     </tr>
    </table>
  </td>
</tr>
</table>
<%
if not rs.EOF then
    '设置每页记录数
    rs.PageSize=iTotalPage
    rs.MoveLast
%>
  <table border="0" width="90%" cellspacing="0" cellpadding="0" bgcolor="#7AABA6">
    <tr>
     <td width="100%">
       <table border="0" width="100%" cellspacing="1" cellpadding="2" height="139">
         <tr>
```

```
            <td width="100%" align="center" class="font9" height="22"
colspan="9" bgcolor="#FFFFCC">
                <table border="0" width="100%">
                    <tr>
                        <td width="50%">共有<%=rs.RecordCount%>名用户 第 <%=current-
page%>/<%=rs.PageCount%>页</td>
                        <td width="50%">
                            <p align="right">
<%
'计算上一页和下一页的页数
if Clng(currentpage)>1 then
Response.Write "<a href style=cursor:'hand'; onclick=""document.form1.
pagenum.value='" & Clng(currentpage)-1 & "'; document.form1.submit()"
">&lt;&lt;上一页</a>"
end if
if Clng(currentpage)<rs.PageCount then
Response.Write "<a href style=cursor:'hand';
onclick=""document. form1.pagenum.value='" & Clng(currentpage)+1 & "';
document.form1.submit()"">下一页&gt;&gt;</a>"
end if
%>
                        </td>
                    </tr>
                </table>
            </td>
        </tr>
        <tr>
            <td bgcolor="#C7EDA2" align="center">用户ID</td>
            <td bgcolor="#C7EDA2" align="center">用户姓名</td>
            <td bgcolor="#C7EDA2" align="center">用户性别</td>
            <td bgcolor="#C7EDA2" align="center">用户密码</td>
            <td bgcolor="#C7EDA2" align="center">用户权限</td>
            <td bgcolor="#C7EDA2" align="center">出生日期</td>
            <td bgcolor="#C7EDA2" align="center">教育情况</td>
            <td bgcolor="#C7EDA2" align="center">电子邮件</td>
            <td bgcolor="#C7EDA2" align="center">电话号码</td>
        </tr>
<%
    rs.MoveFirst
    rs.AbsolutePage=currentpage
    for iPage=1 to rs.PageSize
%>
        <tr>
            <td bgcolor="#C7EDA2" align="left">
```

```
<input type="checkbox" name="chkDel" value="<%=rs.Fields(0)%>">
<input type="hidden" name=id<%=iPage%> value="<%=rs.Fields(0)%>">
<a href="user_detail.asp?username=<%=rs.Fields(0)%>&password1=<%=rs.Fields(3)%>">
<%=rs.fields(0)%></a></td>
          <td bgcolor="#C7EDA2" align="center"><%=rs.fields(1)%></td>
          <td bgcolor="#C7EDA2" align="center"><%=rs.fields(2)%></td>
          <td bgcolor="#C7EDA2" align="center"><%=rs.fields(3)%></td>
          <td bgcolor="#C7EDA2" align="center"><%=rs.fields(4)%></td>
          <td bgcolor="#C7EDA2" align="center"><%=rs.fields(5)%></td>
          <td bgcolor="#C7EDA2" align="center"><%=rs.fields(6)%></td>
          <td bgcolor="#C7EDA2" align="center"><%=rs.fields(7)%></td>
          <td bgcolor="#C7EDA2" align="center"><%=rs.fields(9)%></td>
        </tr>
<%
    rs.MoveNext
    if rs.EOF then Exit For
    next
%>
        <tr>
          <td width="100%" class="font105" bgcolor="#FFFFCC" height="22" colspan="9">
            <table border="0" width="100%">
              <tr>
                <td width="50%"> 共 有 <%=rs.RecordCount%> 名用户第 <%=currentpage%>/<%=rs.PageCount%>页</td>
                <td width="50%">
                  <p align="right">
<%
    if Clng(currentpage)>1 then
    Response.Write "<a href style=cursor:'hand';
onclick=""document.form1.pagenum.value='"  & Clng(currentpage)-1
& "';
document.form1.submit()"">&lt;&lt;上一页</a>"
    end if
    if Clng(currentpage)<rs.PageCount then
    Response.Write "<a href style=cursor:'hand';
onclick=""document.form1.pagenum.value='" & Clng(currentpage)+1
& "';
document.form1.submit()"">下一页&gt;&gt;</a>"
    end if
%>
                  </td>
                </tr>
```

```
              </table>
            </td>
          </tr>
        </table>
      </td>
    </tr>
  </table>
<%
else
    iPage=0
%>
  <table border="0" width="90%" cellspacing="0" cellpadding="0" bgcolor="#7AABA6">
    <tr>
      <td width="100%">
        <table border="0" width="100%" cellspacing="1" cellpadding="2" height="139">
          <tr>
            <td width="100%" align="center"height="22" colspan="3" bgcolor="#CCFFCC">
              <table border="0" width="100%">
                <tr>
                  <td width="50%">共有 0 名用户 第 0/0 页</td>
                  <td width="50%"> 
                  </td>
                </tr>
              </table>
            </td>
          </tr>
    </table>
  </td>
</tr>
  </table>
<%
end if
%>
  <table border="0" width="90%" cellspacing="0" cellpadding="0" bgcolor="#009000">
    <tr>
      <td width="100%">
        <table border="0" width="100%" cellspacing="1" cellpadding="2">
          <tr>
            <td width="100%">
            <input type="hidden" value=<%=iPage%> name=iPage>
```

```
            用户查询: <SELECT name=stlMode>
            <%
            if strStlMode<>"2" then
            %>
              <OPTION value=1 selected>按用户 ID </OPTION>
              <OPTION value=2>按真实姓名 </OPTION>
            <%
            else
            %>
              <OPTION value=1>按用户 ID </OPTION>
              <OPTION value=2 selected>按真实姓名 </OPTION>
            <%
            end if
            %>
            </SELECT> 
              < input type="text" name=txtKey size=16 maxlength=20
              value= "<%=strTxtKey%>" class="input"> 
            <input type="submit" value="用户查询" name="cmdFind">
            </td>
          </tr>
          <tr>
            <td align=left>
            <input type="submit" value="统一删除" name="cmdDel">   
              <input type="button" value="返回" id="back" name="back">
                <center>[<a href="newuser2.asp" target="_blank"><font color=
white>新增用户
            </font></a>][<a href="javascript:window.close()"><font color=
white>关闭窗口
            </font></a>]</center> </td>
            </tr>
      </table>
<script language="vbscript">
sub back_onclick
window.location = "showuser.asp"
end sub
sub cmdDel_onclick
msg="确定要删除所有选中的用户数据吗?"
if msgbox(msg,1,"注意! ")=1 then
    form1.action ="user_delete.asp"
    form1.submit
    end if
end sub
</script>
  </td>
```

```
        </tr></form>
    </table>
</div>

<%
    rs.Close
    conn.Close
    set rsUser=nothing
    set conn=nothing
%>
</BODY>
</HTML>
```

3）发布消息功能

管理员可以发布消息，查看已发布的消息，并可对消息进行修改、删除和按消息标题和发布时间进行查询。管理员在浏览已发布的消息时，只需单击该消息的标题即可查看此消息的详细内容，同时还可以修改其内容并再发布。

浏览已发布消息的关键代码是输出消息发布列表，并在列表中输出每一行消息的信息，如图 9-6 所示。

图 9-6 已发布消息列表页面

输出消息发布列表的代码与上面给出的输出用户列表的代码基本一致，在此不再列出。下面给出的是消息发布列表中定义输出一行消息信息的关键代码：

```
<tr>
    <td bgcolor="#C7EDA2" align="center"><input type="checkbox" name="chkDel"
        value="<%=rs.Fields(0)%>"></td>
    <td bgcolor="#C7EDA2" align="center"><%=rs.fields(0)%></td>
    <td  bgcolor="#C7EDA2"  align="center"><a  href= "news_detail.asp?
```

```
    id=<%=rs.Fields(0)%>",  target="_blank"><%=rs.fields(1)%></a></td>
   <td bgcolor="#C7EDA2" align="center"><%=rs.fields(2)%></td>
</tr>
```

单击消息的标题即可调用 news_detail.asp 程序，查看消息的内容。news_detail.asp 程序参见附录 A。

管理者只需选择"新增消息"功能就可以发布新消息。发布消息的过程是先通过表单提交新消息，再将表单中的新消息放入发布消息表（board）中。加入新消息的代码如下：

```
<%
dim strSql,strID,strPass
dim time
dim conn,rs
dim strConn
'检查是否是通过表单提交的数据
if Request.ServerVariables("Request_Method")="POST" then
    '如果是则打开数据库连接
    set conn = Server.CreateObject("ADODB.Connection")
    set rs = Server.CreateObject("ADODB.Recordset")
    '打开数据库连接
conn.Open "users","aspbook","aspbook"
        strSql="select * from board"
rs.open strsql,conn,3,3
conn.BeginTrans
time=Date
rs.AddNew
rs("headline")=request.form("headline")
rs("date")=time
rs("content")=request.form("content")
rs.Update
conn.CommitTrans
rs.close
Set rs=Nothing
conn.close
set conn=nothing
%>
<HTML>
<HEAD>
<link rel="stylesheet" type="text/css" href="../aspbook.css">
<meta http-equiv="Content-Type" content="text/html; charset=GB2312">
<title>发布完成</title>
</HEAD>
<BODY background="1.jpg">
```

```
<script language="javascript">
alert(" 消息已成功发布！谢谢！ ")
document.location="news.asp"
</script>
</BODY>
</HTML>
<%
else
    '如果不是通过表单调用本页面，则输出新用户注册页面
    Response.Redirect "default.asp"
end if
%>
```

4）浏览用户已提交的文档

管理员可以浏览所有用户提交的所有文档，如图 9-7 所示。在该界面上还设计了对提交文档的查询、删除操作。可按照主题名和提交者姓名进行查询，当管理者需要查看某个提交文档的具体内容时，只需单击该文档的标题即可显示此文档的详细内容。如果选择按照文档的主题进行查询，便可把提交某一主题文档的所有老师显示出来。管理者还可以删除文档，只需在要删除的文档前的复选框内打上钩，再单击"统一删除"按钮就可把选中的文档的全部资料统一删除。

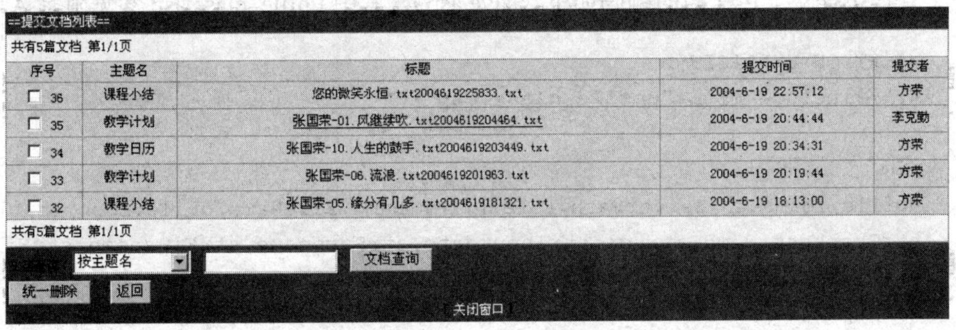

图 9-7 所有用户提交的文档页面

浏览所有用户提交的全部文档的编码方法与前面提到的浏览消息、浏览用户的编码方法基本一样，唯一的区别是打开的数据库表不同。下面给出的是输出一行信息和当用户单击标题时可打开用户所提交文件的关键编码。详细编码参见附录 A 中的 **showtitle.asp**。

```
<tr>
<td bgcolor="#C7EDA2" align="center"><input type="checkbox" name="chkDel"
    value="<%=rs("id")%>"><%=rs("id")%>
</td>
<td bgcolor="#C7EDA2" align="center"><%=rs("theme")%></td>
<td bgcolor="#C7EDA2" align="center">
  <a href="save/<%=rs("theme")%>/<%=rs("name")%>/<%=rs("Filename")%>
```

```
            <%=rs("savename")%>" target="_blank"><%=rs("Filename")%><%=rs("savename")%>
</a>
        </td>
        <td bgcolor="#C7EDA2" align="center"><%=rs("inputdate")%></td>
        <td bgcolor="#C7EDA2" align="center"><%=rs("name")%></td>
</tr>
```

5）上传文件到下载区

管理员通过图 9-8 所示的界面，可以把一些用户需要的文件上传到下载区供用户下载使用。

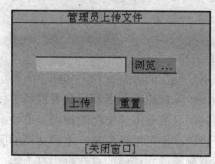

图 9-8　上传文件到下载区页面

管理员提交上传文档的编码如下（save.asp），其中 upfile_class.asp 参见附录 A。

```
<%OPTION EXPLICIT%>
<!--#include FILE="upfile_class.asp"-->
<%
dim
upfile,formPath,ServerPath,FSPath,formName,FileName,oFile,conn,rs,time,
strTheme,strName,strSql,strInputdate,strSavename,strFilename,strFil
esize,strFilepath,strFileformat,strid
set upfile=new upfile_class   ''建立上传对象

function MakedownName()
    dim fname
    fname = now()
    fname = replace(fname,"-","")
    fname = replace(fname," ","")
    fname = replace(fname,":","")
    fname = replace(fname,"PM","")
    fname = replace(fname,"AM","")
    fname = replace(fname,"上午","")
    fname = replace(fname,"下午","")
    fname = int(fname) + int((9-1+1)*Rnd + 1)
    MakedownName=fname
end function
```

```
upfile.GetData (102400000000)      '取得上传数据,限制最大上传10MB
%>
<html>
<head>
<title>文件上传</title>
<style type="text/css">
<!--
.p9{ font-size: 9pt; font-family: 宋体 }
-->
</style>
<meta http-equiv="Content-Type" content="text/html; charset=gb2312">
</head>
<body leftmargin="20" topmargin="20" class="p9">
<p class="tx1"><font color="#0000FF" size="4"><%=upfile.Version%> </font>
</p>
<%
if upfile.err > 0 then    '如果出错
    select case upfile.err
    case 1
    Response.Write "你没有上传数据呀???是不是搞错了??"
    case 2
    Response.Write "你上传的文件超出我们的限制,最大10M"
    end selec
else
set conn=Server.CreateObject("adodb.connection")
set rs=Server.CreateObject("adodb.recordset")
conn.open"dsn=users;uid=aspbook;pwd=aspbook"
strSql="select * from datafile"
rs.Open strSql,conn,1,3
%>
<%
    FSPath=GetFilePath(Server.mappath("savetofile.asp"),"\")  '取得当前文件在服务器的路径
    ServerPath=GetFilePath(Request.ServerVariables("HTTP_REFERER"),"/")
'取得在网站上的位置
    for each formName in upfile.file  '列出所有上传的文件
    set oFile=upfile.file(formname)
    FileName=upfile.form(formName)'取得文本域的值
    if not FileName>"" then  FileName=oFile.filename'如果没有输入新的文件名,就用原来的文件名
      time=Now
        rs.AddNew
      rs("FileName")=FileName
```

```
        rs("savename")=MakedownName()&"."&oFile.FileExt
        rs("FilePath")=oFile.FilePath&oFile.FileName
        rs("fileformat")=oFile.FileExt
        rs("inputdate")=time

        'response.write FSPath&"download\"&rs("Filename")&rs("savename")
        oFile.SaveToFile FSPath&"\download\"&rs("Filename")&rs("savename")
'保存文件
    rs("FileSize")=oFile.FileSize
    rs.Update
 %>
<%
  set oFile=nothing
  next
end if
set upfile=nothing    '删除此对象
%></p>

<script language="javascript">
alert(" 文件已上传！谢谢！ ")
document.location="upload.asp"
</script>
</body>
</html>

<%
function GetFilePath(FullPath,str)
  If FullPath <> "" Then
    GetFilePath = left(FullPath,InStrRev(FullPath, str))
    Else
    GetFilePath = ""
  End If
End function
%>
```

3. 普通用户登录模块

如果是普通用户，则进入普通用户界面。该界面提供了普通用户的功能链接，包括用户对自己注册信息的修改，文档提交，查看已提交的文档，下载文档，消息浏览。除此之外还包括了最新消息滚动及弹出的通知窗口。

普通用户登录后的界面如图9-9所示。

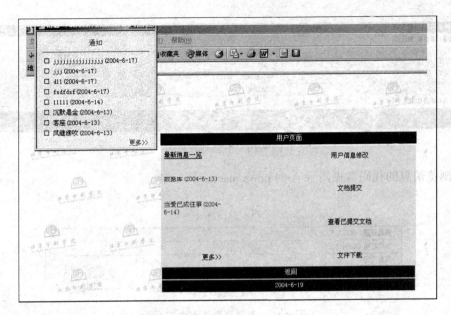

图 9-9 普通用户界面

1）消息浏览

最新的消息在普通用户界面上通过滚动方式播放。实现消息滚动的语句是

```
<MARQUEE onmouseover=this.stop() onmouseout=this.start() scrollAmount=2 scrollDelay=60 direction=up height="111">
```

该句中的 onmouseover=this.stop() 和 onmouseout=this.start() 能实现当用户将鼠标停留在某个消息时，滚动便会停止；当鼠标离开时，滚动又马上开始。这种效果使得所有最新的消息都能呈现给用户，而又不至于使用户眼花缭乱。

消息链接是通过<a href="news_user.asp?id=<%=rs("id")%>", target="_blank">语句实现的，通常查询字符串由问号后"？"的值决定，这里是根据每条消息的序号按倒序列出最新的消息。本系统还通过设定 iTotalPage=10 来使滚动消息只显示最近的 10 条，从而确保了消息的时效性。这种方法在 ASP 设计中经常使用到。

弹出的消息窗口是通过如下 Javascript 语句实现的：

```
<Script Language="JavaScript">
window.open("notify.asp","war1","toolbar=0,location=0,status=0,menubar=0,scrollbars=0,resizable=0,left=255,top=0,width=225,height=215");
</script>
```

在普通用户页面上的滚动消息栏或弹出的消息窗口里只显示最新的几条消息。如果还想查看更多的消息或过去的消息，可单击位于消息窗口右下方的"更多>>"，链接到如图 9-10 所示的消息列表页面，显示全部消息并可查看。消息列表页面代码参见附录 A 的 morenews.asp。

要查看消息的详细内容时，可在普通用户页面上的滚动消息栏或弹出的消息窗口内及消息列表中单击想查看的一条消息标题，会显示其具体内容，如图 9-11 所示。

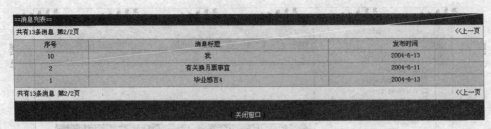

图 9-10 消息列表页面

浏览消息的代码参见附录 A 的 news_user.asp。

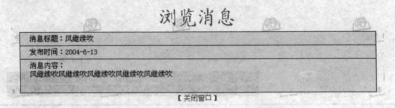

图 9-11 查看消息详细内容页面

2）用户信息修改

用户修改个人信息的界面如图 9-12、图 9-13 所示，由 edituser.asp 和 edituser2.asp 完成。其中 edituser.asp 完成账号与密码的修改。edituser2.asp 完成用户详细内容的修改。详细代码参见附录 A。

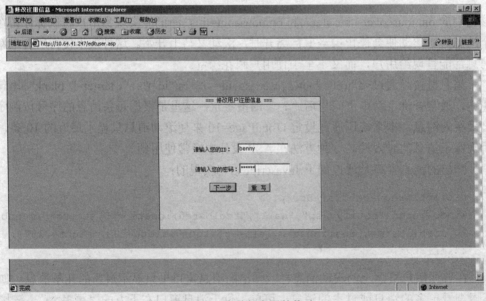

图 9-12 账号与密码的修改

3）普通用户文档提交

普通用户提交文档界面如图 9-14 所示。在这里用户首先输入要提交的文档的主题，然后单击"下一步"按钮，如图 9-15 所示。单击"浏览"选择要上传的文件，然后单击

"上传"按钮即可。

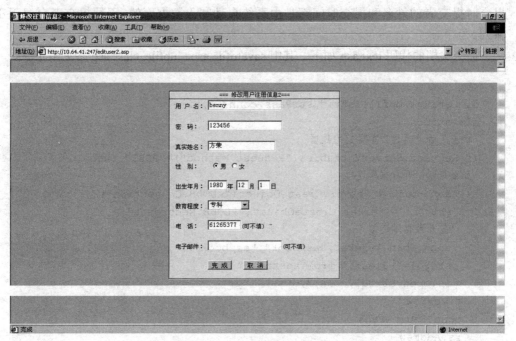

图 9-13　用户详细内容的修改

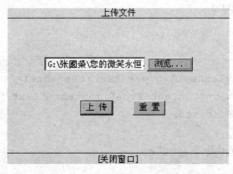

图 9-14　提交文档界面

图 9-15　浏览选择要上传的文件

提交文档（即将需要上交的文档上传到服务器）时，用户除了要将相关的信息写入数据库表（textbase、text）中，还要通过"浏览"选择自己要上传的文件，选中后再单击"上传"按钮，把文件原封不动地上传到服务器上。在数据库表中设置的键值是提交文档的序号。在提交文档时，主题名、标题名不允许为空，否则提交将不成功。提交时提交者的姓名和提交时间都是由系统自动写入数据库的，无须提交者自己手工输入。

提交文档的代码 text.asp 如下，其中 savetofile.asp、upfile_class.asp 参见附录 A。

```
<%
dim strSql,upfile,strid,strPass,conn,rs,time
dim strConn
'检查是否是通过表单提交的数据
if Request.ServerVariables("Request_Method")="POST" then
'如果是则打开数据库连接
    set  conn = Server.CreateObject("ADODB.Connection")
    set  rs = Server.CreateObject("ADODB.Recordset")
   '打开数据库连接
    conn.Open "users","aspbook","aspbook"
    strSql="select * from textbase"
    rs.open strsql,conn,3,3
  time=Now
  conn.BeginTrans
  rs.AddNew
  rs("theme")=request.form("theme")
  rs("inputdate")=time
  session("theme")=rs("theme")
  session("inputdate")=rs("inputdate")
  rs.Update
  conn.CommitTrans
  rs.close
  Set rs=Nothing
  conn.close
  set conn=nothing
%>
<HTML>
<HEAD>
<link rel="stylesheet" type="text/css" href="../aspbook.css">
<meta http-equiv="Content-Type" content="text/html; charset=GB2312">
<title>上传文件</title>
</HEAD>
<BODY background="1.jpg">
<br>
<br>
<center><table border="1" cellpadding="0" cellspacing="0" width="352" bordercolor="#000000" bordercolorlight="#000000" bordercolordark = "#FFFFFF" bgcolor="#EBEBEB"><tr><td align=center><font color=red>上传文件</font> </td></tr>
```

```
<tr><td align=center height=200><form method="post" name="form1"
action= "savetofile.asp" enctype="multipart/form-data" >
<input type="file" name="file1" class="tx1"  value size="20"><br><br>
<br><br>
  <input type="submit" name="Button" class="bt" value="上
传" >    
<input type="reset" name="Button" class="bt" value="重 置"></td></tr>
<tr><td align=center><center> [ <a href="javascript:window.close()">
<font color=#006699>关 闭 窗 口</font></a> ] </center> </td></tr></table>
</center>
</BODY>
</HTML>
<%
else
   Response.Redirect "default.asp"
end if
%>
```

4）浏览已提交的文档

普通用户可以在图 9-16 所示的页面上查看自己曾经提交和刚刚提交的文档列表，单击标题可以看到文档的具体内容。详细代码参见附录 A 的 examine.asp。

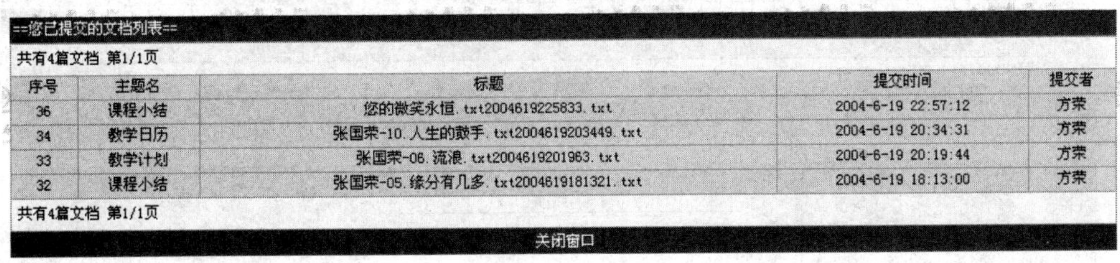

==您已提交的文档列表==

共有4篇文档 第1/1页

序号	主题名	标题	提交时间	提交者
36	课程小结	您的微笑永恒.txt2004619225833.txt	2004-6-19 22:57:12	方荣
34	教学日历	张国荣-10.人生的鼓手.txt2004619203449.txt	2004-6-19 20:34:31	方荣
33	教学计划	张国荣-06.流浪.txt2004619201963.txt	2004-6-19 20:19:44	方荣
32	课程小结	张国荣-05.缘分有几多.txt2004619181321.txt	2004-6-19 18:13:00	方荣

共有4篇文档 第1/1页

关闭窗口

图 9-16　已提交文档列表

5）文件下载

在普通用户登录页面设有文件下载的功能。用户可以下载由管理员上传的各种教学文件和教学模板。用户在下载区下载文件的实现方法主要是链接到该文件上传时所在的路径处进行下载。编码参见附录 A 的 download.asp。

6）新用户注册

要使用本系统必须首先通过注册而获得其密码和唯一的用户名。注册分为用户基本信息和用户详细信息注册。首先要进行用户名和密码的基本注册，然后进入详细信息注册。这样便完成了一个新用户的注册。使用 Newuser.asp 实现，通过网页表单的提交，把数据分别写入用户权限信息表（userbase）和用户详细信息表（userdetail）中。

新用户注册界面如图 9-17、图 9-18 所示。

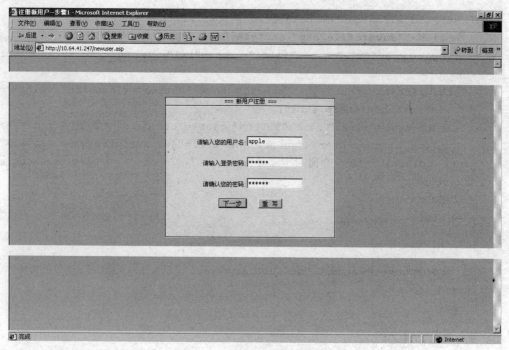

图 9-17　用户名和密码注册

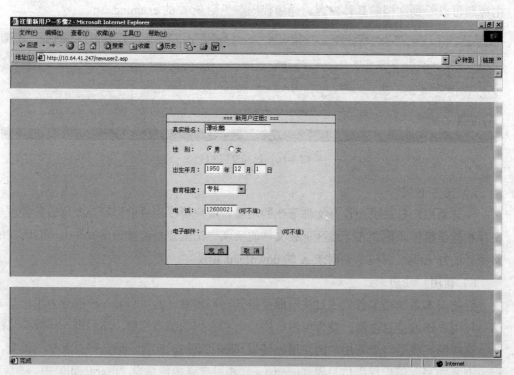

图 9-18　用户详细信息注册

需要注意的是在新用户注册时，由于用户的用户名是唯一的，所以在每个用户注册时都要对所提交的用户名和数据库中已经存在的用户名进行比较，如发现该用户要注册的 ID 在数据库中已经存在，就必须提醒该用户重新填写用户名。

在注册时还要保证输入数据的正确性，因此要通过<form>的 ONSUBMIT 进行输入检查。输入检查时通过调用定义的 RgTest()函数来完成，主要检查输入密码与确认密码是否相同，用户名称和用户密码的字符个数是否满足要求。Checkdata()函数也是同样道理。

RgTest() 函数代码如下：

```
function RgTest()
{
    if(document.mainform.username.value.length<3)
    {
        alert("您的账号至少需要3个字符");
        return false;
    }
    if(document.mainform.password1.value!=document.mainform.password2.value)
        {
            alert("您的密码不匹配");
            return false;
        }
    if(document.mainform.password1.value.length<6)
        {
            alert("您的密码至少需要6个字符");
            return false;
        }
    return true;
}
```

9.5 本章小结

本章介绍了教学信息管理系统各个功能模块的界面设计与编码，可以用图 9-19 给出的系统全局逻辑结构来概括和描述数据库表之间、数据库表与功能模块之间、功能模块与界面之间的相互关系。从附录 A 中也不难看出管理员与普通用户的很多功能都是相同的，因此编码也基本相同，例如提交文件、查看消息、浏览各个列表等。不同之处是普通用户只能看到自己所提交的文件，而管理员看到的是全体用户提交的文件；普通用户可以查看消息，而管理员不仅可以查看消息，而且还可以修改消息并作为新消息再发布。

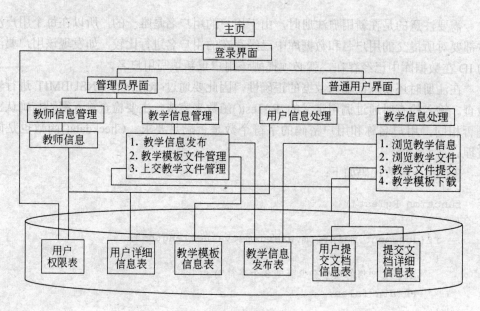

图 9-19　系统全局逻辑结构

附录 A 程序代码

基于 Web 的网上教学信息管理系统部分代码如下：

1. 登录代码：login.asp

```asp
<%@ Language=VBScript %>
<%

dim strSql,strID,strPass
dim conn,rsUser

if Request.ServerVariables("Request_Method")="POST" then
        set conn = Server.CreateObject("ADODB.Connection")
        set rsUser =Server.CreateObject("ADODB.Recordset")
        '获取用户输入的用户名和密码
        strID=Request.Form("username")
        strPass=Request.Form("password1")
        conn.Open "users","aspbook","aspbook"
        '检查用户名和密码是否匹配
        strSql="select * from userbase,userdetail where userbase.id=userdetail.id and
        userbase.id='"&strID&"' and userbase.pass='"&strPass&"' "
        rsUser.Open strSql,co
        if rsUser.EOF then
%>

<script language="javascript">
alert("您输入的用户名与密码不匹配，请重新输入!! ")
document.location="default.asp"
</script>
<%
    rsUser.Close
    conn.Close
    set rsUser=nothing
    set conn=nothing
    else
    '用户名和密码匹配，在 session 中记录用户名和权限
```

```
session("username")=strID
session("Spermission")=rsUser("permission")
session("firstname")=rsUser("name")
if rsUser("permission")="A" then Response.redirect "manage.asp" else Response.redirect "select.asp"
                rsUser.Close
    conn.Close
    set rsUser=nothing
    set conn=nothing
end if
else
%>
<%
end if
%>
```

2. 登录界面首页编码：default.asp

```
<html>
<head>
<meta http-equiv="Content-Type" content="text/html; charset=gb2312">
<link rel="stylesheet" type="text/css" href="../aspbook.css">
<title>教学信息管理系统</title>
</head>
<script Language="JavaScript">
 var msg = "welcome !!!!! 欢迎来到电子系教学信息管理系统" ;
var interval = 100
var spacelen = 120;
var space10=" ";
var seq=0;
function Scroll() {
len = msg.length;
window.status = msg.substring(0, seq+1);
seq++;
if ( seq >= len ) {
seq = 0;
window.status = '';
window.setTimeout("Scroll();", interval );
}
else
window.setTimeout("Scroll();", interval );
}
Scroll();
</script>
```

```javascript
<script language="javascript">
function RgTest()
{
if(document.mainform.username.value.length<3)
{
    alert("您的账号至少需要 3 个字符");
    return false;
}
if(document.mainform.password1.value.length<6)
        {
            alert("您的密码至少需要 6 个字符");
            return false;
        }
return true;

}
function padnum(n)
  {
   if (n<10) return "0"+n;
   else return n;
  }
function showclock()
    {
   var current=new Date();
   var h=current.getHours();
   var m=current.getMinutes();
   var s=current.getSeconds();
   var timestr;
   document.timershow.clock.value=""+padnum(h)+":"+padnum(m)+":"+padnum(s);
   setTimeout("showclock()",1000);
  }
</script>
<body link= vlink=black alink=#006699 background="1.jpg">
<form name=timershow align="center">
<table width="30%" border="0">
<tr>
<td align=center>
<script language=javascript>
        today=new Date();
        d=today.getDate();
        m=today.getMonth()+1;
        y=today.getYear();
        document.write("<font>"+y+"年"+m+"月"+d+"日"+"</font>");
</script>
```

```html
<script language=JavaScript>
<!-- document.write()
now = new Date()
if (now.getDay() == 5) document.write("<font >星期五</font>")
if (now.getDay() == 6) document.write("<font >星期六</font>")
if (now.getDay() == 0) document.write("<font >星期日</font>")
if (now.getDay() == 1) document.write("<font >星期一</font>")
if (now.getDay() == 2) document.write("<font >星期二</font>")
if (now.getDay() == 3) document.write("<font >星期三</font>")
if (now.getDay() == 4) document.write("<font >星期四</font>")
//-->

</script>
</td>
</tr>
<tr>
<td align=center>
<input class=p9 name=clock size=12>
</td>
</tr>
</table>
</form>
<script language=JavaScript>
 showclock();
</script>
<div align="center"><table>
<tr><td> </td></tr>
<tr><td> </td></tr>
<tr><td><font size=6 color=#006699><b>教学信息管理系统</b></font></td></tr>
<tr><td><hr color=#006699></td></tr>
<tr><td> </td></tr></table>
<table><tr><form ONSUBMIT="if(RgTest()==false)return false;" name=mainform method=post action="login.asp"><td align="center">
用户名：<input type="text" name="username" maxlength="10"><p>
密  码：<input type="password" name="password1" maxlength="10"><p>
<input type="submit" name="register" value="登录">   
 <input type="reset" value="重填">    <a href="newuser.asp" target="_blank">新用户注册</a></form></center></td></tr>
</table></div>
</body>
</html>
```

3. 文件类描述代码：upfile_class.asp

```asp
<%
'-----------------------------------------------------------------
Dim oUpFileStream
'-----------------------------------------------------------------
'文件上传类
Class UpFile_Class
Dim Form,File,Version,Err
Private Sub Class_Initialize
 Err = -1
End Sub
Private Sub Class_Terminate
 '清除变量及对象
    If Err < 0 Then
  Form.RemoveAll
  Set Form = Nothing
   File.RemoveAll
   Set File = Nothing
   oUpFileStream.Close
   Set oUpFileStream = Nothing
  End If
  End Sub

Public Sub GetData (MaxSize)
   '定义变量
  Dim RequestBinDate,sSpace,bCrLf,sInfo,iInfoStart,iInfoEnd,tStream,iStart,oFileInfo
  Dim iFileSize,sFilePath,sFileType,sFormValue,sFileName
  Dim iFindStart,iFindEnd
  Dim iFormStart,iFormEnd,sFormName
   '代码开始
  If Request.TotalBytes < 1 Then    '如果没有数据上传
    Err = 1
    Exit Sub
  End If
  If MaxSize > 0 Then   '如果限制大小
    If Request.TotalBytes > MaxSize Then
     Err = 2   '如果上传的数据超出限制
     Exit Sub
    End If
  End If
  Set Form = Server.CreateObject ("Scripting.Dictionary")
```

```
    Form.CompareMode = 1
Set File = Server.CreateObject ("Scripting.Dictionary")
    File.CompareMode = 1
    Set tStream = Server.CreateObject ("ADODB.Stream")
    Set oUpFileStream = Server.CreateObject ("ADODB.Stream")
    oUpFileStream.Type = 1
    oUpFileStream.Mode = 3
    oUpFileStream.Open
    oUpFileStream.Write Request.BinaryRead (Request.TotalBytes)
    oUpFileStream.Position = 0
    RequestBinDate = oUpFileStream.Read
    iFormEnd = oUpFileStream.Size
    bCrLf = ChrB (13) & ChrB (10)
    '取得每个项目之间的分隔符
    sSpace = MidB (RequestBinDate,1, InStrB (1,RequestBinDate,bCrLf)-1)
    iStart = LenB (sSpace)
    iFormStart = iStart+2
    '分解项目
    Do
      iInfoEnd = InStrB (iFormStart,RequestBinDate,bCrLf & bCrLf)+3
      tStream.Type = 1
      tStream.Mode = 3
      tStream.Open
      oUpFileStream.Position = iFormStart
      oUpFileStream.CopyTo tStream,iInfoEnd-iFormStart
      tStream.Position = 0
      tStream.Type = 2
      tStream.CharSet = "gb2312"
      sInfo = tStream.ReadText
      '取得表单项目名称
      iFormStart = InStrB (iInfoEnd,RequestBinDate,sSpace)-1
      iFindStart = InStr (22,sInfo,"name=""",1)+6
      iFindEnd = InStr (iFindStart,sInfo,"""",1)
      sFormName = Mid (sinfo,iFindStart,iFindEnd-iFindStart)
      '如果是文件
      If InStr (45,sInfo,"filename=""",1) > 0 Then
        Set oFileInfo = new FileInfo_Class
        '取得文件属性
        iFindStart = InStr (iFindEnd,sInfo,"filename=""",1)+10
        iFindEnd = InStr (iFindStart,sInfo,"""",1)
        sFileName = Mid (sinfo,iFindStart,iFindEnd-iFindStart)
        oFileInfo.FileName = Mid (sFileName,InStrRev (sFileName, "\")+1)
        oFileInfo.FilePath = Left (sFileName,InStrRev (sFileName, "\"))
        oFileInfo.FileExt = Mid (sFileName,InStrRev (sFileName, ".")+1)
```

```
      iFindStart = InStr (iFindEnd,sInfo,"Content-Type: ",1)+14
      iFindEnd = InStr (iFindStart,sInfo,vbCr)
      'oFileInfo.FileType = Mid (sinfo,iFindStart,iFindEnd-iFindStart)

      oFileInfo.FileStart = iInfoEnd
      oFileInfo.FileSize = iFormStart -iInfoEnd -2
      oFileInfo.FormName = sFormName
      file.add sFormName,oFileInfo
    else
    '如果是表单项目
      tStream.Close
      tStream.Type = 1
      tStream.Mode = 3
      tStream.Open
      oUpFileStream.Position = iInfoEnd
      oUpFileStream.CopyTo tStream,iFormStart-iInfoEnd-2
      tStream.Position = 0
      tStream.Type = 2
      tStream.CharSet = "gb2312"
      sFormValue = tStream.ReadText
      If Form.Exists (sFormName) Then
        Form (sFormName) = Form (sFormName) & ", " & sFormValue
        else
        form.Add sFormName,sFormValue
      End If
    End If
    tStream.Close
    iFormStart = iFormStart+iStart+2
    '如果到文件末尾就退出
  Loop Until (iFormStart+2) >= iFormEnd
  RequestBinDate = ""
  Set tStream = Nothing
End Sub
End Class

'----------------------------------------------------------------
'文件属性类
Class FileInfo_Class
Dim FormName,FileName,FilePath,FileSize,FileType,FileStart,FileExt
'保存文件方法
Public Function SaveToFile (Path)
  On Error Resume Next
  Dim oFileStream
  Set oFileStream = CreateObject ("ADODB.Stream")
```

```
    oFileStream.Type = 1
    oFileStream.Mode = 3
    oFileStream.Open
    oUpFileStream.Position = FileStart
    oUpFileStream.CopyTo oFileStream,FileSize
    oFileStream.SaveToFile Path
    oFileStream.Close
    Set oFileStream = Nothing
End Function

'取得文件数据
Public Function FileData
    oUpFileStream.Position = FileStart
    FileData = oUpFileStream.Read (FileSize)
End Function

End Class
%>
```

4. 管理员查看已发布消息列表代码：ShowNews.asp

```
<%@ Language=VBScript%>
<HTML>
<HEAD>
<meta http-equiv="Content-Type" content="text/html; charset=gb2312">
<link rel="stylesheet" type="text/css" href="../aspbook.css">
<title>消息发布列表</title>
</HEAD>
<BODY background="1.jpg">
<div align=center>
<%

dim conn,rs
dim currentpage
dim iTotalPage   '每页记录数
dim strStlMode
dim strTxtKey

'定义每页显示的记录数
iTotalPage=10
'获得当前显示的页面数
currentpage=Request.Form("PageNum")
if trim(currentpage)="" then
    currentpage="1"
end if
```

```asp
set conn = Server.CreateObject("ADODB.Connection")
set rs = Server.CreateObject("ADODB.Recordset")
'打开数据库连接
conn.Open "users","aspbook","aspbook"
strSql=""
'获得查询的模式和查询关键字
strStlMode=Request.Form("stlMode")
strTxtKey=Request.form("txtKey")
if strStlMode=1 and trim(strTxtKey)<>"" then
    strSql=" where board.headline like '%" & strTxtKey & "%'"
end if
if strStlMode=2 and trim(strTxtKey)<>"" then
    strSql=" where board.date like '%" & strTxtKey & "%'"
end if
'打开数据记录结果集
rs.Open "select board.id,board.headline,board.date from board " & strSql 
& " order by board.id desc",conn,3
%>

<br>
<br>
<table border="0" width="90%" cellspacing="0" cellpadding="0" bgcolor=
"#009000">
    <tr>
    <form method="POST" action="ShowNews.asp" name="form1">
            <input type="hidden" name="pagenum" value="1">
    <td width="100%">
      <table border="0" width="100%" cellspacing="1" cellpadding="2">
        <tr>
         <td width="100%" colspan="1"><font color="#FFFFFF">
         ==消息发布列表==
         </td>
        </tr>
      </table>
   </td>
</tr>
  </table>
<%
if not rs.EOF then
    '设置每页记录数
    rs.PageSize=iTotalPage
    rs.MoveLast

%>
```

```
        <table border="0" width="90%" cellspacing="0" cellpadding="0" bgcolor=
"#7AABA6">
          <tr>
            <td width="100%">
              <table border="0" width="100%" cellspacing="1" cellpadding="2"
height="139">
                <tr>
                  <td width="100%" align="center" class="font9" height="22"
colspan="9" bgcolor="#FFFFCC">
                    <table border="0" width="100%">
                      <tr>
                        <td width="50%">共有<%=rs.RecordCount%>条消息第<%=curren
tpage%>/<%=rs.PageCount%>页</td>
                        <td width="50%">
                        <p align="right">
<%
'计算上一页和下一页的页数
if Clng(currentpage)>1 then
    Response.Write "<a href style=cursor:'hand';
onclick=""document.form1.pagenum.value='" & Clng(currentpage)-1 & "';
document.form1.submit()
"">&lt;&lt;上一页</a>"

         end if
if Clng(currentpage)<rs.PageCount then
    Response.Write "<a href style=cursor:'hand';
onclick=""document.form1.pagenum.value='" & Clng(currentpage)+1 & "';
document.form1.submit()"">下一页&gt;&gt;</a>"
end if
%>
                        </td>
                      </tr>
                    </table>
                  </td>
                </tr>
                <tr>
                  <td bgcolor="#C7EDA2" align="center">标记</td>
                  <td bgcolor="#C7EDA2" align="center">序号</td>
                  <td bgcolor="#C7EDA2" align="center">消息标题</td>
                  <td bgcolor="#C7EDA2" align="center">发布时间</td>
                </tr>
<%
    rs.MoveFirst
    rs.AbsolutePage=currentpage
    for iPage=1 to rs.PageSize
```

```
%>
        <tr>
         <td  bgcolor="#C7EDA2" align="center"><input type="checkbox" name="chkDel"value="<%=rs.Fields(0)%>"></td>
         <td bgcolor="#C7EDA2" align="center"><%=rs.fields(0)%></td>
         <td bgcolor="#C7EDA2" align="center"><a href= "news_detail.asp?id=<%=rs.Fields(0)%>", target="_blank"><%=rs.fields(1)%></a></td>
         <td bgcolor="#C7EDA2" align="center"><%=rs.fields(2)%></td>
        </tr>
<%
    rs.MoveNext
    if rs.EOF then Exit For
next
%>
        <tr>
         <td width="100%" class="font105" bgcolor="#FFFFCC" height="22" colspan="9">
           <table border="0" width="100%">
            <tr>
             <td width="50%">共有<%=rs.RecordCount%>条消息第<%=currentpage%>/<%=rs.PageCount%>页</td>
             <td width="50%">
             <p align="right">
<%
if Clng(currentpage)>1 then
    Response.Write "<a href style=cursor:'hand';onclick=""document.form1.pagenum.value='" & Clng(currentpage)-1 & "';document.form1.submit()"">&lt;&lt;上一页</a>  "
    end if
    if Clng(currentpage)<rs.PageCount then
    Response.Write "<a href style=cursor:'hand';onclick=""document.form1.pagenum.value='" & Clng(currentpage)+1 & "';document.form1.submit()"">下一页&gt;&gt;</a>"
    end if
%>
            </td>
           </tr>
          </table>
         </td>
        </tr>
      </table>
     </td>
    </tr>
  </table>
```

```
<%
else
iPage=0
%>
  <table border="0" width="90%" cellspacing="0" cellpadding="0" bgcolor="#7AABA6">
    <tr>
      <td width="100%">
        <table border="0" width="100%" cellspacing="1" cellpadding="2" height="139">
          <tr>
            <td  width="100%"  align="center"height="22"  colspan="3" bgcolor="#CCFFCC">
              <table border="0" width="100%">
                <tr>
                  <td width="50%">共有 0 条消息 第 0/0 页</td>
                  <td width="50%"> 
                  </td>
                </tr>
          </table>
            </td>
          </tr>
      </table>
    </td>
</tr>
</table>
<%
end if
%>
  <table border="0" width="90%" cellspacing="0" cellpadding="0" bgcolor="#009000">
    <tr>
      <td width="100%">
        <table border="0" width="100%" cellspacing="1" cellpadding="2">
          <tr>
            <td width="100%">
            <input type="hidden" value=<%=iPage%> name=iPage>
            消息查询：<SELECT name=stlMode>
            <%
            if strStlMode<>"2" then
            %>
               <OPTION value=1 selected>按消息标题 </OPTION>
               <OPTION value=2>按发布时间 </OPTION>
            <%
```

```
            else
                %>
                <OPTION value=1>按消息标题 </OPTION>
                <OPTION value=2 selected>按发布时间 </OPTION>

            <%
            end if
            %>
            </SELECT> 
            <INPUT    type="text"    name=txtKey    size=16    maxlength=20
value="<%=strTxtKey%>" class="input"> 
            <input type="submit" value="消息查询" name="cmdFind">
            </td>
        </tr>
        <tr>
          <td align=left>

<input type="submit" value="统一删除" name="cmdDel">  
<input type="button" value="返回" id="back" name="back"> <center>[<a href=
"news.asp"
target="_blank"><font color=white>新增消息</font></a>][<a href="javascript:
window.close()"><font color=white>关闭窗口</font></a>]</center>

</td>
        </tr>
      </table>
<script language="vbscript">
sub back_onclick
window.location = "shownews.asp"
end sub
sub cmdDel_onclick
  msg="确定要删除所有选中的消息吗?"
  if msgbox(msg,1,"注意! ")=1 then
    form1.action ="news_delete.asp"
    form1.submit
  end if
end sub
</script>
        </td>
      </tr></form>
   </table>
</div>

<%
  rs.Close
```

```
        conn.Close
        set rsUser=nothing
        set conn=nothing
%>
</BODY>
</HTML>
```

5. 管理员查看消息内容代码：news_detail.asp

```
<%
dim strSql,strid,strpage
dim conn,rs

        set     conn = Server.CreateObject("ADODB.Connection")
set rs = Server.CreateObject("ADODB.Recordset")
    '打开数据库连接
conn.Open "users","aspbook","aspbook"
strid = Request.queryString("id")
strpage = Request.queryString("page")
    '从数据表"submit"打开一个可修改的数据记录结果集
strSql="select * from board where id='" & strid & "' "
rs.open strsql,conn,3,3
if rs.EOF then
response.write "数据库为空！"
response.end
end if

%>
<html>
<head>
<meta http-equiv="Content-Type" content="text/html; charset=gb2312">
<link rel="stylesheet" type="text/css" href="../aspbook.css">
<script language="javascript">
<!-- Begin validation script

function checkdata() {

  if (document.form1.headline.value.length <1)
  {
     alert("\请输入标题!!");
     return false;
  }
        if (document.form1.content.value.length <1)
  {
     alert("\请输入内容!!");
     return false;
```

```
        }

            return true;
        }
        // End of validation script -->
        </script>
        <title>浏览发布消息</title>
        </head>
        <body background="1.jpg">
        <br>
        <br>
        <br>
        <br>
        <div align=center><table border="0" cellspacing="1" width="600" bordercolor="#000000" bordercolorlight="#000000" bordercolordark="#FFFFFF" bgcolor="#EBEBEB">
        <tr><td align=center><font size=5 color=red>浏览消息</font></td></tr>
        <tr><td> </td></tr>
        <tr><td>
        <form method="POST" action="news_update.asp" name="form1" onsubmit="return checkdata()">
        <input type="hidden" id="id" name="chkDel" value="<%=rs("id")%>">
        <p>  消息标题: <input type="text" name="headline" size="42" value="<%=rs("headline")%>"></p>
        <p>  消息内容: </p>
        <p>  <textarea rows="10" name="content" cols="70" >
        <%=rs("content")%>
        </textarea></p>
        <p>  <input type="submit" value="确定" name="submit"> 
         <input type="button" value="关闭" name="B2" onclick="window.close();">
        </p>
        </form>
        </td></tr></table></div>

        <%
        rs.close
        Set rs=Nothing
        conn.close
        set conn=nothing
        %>
        </body>
        </html>
```

6. 管理员查看用户已提交文件代码：showtitle.asp

```
<%@ Language=VBScript%>
<HTML>
<HEAD>
<meta http-equiv="Content-Type" content="text/html; charset=gb2312">
<link rel="stylesheet" type="text/css" href="../aspbook.css">
<title>提交文档列表</title>
</HEAD>
<BODY background="1.jpg">
<div align=center>
<%

dim conn,rs
dim currentpage
dim iTotalPage    '每页记录数
dim strStlMode
dim strTxtKey

'定义每页显示的记录数
iTotalPage=10
'获得当前显示的页面数
currentpage=Request.Form("PageNum")
if trim(currentpage)="" then
    currentpage="1"
end if

set conn = Server.CreateObject("ADODB.Connection")
set rs = Server.CreateObject("ADODB.Recordset")
'打开数据库连接
conn.Open "users","aspbook","aspbook"

strSql=""
'获得查询的模式和关键字
strStlMode=Request.Form("stlMode")
strTxtKey=Request.form("txtKey")
if strStlMode=1 and trim(strTxtKey)<>"" then
   strSql=" where text.theme like '%" & strTxtKey & "%'"
end if
if strStlMode=2 and trim(strTxtKey)<>"" then
   strSql=" where text.name like '%" & strTxtKey & "%'"
end if
'打开数据记录结果集
rs.Open "select * from text " & strSql & " order by text.id desc",conn,3
```

```
%>
<br>
<br>
<table border="0" width="90%" cellspacing="0" cellpadding="0" bgcolor=
"#009000">
    <tr>
     <form method="POST" action="ShowTitle.asp" name="form1">
            <input type="hidden" name="pagenum" value="1">
     <td width="100%">
       <table border="0" width="100%" cellspacing="1" cellpadding="2">
         <tr>
           <td width="100%" colspan="1"><font color="#FFFFFF">
           ==提交文档列表==
           </td>
         </tr>
       </table>
     </td>
    </tr>
   </table>
<%
if not rs.EOF then
    '设置每页记录数
    rs.PageSize=iTotalPage
    rs.MoveLast

%>
    <table border="0" width="90%" cellspacing="0" cellpadding="0" bgcolor=
"#7AABA6">
     <tr>
        <td width="100%">
          <table border="0" width="100%" cellspacing="1" cellpadding="2"
height="139">
           <tr>
             <td width="100%" align="center" class="font9" height="22"
colspan="9" bgcolor="#FFFFCC">
                <table border="0" width="100%">
                  <tr>
                    <td width="50%">共有<%=rs.RecordCount%>篇文档第<%=curren
tpage%>/<%=rs.PageCount%>页</td>
                    <td width="50%">
                    <p align="right">
<%
```

```
'计算上一页和下一页的页数
if Clng(currentpage)>1 then
    Response.Write "<a href style=cursor:'hand';
onclick=""document.form1.pagenum.value='" & Clng(currentpage)-1 & "';
document.form1.submit()"">&lt;&lt;上一页</a>"

    end if
if Clng(currentpage)<rs.PageCount then
    Response.Write "<a href style=cursor:'hand';
onclick=""document.form1.pagenum.value='" & Clng(currentpage)+1 & "';
document.form1.submit()"">下一页&gt;&gt;</a>"
end if
%>
            </td>
          </tr>
        </table>
      </td>
    </tr>
    <tr>
        <td bgcolor="#C7EDA2" align="center">序号</td>
        <td bgcolor="#C7EDA2" align="center">主题名</td>
        <td bgcolor="#C7EDA2" align="center">标题</td>
        <td bgcolor="#C7EDA2" align="center">提交时间</td>
        <td bgcolor="#C7EDA2" align="center">提交者</td>
      </tr>
<%
    rs.MoveFirst
    rs.AbsolutePage=currentpage
    for iPage=1 to rs.PageSize
%>
        <tr>
        <td  bgcolor="#C7EDA2" align="center"><input type="checkbox"
name="chkDel" value="<%=rs("id")%>">
<%=rs("id")%>
</td>
        <td bgcolor="#C7EDA2" align="center"><%=rs("theme")%></td>
<td bgcolor="#C7EDA2" align="center"><A HREF="save/<%=rs("theme")%>/<%=
rs("name")%>/<%=rs("Filename")%><%=rs("savename")%>"
target="_blank"><%=rs("Filename")%> <%=rs("savename")%></a></td>
        <td bgcolor="#C7EDA2" align="center"><%=rs("inputdate")%></td>
        <td bgcolor="#C7EDA2" align="center"><%=rs("name")%></td>
     </tr>
<%
    rs.MoveNext
```

```asp
        if rs.EOF then Exit For
next
%>

        <tr>
           <td width="100%" class="font105" bgcolor="#FFFFCC" height="22" colspan="9">
             <table border="0" width="100%">
               <tr>
                 <td width="50%">共有<%=rs.RecordCount%>篇文档第<%=currentpage%>/<%=rs.PageCount%>页</td>
                 <td width="50%">
                 <p align="right">
<%
if Clng(currentpage)>1 then
    Response.Write "<a href style=cursor:'hand'; onclick=""document.form1.pagenum.value='" & Clng(currentpage)-1 & "'; document.form1.submit()"">&lt;&lt;上一页</a>"
end if
if Clng(currentpage)<rs.PageCount then
    Response.Write "<a href style=cursor:'hand'; onclick=""document.form1.pagenum.value='" & Clng(currentpage)+1 & "'; document.form1.submit()"">下一页&gt;&gt;</a>"
end if
%>
             </td>
           </tr>
         </table>
       </td>
     </tr>
   </table>
 </td>
</tr>
</table>
<%
else
iPage=0
%>
 <table border="0" width="90%" cellspacing="0" cellpadding="0" bgcolor="#7AABA6">
   <tr>
     <td width="100%">
       <table border="0" width="100%" cellspacing="1" cellpadding="2" height="139">
```

```
          <tr>
           <td width="100%" align="center" height="22" colspan="3" bgcolor="#CCFFCC">
              <table border="0" width="100%">
              <tr>
                <td width="50%">共有 0 篇文档 第 0/0 页</td>
                <td width="50%"> 
                  </td>
                </tr>
             </table>
              </td>
           </tr>
     </table>
  </td>
</tr>
  </table>
<%
end if
%>
    <table border="0" width="90%" cellspacing="0" cellpadding="0" bgcolor="#009000">
       <tr>
         <td width="100%">
           <table border="0" width="100%" cellspacing="1" cellpadding="2">
           <tr>
             <td width="100%">
             <input type="hidden" value=<%=iPage%> name=iPage>
             文档查询: <SELECT name=stlMode>
             <%
             if strStlMode<>"2" then
             %>
               <OPTION value=1 selected>按主题名 </OPTION>
               <OPTION value=2>按提交者姓名 </OPTION>

             <%
             else
                %>
             <OPTION value=1>按主题名 </OPTION>
             <OPTION value=2 selected>按提交者姓名 </OPTION>

             <%
             end if
             %>
             </SELECT> 
```

```
            <INPUT type="text" name=txtKey size=16 maxlength=20 value=
"<%=strTxtKey%>" class="input"> 
           <input type="submit" value="文档查询" name="cmdFind">
          </td>
       </tr>
       <tr>
          <td align=left>
<input type="submit" value="统一删除" name="cmdDel">  
<input type="button" value="返回" id="back" name="back">
<center>[<a href="javascript:window.close()"><font color=white>关闭窗口
</font></a>]</center>
</td>
      </tr>
     </table>
<script language="vbscript">
sub back_onclick
window.location = "showtitle.asp"
end sub
sub cmdDel_onclick
   msg="确定要删除所有选中的文档吗?"
   if msgbox(msg,1,"注意! ")=1 then
       form1.action ="text_delete.asp"
       form1.submit
   end if
end sub
</script>
   </td>
</tr></form>
  </table>
</div>

<%
  rs.Close
  conn.Close
  set rsUser=nothing
  set conn=nothing
%>
</BODY>
</HTML>
```

7. 普通用户查看自己已提交文档列表代码：examine.asp

```
<%@ Language=VBScript%>
<HTML>
```

```
<HEAD>
<meta http-equiv="Content-Type" content="text/html; charset=gb2312">
<link rel="stylesheet" type="text/css" href="../aspbook.css">
<title>已提交文档列表</title>
</HEAD>
<BODY background="1.jpg">
<div align=center>
<%

dim conn,rs
dim currentpage
dim iTotalPage   '每页记录数
dim strStlMode
dim strTxtKey

'定义每页显示的记录数
iTotalPage=10
'获得当前显示的页面数
currentpage=Request.Form("PageNum")
if trim(currentpage)="" then
currentpage="1"
end if

set conn = Server.CreateObject("ADODB.Connection")
set rs = Server.CreateObject("ADODB.Recordset")
'打开数据库连接
conn.Open "users","aspbook","aspbook"
'打开数据记录结果集
rs.Open "select * from text where text.name='"& session("firstname") &"'
order by text.id desc",conn,3
%>
<br>
<br>
<br>
<table border="0" width="90%" cellspacing="0" cellpadding="0" bgcolor="#009000">
   <tr>
    <form method="POST" action="ShowTitle.asp" name="form1">
             <input type="hidden" name="pagenum" value="1">
     <td width="100%">
       <table border="0" width="100%" cellspacing="1" cellpadding="2">
        <tr>
         <td width="100%" colspan="1"><font color="#FFFFFF">
      ==您已提交的文档列表==
```

```
        </td>
      </tr>
    </table>
  </td>
</tr>
</table>
<%
if not rs.EOF then
   '设置每页记录数
   rs.PageSize=iTotalPage
   rs.MoveLast

%>
  <table border="0" width="90%" cellspacing="0" cellpadding="0" bgcolor="#7AABA6">
    <tr>
      <td width="100%">
        <table border="0" width="100%" cellspacing="1" cellpadding="2" height="139">
          <tr>
            <td width="100%" align="center" class="font9" height="22" colspan="9" bgcolor="#FFFFCC">
              <table border="0" width="100%">
                <tr>
                  <td width="50%">共有<%=rs.RecordCount%>篇文档第<%=currentpage%>/<%=rs.PageCount%>页</td>
                  <td width="50%">
                  <p align="right">
<%
'计算上一页和下一页的页数
if Clng(currentpage)>1 then
    Response.Write "<a href style=cursor:'hand';onclick=""document.form1.pagenum.value='" & Clng(currentpage)-1 & "';document.form1.submit()"">&lt;&lt;上一页</a>"

      end if
if Clng(currentpage)<rs.PageCount then
    Response.Write "<a href style=cursor:'hand';onclick=""document.form1.pagenum.value='" & Clng(currentpage)+1 & "';document.form1.submit()"">下一页&gt;&gt;</a>"

end if
%>
            </td>
          </tr>
```

```
            </table>
          </td>
        </tr>
        <tr>
          <td bgcolor="#C7EDA2" align="center">序号</td>
          <td bgcolor="#C7EDA2" align="center">主题名</td>
          <td bgcolor="#C7EDA2" align="center">标题</td>
          <td bgcolor="#C7EDA2" align="center">提交时间</td>
          <td bgcolor="#C7EDA2" align="center">提交者</td>
        </tr>
<%
    rs.MoveFirst
    rs.AbsolutePage=currentpage
    for iPage=1 to rs.PageSize
%>
        <tr>
          <td bgcolor="#C7EDA2" align="center">
          <%=rs("id")%>
          </td>
          <td bgcolor="#C7EDA2" align="center"><%=rs("theme")%></td>
          <td bgcolor="#C7EDA2" align="center"><a href= "save/<%=rs("theme")%>/<%=rs("name")%>/<%=rs("Filename")%><%=rs("savename")%>"target="_blank"><%=rs("Filename")%><%=rs("savename")%></a></td>
          <td bgcolor="#C7EDA2" align="center"><%=rs("inputdate")%></td>
          <td bgcolor="#C7EDA2" align="center"><%=rs("name")%></td>
        </tr>
<%
    rs.MoveNext
    if rs.EOF then Exit For
next
%>
        <tr>
          <td width="100%" class="font105" bgcolor="#FFFFCC" height="22" colspan="9">
            <table border="0" width="100%">
              <tr>
                <td width="50%">共有<%=rs.RecordCount%>篇文档第<%=currentpage%>/<%=rs.PageCount%>页</td>
                <td width="50%">
                <p align="right">
<%
if Clng(currentpage)>1 then
    Response.Write "<a href style=cursor:'hand';
```

```
onclick=""document.form1.pagenum.value='" & Clng(currentpage)-1 & "';
document.form1.submit()"">&lt;&lt;上一页</a>"
end if
if Clng(currentpage)<rs.PageCount then
    Response.Write "<a href style=cursor:'hand';
onclick=""document.form1.pagenum.value='" & Clng(currentpage)+1 & "';
document.form1.submit()"">下一页&gt;&gt;</a>"
end if
%>
            </td>
          </tr>
        </table>
      </td>
    </tr>
   </table>
  </td>
 </tr>
</table>
<%
else
    iPage=0
%>
  <table border="0" width="90%" cellspacing="0" cellpadding="0" bgcolor=
"#7AABA6">
    <tr>
      <td width="100%">
        <table border="0" width="100%" cellspacing="1" cellpadding="2"
height="139">
          <tr>
           <td width="100%" align="center" height="22" colspan="3" bgcolor=
"#CCFFCC">
              <table border="0" width="100%">
              <tr>
                <td width="50%">共有 0 篇文档 第 0/0 页</td>
                <td width="50%"> 
                 </td>
              </tr>
             </table>
            </td>
          </tr>
      </table>
    </td>
  </tr>
</table>
```

```
<%
end if
%>
  <table border="0" width="90%" cellspacing="0" cellpadding="0" bgcolor="#009000">
    <tr>
      <td width="100%">
        <table border="0" width="100%" cellspacing="1" cellpaddin*<tr>
          <td width="100%">
          <input type="hidden" value=<%=iPage%> name=iPage>

          </td>
        </tr>


        <tr>
          <td align=left>

<center> <a href="javascript:window.close()"><font color=white>关闭窗口
</font></a>
</center>
</td>
      </tr>
    </table>

  </td>
</tr></form>
  </table>
</div>

<%
rs.Close
conn.Close
set rsUser=nothing
set conn=nothing
%>
</BODY>
</HTML>
```

8. 普通用户提交文件代码：savetofile.asp

```
<%OPTION EXPLICIT%>
<!--#include FILE="upfile_class.asp"-->
<%
dim upfile,formPath,ServerPath,FSPath,formName,FileName,oFile,conn,rs,
```

```
strSql
set upfile=new upfile_class  '建立上传对象
function MakedownName()
    dim fname
    fname = now()
    fname = replace(fname,"-","")
    fname = replace(fname," ","")
    fname = replace(fname,":","")
    fname = replace(fname,"PM","")
    fname = replace(fname,"AM","")
    fname = replace(fname,"上午","")
    fname = replace(fname,"下午","")
    fname = int(fname) + int((10-1+1)*Rnd + 1)
    MakedownName=fname
end function
upfile.GetData (102400000000)      '取得上传数据,限制最大上传 10MB
%>
<html>
<head>
<title>文件上传</title>
<style type="text/css">
<!--
.p9{ font-size: 9pt; font-family: 宋体 }
-->
</style>
<meta http-equiv="Content-Type" content="text/html; charset=gb2312">
</head>
<body leftmargin="20" topmargin="20" class="p9">
<p class="tx1"><font color="#0000FF" size="4"><%=upfile.Version%>
</font></p>
<%
if upfile.err > 0 then    '如果出错
select case upfile.err
  case 1
  Response.Write "你没有上传数据呀???是不是搞错了??"
  case 2
  Response.Write "你上传的文件超出我们的限制,最大 10MB"
  end select
  else
set conn=Server.CreateObject("adodb.connection")
set rs=Server.CreateObject("adodb.recordset")
conn.open"dsn=users;uid=aspbook;pwd=aspbook"
strSql="select * from text"
rs.Open strSql,conn,1,3
```

```asp
%>
<%
FSPath=GetFilePath(Server.mappath("savetofile.asp"),"\") '取得当前文件在服务器路径
ServerPath=GetFilePath(Request.ServerVariables("HTTP_REFERER"),"/") '取得在网站上的位置

    for each formName in upfile.file '列出所有上传了的文件
    set oFile=upfile.file(formname)
    FileName=upfile.form(formName) '取得文本域的值
    if not FileName>"" then  FileName=oFile.filename '如果没有输入新的文件名,就用原来的文件名
    rs.AddNew
         rs("FileName")=FileName
    rs("theme")=session("theme")
         rs("savename")=MakedownName()&"."&oFile.FileExt
    rs("FilePath")=oFile.FilePath&oFile.FileName
    rs("fileformat")=oFile.FileExt
    rs("inputdate")=session("inputdate")
    rs("name")=session("firstname")
    oFile.SaveToFile FSPath&"\save\"&rs("theme")&"\"&rs("name")&"\"&rs("Filename")&rs("savename")    '保存文件
rs("FileSize")=oFile.FileSize
    rs.Update
 %>
<%
set oFile=nothing
next
end if
set upfile=nothing    '删除此对象
%></p>
<script language="javascript">
alert(" 您的文件已成功上传! 谢谢! ")
document.location="text.asp"
</script>
</body>
</html>
<%
function GetFilePath(FullPath,str)
  If FullPath <> "" Then
    GetFilePath = left(FullPath,InStrRev(FullPath, str))
    Else
    GetFilePath = ""
  End If
```

```
End function
%>
```

9. 普通用户下载文件代码：download.asp

```
<%@ Language=VBScript%>
<HTML>
<HEAD>
<meta http-equiv="Content-Type" content="text/html; charset=gb2312">
<link rel="stylesheet" type="text/css" href="../aspbook.css">
<title>下载区</title>
</HEAD>
<BODY background="1.jpg">
<div align=center>
<%


dim conn,rs
dim currentpage
dim iTotalPage    '每页记录数
dim strStlMode
dim strTxtKey

'定义每页显示的记录数
iTotalPage=10
'获得当前显示的页面数
currentpage=Request.Form("PageNum")
if trim(currentpage)="" then
   currentpage="1"
end if


set conn = Server.CreateObject("ADODB.Connection")
set rs = Server.CreateObject("ADODB.Recordset")
'打开数据库连接
conn.Open "users","aspbook","aspbook"

'打开数据记录结果集
rs.Open "select * from datafile order by datafile.id desc",conn,3
%>

<br>
<br>
<table border="0" width="90%" cellspacing="0" cellpadding="0" bgcolor="#009000">
   <tr>
```

```
        <form method="POST" action="ShowTitle.asp" name="form1">
                <input type="hidden" name="pagenum" value="1">
    <td width="100%">
      <table border="0" width="100%" cellspacing="1" cellpadding="2">
        <tr>
          <td width="100%" colspan="1"><font color="#FFFFFF">
          ==下载区==
          </td>
        </tr>
      </table>
    </td>
  </tr>
  </table>
<%
if not rs.EOF then
    '设置每页记录数
    rs.PageSize=iTotalPage
    rs.MoveLast

%>
   <table border="0" width="90%" cellspacing="0" cellpadding="0" bgcolor=
"#7AABA6">
    <tr>
      <td width="100%">
       <table border="0" width="100%" cellspacing="1" cellpadding="2"
height="139">
        <tr>
          <td width="100%" align="center" class="font9" height="22"
colspan="9" bgcolor="#FFFFCC">
            <table border="0" width="100%">
             <tr>
              <td width="50%">共有<%=rs.RecordCount%>个文件可供下载 第
<%=currentpage%>/<%=rs.PageCount%>页</td>
              <td width="50%">
              <p align="right">
<%
'计算上一页和下一页的页数
if Clng(currentpage)>1 then
    Response.Write "<a href style=cursor:'hand'; onclick=""document.
form1.pagenum.value='" & Clng(currentpage)-1 & "'; document.form1.submit()
"">&lt;&lt;上一页</a>"

        end if
```

```
if Clng(currentpage)<rs.PageCount then
    Response.Write "<a href style=cursor:'hand'; onclick=""document.
form1.pagenum.value='" & Clng(currentpage)+1 & "'; document.form1.submit()
"">下一页&gt;&gt;</a>"
end if
%>
            </td>
          </tr>
        </table>
      </td>
    </tr>
    <tr>
        <td bgcolor="#C7EDA2" align="center">序号</td>

        <td bgcolor="#C7EDA2" align="center">标题</td>
        <td bgcolor="#C7EDA2" align="center">上传时间</td>

    </tr>
<%
   rs.MoveFirst
   rs.AbsolutePage=currentpage
   for iPage=1 to rs.PageSize
%>
    <tr>
      <td bgcolor="#C7EDA2" align="center">
<%=rs("id")%>
</td>

<td bgcolor="#C7EDA2" align="center">
<a href
="download/<%=rs("Filename")%><%=rs("savename")%>" target="_blank"><%=rs
("Filename")%></a></td>
        <td bgcolor="#C7EDA2" align="center"><%=rs("inputdate")%></td>

    </tr>
<%
   rs.MoveNext
   if rs.EOF then Exit For
next
%>

      <tr>
        <td width="100%" class="font105" bgcolor="#FFFFCC" height="22"
colspan="9">
          <table border="0" width="100%">
            <tr>
```

```
                    <td width="50%">共有<%=rs.RecordCount%>个文件可供下载 第
<%=currentpage%>/<%=rs.PageCount%>页</td>
                    <td width="50%">
                    <p align="right">
<%
if Clng(currentpage)>1 then
    Response.Write "<a href style=cursor:'hand'; onclick=""document.
form1.pagenum.value='" & Clng(currentpage)-1 & "'; document.form1.submit()
"">&lt;&lt;上一页</a>  "
end if
if Clng(currentpage)<rs.PageCount then
    Response.Write "<a href style=cursor:'hand'; onclick=""document.
form1.pagenum.value='" & Clng(currentpage)+1 & "'; document.form1.submit()
"">下一页&gt;&gt;</a>"
end if
%>
              </td>
            </tr>
          </table>
        </td>
      </tr>
    </table>
   </td>
  </tr>
</table>
<%
else
    iPage=0
%>
 <table border="0" width="90%" cellspacing="0" cellpadding="0" bgcolor=
"#7AABA6">
    <tr>
      <td width="100%">
        <table border="0" width="100%" cellspacing="1" cellpadding="2"
height="139">
          <tr>
            <td width="100%" align="center"height="22" colspan="3" bgcolor=
"#CCFFCC">
                <table border="0" width="100%">
                <tr>
                  <td width="50%">共有 0 个文件可供下载 第 0/0 页</td>
                  <td width="50%"> 
                    </td>
                </tr>
```

```
           </table>
             </td>
           </tr>
      </table>
    </td>
 </tr>
   </table>
<%
end if
%>
   <table border="0" width="90%" cellspacing="0" cellpadding="0" bgcolor="#009000">
     <tr>
       <td width="100%">
         <table border="0" width="100%" cellspacing="1" cellpadding="2">
           <tr>
             <td width="100%">
             <input type="hidden" value=<%=iPage%> name=iPage>

           </td>
        </tr>
        <tr>
          <td align=left>
  

<center> [<a href="javascript:window.close()"><font color=white>关闭窗口</font></a>] </center>
</td>
   </tr>
    </table>

   </td>
</tr></form>
    </table>
  </div>
<%
    rs.Close
    conn.Close
    set rsUser=nothing
    set conn=nothing
%>
</BODY>
</HTML>
```

10. 普通用户浏览消息内容代码：news_user.asp

```asp
<%
dim strSql,strid,strpage
dim conn,rs

    set   conn = Server.CreateObject("ADODB.Connection")
set rs = Server.CreateObject("ADODB.Recordset")
   '打开数据库连接
   conn.Open "users","aspbook","aspbook"
strid = Request.queryString("id")
strpage = Request.queryString("page")
   '从数据表"submit"打开一个可修改的数据记录结果集
   strSql="select * from board where id='" & strid & "' "
   rs.open strsql,conn,3,3
if rs.EOF then
response.write "数据库为空！"
response.end
end if
%>
<html>
<head>
<meta http-equiv="Content-Type" content="text/html; charset=gb2312">
<link rel="stylesheet" type="text/css" href="../aspbook.css">
<title>浏览消息</title>
</head>
<body background="1.jpg">
<br>
<br>
<br>
<br>
<div align=center><table border="0" cellspacing="0" width="600">
<tr><td align=center><font size=6 color=red face="楷体_GB2312">浏览消息</font></td></tr>
<tr><td>
<table  border="1"  width="100%"  cellspacing="0"  cellpadding="3" bordercolor = "#000000" bordercolorlight = "#000000" bordercolordark = "#FFFFFF" bgcolor="#EBEBEB">
<tr>
<input type="hidden" id="id" name="chkDel" value="<%=rs("id")%>">
<td>  消息标题：<%=rs("headline")%></td></tr>
<tr><td>  发布时间：<%=rs("date")%></td></tr>
<tr><td>  消息内容： <br>
  <%=rs("content")%>
<p></td></tr>
```

```
</td></form></tr></table>
<tr><td align=center>
[ <a href="javascript:window.close()"><font color="#336699">关闭窗口
</font></a> ]
</td></tr></table>
</div>
<%
rs.close
Set rs=Nothing
conn.close
set conn=nothing
%>
</body>
</html>
```

11. 普通用户信息修改代码：edituser.asp

```
<HTML>
<HEAD>
<meta http-equiv="Content-Type" content="text/html; charset=GB2312">
<link rel="stylesheet" type="text/css" href="../aspbook.css">
<title>修改注册信息</title>
</HEAD>
<script language="javascript">
function RgTest()
{
   if(document.mainform.username.value.length<3)
   {
      alert("您的账号至少需要 3 个字符");
      return false;
   }
   if(document.mainform.password1.value.length<6)
         {
            alert("您的密码至少需要 6 个字符");
            return false;
         }
   return true;

}
</script>
<body bgcolor="#AAB7D9" >
<div align="center">
<center>
<table border="0" cellpadding="0" cellspacing="0" width="790" >
```

```
<tr>
<td width="214" height="500" valign="top">
<p align="center"></p>
<p></td>
<td width="352" height="500">
<form ONSUBMIT="if(RgTest()==false)return false;" name=mainform method=
post action="edituser2.asp">
</center>
<div align="center">
<table border="1" cellpadding="0" cellspacing="0" width="352" height="1"
bordercolor="#000000" bordercolorlight="#000000" bordercolordark=
"#FFFFFF">
<tr>
<td width="350" height="13" bgcolor="#EBEBEB">
<p align="center">=== 修改用户注册信息 ===</td>
</tr>
<center>
<center>
<tr>
<td width="350" height="263" bgcolor="#EBEBEB">
<p align="center">  请输入您的 ID:   <input type=text size=
15    style="font-size:9pt;font-family:arial;width=110;"   NAME=username
maxlength=
10></p>
<p align="center"> 请输入您的密码: <input NAME=password1 type=password
size=15          style="font-size:9pt;font-family:arial;width=110"
maxlength=10></p>
<p align="center"> </p>

<p align="center"><input type="submit" value=" 下 一 步 " name="sub"
style="position: relative; height: 19">   
<input type="reset" value="重写" name="res" style="position: relative;
height: 19">
</td>
</tr>
</center>
</center>
</table></div>
<td width="214" height="500" valign="top">
<p align="center"></p>
<p></td>
</table>
</body>
   </html>
```

参考文献

1 金林樵. 网络数据库技术及应用. 北京：机械工业出版社，2002.
2 姚鹏翼，江思敏，杨光伟，等. 跟我学网络编程技术. 北京：机械工业出版社，2002.
3 石志国. ASP 动态网站编程. 北京：清华大学出版社，2001.
4 闫华文. Web 数据库编程技术. 北京：北京大学出版社，2001.
5 冯昊. ASP 动态网页设计与上机指导. 北京：清华大学出版社，2002.
6 阮家栋，施美雅. Web 数据库技术. 北京：科学出版社，2002.
7 吉根林，崔海源. Web 程序设计. 北京：电子工业出版社，2002.
8 萨师煊，王珊. 数据库系统概论. 北京：高等教育出版社，2000.
9 高晗，张翠玲. Web 数据库技术. 北京：中国水利水电出版社，2003.
10 唐红亮，燕为民，刘家愚. ASP 动态网页设计应用教程. 3 版. 北京：电子工业出版社，2008.